NCERT की STUDY
अब मुश्किल नहीं...

BIOLOGY

SIMPLIFIED NCERT

Class XII

NCERT की STUDY
अब मुश्किल नहीं...

BIOLOGY

SIMPLIFIED NCERT

Class XII

Dr. Dileep Gangwar
M.B.B.S
KGMU Lucknow

arihant
ARIHANT PRAKASHAN (Series), MEERUT

arihant

ARIHANT PRAKASHAN (Series), MEERUT

卐 **Administrative & Production Offices**

Regd. Office
'Ramchhaya' 4577/15, Agarwal Road, Darya Ganj, New Delhi -110002
Tele: 011- 47630600, 43518550; Fax: 011- 23280316

Head Office
Kalindi, TP Nagar, Meerut (UP) - 250002
Tel: 0121-2401479, 2512970, 4004199; Fax: 0121-2401648

卐 **Sales & Support Offices**
Agra, Ahmedabad, Bengaluru, Bareilly, Chennai, Delhi, Guwahati,
Hyderabad, Jaipur, Jhansi, Kolkata, Lucknow, Meerut, Nagpur & Pune

卐 **ISBN :** 978-93-13160-98-4

Published by Arihant Publications (India) Ltd.

For further information about the books from Arihant,
log on to **www.arihantbooks.com** or email to **info@arihantbooks.com**

/arihantpub /@arihantpub Arihant Publications /arihantpub

PREFACE

This book Biology Simplified NCERT is authored to meet the needs of bio- stream students for class XII after that Medical Entrance Examination and other such examination. This book provides a brief discussion of the chapter to help students understand the concepts. Adequate illustrations are provide for enhancing performance.

The salient features of the book include :

1. Coverage of whole NCERT text in smaller points to make it easy to read.
2. To remove the complexities of language, complete text is written in bilingual (English-Hindi) manner.
3. Equally useful for English & Hindi Medium students.

Care has been taken to ensure that this book helps the students to prepare for Medical Entrance Examinations such as NEET (UG), AIIMS, JIPMER in a systematic manner.

I sincerely hope that this book will serve as a reliable and exhaustive resource for the students to prepare for and excel in the Medical Entrance Examinations.

I appreciate suggestions from teachers and students for the improvement of this book.

Dr. Dileep Gangwar
M.B.B.S. (KGMU)

CONTENTS

UNIT-VI

REPRODUCTION

PANCHANAN MAHESWARI
(1904-1966)

- Panchanan Maheswari का जन्म राजस्थान के जयपुर में November 1904 में हुआ था।
- आप केवल भारत में ही नहीं बल्कि पूरे विश्व में most distinguished botanist थे।
- यह Higher education के लिए इलाहाबाद गए और वहाँ पर D.Sc. की उपाधि प्राप्त की।
- आप college के दिनों में एक American missionary teacher Dr. W. Dudgeon से inspire होकर botany में especially morphology में रूचि लेने लगे।
- आपके teacher ने एक बार विचार व्यक्त किया कि यदि उनका student उनसे अच्छा करता हैं, तो उन्हें satisfaction मिलता है।
- आपने teacher के इस विचार से प्रोत्साहित होकर उन्होंने पूछा कि वह बदले में अपने teacher के लिए क्या कर सकते हैं।
- आपने embryological aspects पर काम किया तथा taxonomy में embryological characters के use को popular किया।
- आपने Delhi में Botany department की स्थापना की तथा यह department आज tissue culture और embryological research के केन्द्र हैं।
- आपने immature embryo के artificial culture पर कार्य शुरू करने पर बल दिया।
- इन दिनों tissue culture विज्ञान के क्षेत्र में एक Landmark बन चुका है।
- आपके Test tube fertilisation तथा Intra-ovarian pollination जैसे—कार्य की पूरे विश्व में सराहना हुई।
- आपको सम्मानित किया गया
  - Fellowship of Royal Society of London (FRS)
  - Indian National Science Academy
  - Other Institute of Excellence
- आपने general education को बढ़ावा दिया तथा school education के क्षेत्र में महत्त्वपूर्ण योगदान दिया।
- NCERT 1964 ने आपके leadership में higher secondary schools के लिए बनी Biology की सबसे पहली textbook को published किया।

Chapter One

REPRODUCTION IN ORGANISMS

जीवों में जनन

- प्रत्येक organism केवल निश्चित समय तक जीवित रहता है।
- Organism के birth से लेकर उसकी natural death तक का time, lifespan कहलाता है।
  कुछ organism का lifespan कम से कम एक दिन या फिर अधिक से अधिक कुछ हजार वर्ष हो सकता है।
  – अधिकतर organism का life span इन दोनों range में पाया जाता है।
- Organism के life span का उनके size से कोई सम्बन्ध नहीं होता है।
- Parrots और crows के size में कोई अधिक अन्तर नहीं होता है, लेकिन उनके lifespan में बहुत बड़ा अन्तर होता है।
- Peepal tree की तुलना में mango tree की lifespan बहुत कम होती है।
- Life span चाहे कुछ भी हो, लेकिन organism की death निश्चित है।
- 'Single-celled organisms' को छोड़कर कोई भी जीव immortal (अमर) नहीं है।
  हम क्यों कहते हैं कि single-celled organisms की natural मृत्यु नहीं होती है?
  सोचों, हजारों वर्षों से plant तथा animal species कैसे इतनी विशाल संख्या में Earth पर उपस्थित हैं?
  Reproduction के द्वारा ये संख्या उपस्थित है।
- Reproduction एक biological process है, जिसमें एक organism अपने समान एक छोटे organism (off-spring) को जन्म देता है।
- Off-spring grow करता है, mature होता है तथा फिर new offspring को produce करता है।
- इस प्रकार birth, growth तथा death की cycle चलती रहती है।
- Reproduction, इस प्रकार से species की continuity को generation after generation (पीढ़ी दर पीढ़ी) बनाए रखता है।
  आप बाद में chapter 5 (principle of inheritance and variation) में study करेंगे कि कैसे reproduction के दौरान genetic variation उत्पन्न (created) तथा inherited (वंशागत) होती है?

- Biological world में large diversity पाई जाती है।
- प्रत्येक organism के पास multiply करने का अपना mechanism है, जिससे वह off-spring को उत्पन्न करता है।
- Organism किस प्रकार reproduce करेगा ये उसके **habitat, internal physiology** तथा अन्य कई factors पर depend करता है।
- Reproduction में participate होने वाले organism के number के आधार पर ये दो प्रकार का होता है
  - **Asexual reproduction** इसमें single parent द्वारा gamete की उपस्थिति या अनुपस्थिति में off-spring (बच्चे) का निर्माण होता है।
  - **Sexual reproduction** इसमें दो parents (opposite sex), reproductive process में भाग लेते हैं तथा इसमें male एवं female gamete का fusion भी होता है।

Figure 1.1 Approximate life spans of some organisms

1.1. Asexual Reproduction

- इसमें एक single individual (parent) से off-spring (बच्चा) पैदा होता है।
- इसके परिणामस्वरूप उत्पन्न बच्चे न केवल एक-दूसरे के identical होते हैं, बल्कि अपने parent के भी exact copy होते हैं।
- ***क्या ये off-spring एक-दूसरे के genetically भी identical है या different है? Ans. Identical***
- इस प्रकार के genetically तथा morphologically similar individuals को 'clone' कहते हैं।

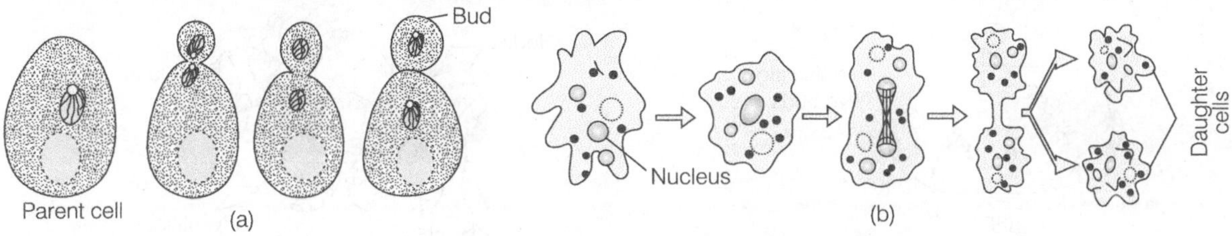

Figure 1.2 Cell division in unicelluar organism: (a) Budding in yeast; (b) Binary fission in *Amoeba*

आइए, विभिन्न organism के मध्य पाए जाने वाले asexual reproduction का विस्तृत रूप से अध्ययन करें।

- Single-celled organism, simple organisation के plants तथा animals में 'asexual reproduction' commonly पाया जाता है।
- **Fission:** Protista तथा Monera में organisms या parent cell दो भाग में divide होकर नए individuals को जन्म देते हैं, इस प्रकार से इन organisms में cell division ही एक प्रकार की reproduction की विधि है।
- **Binary fission :** कई single-celled organism, binary fission से reproduction करते हैं, जिसमें एक cell दो भागों में divide होती है तथा प्रत्येक भाग rapidly growth करके adult organism बन जाता है, e.g., ***Amoeba, Paramecium.***
- **Budding :** Yeast में यह division unequal होता है, जिसमें small buds बनती है, जो शुरूआत में parent cell से जुड़ी रहती है तथा बाद में अलग होकर नए yeast organism में mature हो जाती है।
- **Special asexual reproductive structures :** Kingdom–'Fungi' तथा simple plants जैसे कि algae के members, special asexual reproductive structure के द्वारा reproduction करते हैं।
  - **Zoospores** (*Chlamydomonas*), **conidia** (*Penicillium*), **buds** (*Hydra*), **gemmules** (*Sponges*)
  - इनमें से zoospores most common है, जो कि एक motile microscopic structure हैं। आपने vegetative reproduction को Class XI में पढ़ा है। आप क्या सोचते हो कि vegetative reproduction एक प्रकार का asexual reproduction है? –***Yes***

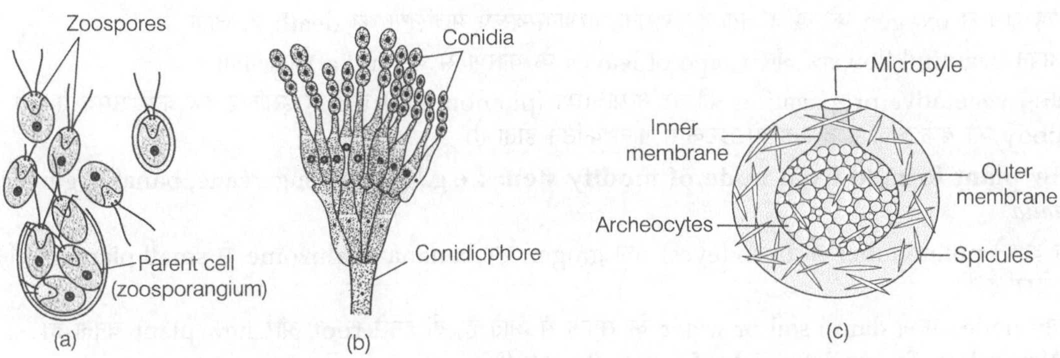

Figure 1.3 Asexual reproductive structures: (a) Zoospores of *Chlamydomonas*; (b) Conidia of *Penicillium*; (c) Gemmules in sponge

Vegetative Reproduction

***Vegetative reproduction* से बनने वाली सन्तानों के** लिए क्या *clone* **शब्द प्रयोग कर सकते हैं?** –Yes

- Animals तथा अन्य simple organisms में asexual शब्द का प्रयोग स्पष्ट रूप से किया जाता है जबकि plants में vegetative reproduction शब्द का प्रयोग frequently किया जाता है।
- Plants में vegetative propagation की unit, runner, **rhizome**, **sucker**, **tuber**, **offset**, **bulb** हैं जो नई सन्तान को उत्पन्न करती हैं, इन structures को हम **vegetative propagules** कहते हैं।

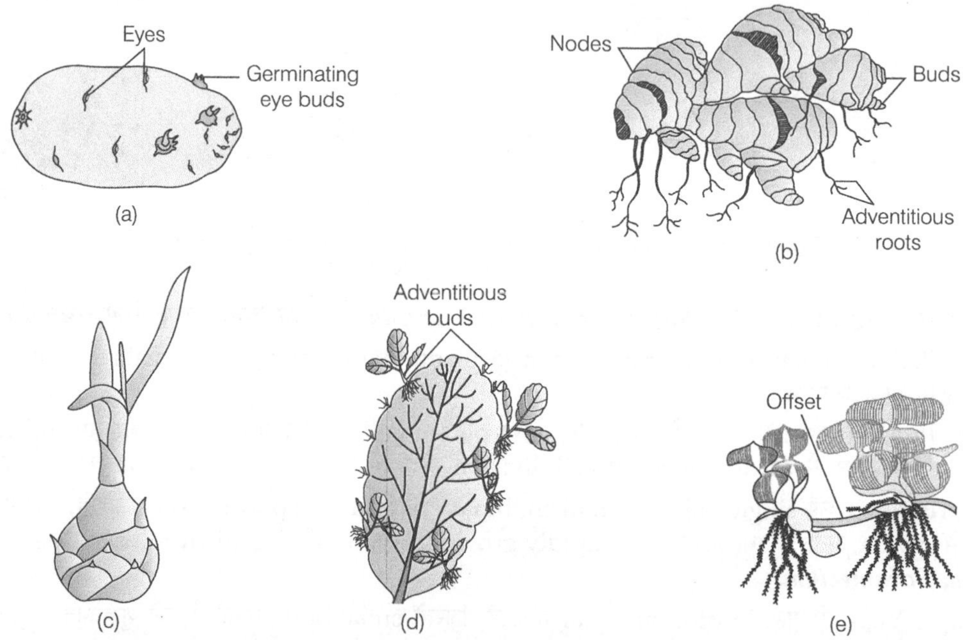

Figure 1.4 Vegetative propagules in angiosperms: (a) Eyes of potato; (b) Rhizome of ginger, (c) Bulbil of *Agave*; (d) Leaf buds of *Bryophyllum*, (e) Offset of water hyacinth

- इन structures के बनने में दो parents involve नहीं होते हैं इसलिए यह process, asexual कहलाता है।

Water Hyacinth

- Water hyacinth को scourge of water bodies (जलाशयों की महाविपत्ति) या **terror of Bengal** के नाम से जाना जाता है।
- Water hyacinth, standing water में grow करने वाला most invasive weed हैं।
- यह जल से oxygen को खींच लेता है, जिसके परिणामस्वरूप मछलियों की death हो जाती है।
- अपने beautiful flowers और shape of leaves के कारण से यह India लाया गया।
- इसमें vegetative propagation की दर असाधारण (phenominal) होती है इसलिए यह कम समय में पूरी water body को ढक लेता है तथा इसमें छुटकारा पाना कठिन होता है।

New plant formed from node of modify stem : e.g., Potato, sugarcane, banana, ginger, *Dahlia.*

क्या आपने potato tuber के buds (eyes) तथा ginger एवं banana के rhizome से small plants को निकलते हुए देखा है?

- जब nodes कभी damp soil or water के संपर्क में आते हैं, तो इनसे root और new plant बनता है।

New plant formed from leaf, e.g., *Bryophyllum.*

- *Bryophyllum* की leaves की margins पर उपस्थित 'notches' से adventitious buds निकलती है, जिससे नया plant बनता है। (Gardeners तथा farmers, plants के commercial propagation के लिए इस क्षमता का लाभ उठाते हैं)।

- Simple organisation वाले organism; जैसे— algae, fungi में reproduction का common method, asexual reproduction होता है।
- Adverse condition के आने से ठीक पहले Asexual reproduction, 'sexual' की ओर shift हो जाता है।
  कैसे Sexual reproduction इन organisms को unfavourable condition से बचाता है?
  क्यों sexual reproduction इन परिस्थितियों में सफल रहता है?
- Higher plants में asexual (vegetative) तथा sexual दोनों reproduction पाए जाते हैं।
- Mostly animals में केवल sexual reproduction ही पाया जाता है।

1.2 Sexual Reproduction

- इसमें male तथा female gamete का formation या तो same individuals द्वारा होता है या opposite sex के different individuals के द्वारा होता है।
- ये gamete आपस में मिलकर **zygote** बनाते हैं, जो आगे चलकर new organism बनाता है।
- Asexual की तुलना में sexual reproduction एक eleborate, complex तथा slow process है।
- इससे बनने वाली सन्तानें अपने parents या एक-दूसरे के identical होती हैं।
- विभिन्न organism; जैसे–plants, animals या fungi के अध्ययन से पता चलता है कि ये external morphology, internal structures तथा physiology में एक-दूसरे से अलग हैं, लेकिन जब बात sexual mode of reproduction की आती है तो ये सभी same pattern को अपनाते हैं।

Juvenile Phase

Organisms अपने जीवन में reproductive functional होने से पहले juvenile phase में रहता है जहाँ वो growth तथा maturity की certain stage को धारण करता है।

Plants में इसे vegetative phase के नाम से जाना जाता है।

अलग-अलग organisms में इस phase का duration अलग-अलग होता है।

Reproductive Phase

- Juvenile तथा vegetative phase का समाप्त होना reproductive phase की पहचान हैं, इसको हम higher plants में आसानी से देख सकते हैं जब वह flower देते हैं।
  - *कुछ plants में, जहाँ flowering एक से अधिक बार होती है, इस interflowering period को आप क्या कहेंगे juvenile or mature? – Mature*
- Annual तथा biennial type के plants, vegetative, reproductive तथा senescent phase को clear cut (स्पष्टत:) show करते हैं, लेकिन perennial plants में इन phases कों clearly define करना कठिन होता है।
- कुछ plants, unusual flowering phenomenon दिखाते हैं; जैसे— bamboo plants जीवन में एक बार ही फूल देते हैं।
- Bamboo generally 50-100 साल के बाद फूल तथा फल देते हैं और फिर इनकी मृत्यु हो जाती है।

Strobilanthus kunthiana (Neelakuranji)

- यह 12 वर्षों में केवल एक बार flowers देता हैं।
- इस plant ने September-October 2006 में flower दिए थे।
- बड़ी संख्या में flower देने के कारण, Kerala, Karnataka और Tamilnadu के hilly areas में blue कालीन बिछा हुआ सा दिखा, जिसने tourist को बड़ी संख्या में आकर्षित किया।

- Animals में active reproductive behaviour से पहले juvenile phase में morphological तथा physiological changes होते हैं।
- अलग-अलग organism में reproductive phase की duration अलग-अलग होती हैं।

क्या आप human में reproductive maturity को indicate करने वाले changes की सूची तैयार कर सकते हैं? Animals में birds क्या पूरे वर्ष egg देती रहती हैं? या ये seasonal phenomenon है? Frogs तथा lizard में ये प्रक्रिया कैसी है?

- Nature में रहने वाली चिड़िया केवल seasonally अण्डे देती है।
- Capativity (poultry forms) में रहने वाली चिड़िया पूरे वर्ष अण्डे देती है, यह human welfare के लिए चिड़ियों का commercial exploitation है, जो कि natural reproduction से सम्बन्धित नहीं है।
- Placental mammals की female के reproductive phase में ovaries, accessory duct तथा hormones में cyclic changes आते हैं।
- Cow, sheep, deer, dogs, rat, tiger; जैसे non- primate mammals में reproduction के दौरान आने वाले cyclical changes को **oestrus cycle** कहते हैं, जबकि primate (monkeys, apes and humans) में यह **menstrual cycle** कहलाता है।
- Natural, wild condition में रहने वाले कई mammals अपने reproductive cycle को केवल favourable season में दर्शाते हैं, ऐसे animals को **seasonal breeder** कहते हैं।
- कई mammals पूरे reproductive phase के दौरान reproductively active रहते हैं, ऐसे animals को **continuous breeder** कहते हैं।

Senescence Phase

- Reproductive phase का अन्त होना senescence या old age का एक parameter माना जा सकता है। Lifespan की इस last phase के दौरान कुछ concomitant changes आते हैं, e.g., showing of metabolism. Old age अन्ततः death तक ले जाती है।
- Plant तथा animals में juvenile, reproductive तथा senescence phase के बीच transition के लिए hormones उत्तरदायी होते हैं।
- Hormone तथा certain environmental factor के बीच interaction (तालमेल) reproductive processes तथा organisms के behavioural expression को regulate करते हैं।

Sexual reproduction में होने वाले events

- Maturity attain करने के बाद सभी sexually reproducing organisms, जो events तथा processes दिखाते हैं, वो fundamentally similar होते हैं।
- हालाँकि sexual reproduction से सम्बन्धित structure वास्तव में बहुत भिन्न होते हैं।
- Sexual reproduction की events, elaborate, complex तथा slow होती है तथा एक regular sequence को follow करती है।
- Sexual reproduction, male तथा female gametes का fusion (fertilisation), zygote का formation तथा embryogenesis के द्वारा characterise होता है।
- इसमें तीन stages होती हैं—**pre-fertilisation, fertilisation** तथा **post-fertilisation events.**

1.2.1 Pre-fertilisation Events

- Gametes के fusion से पूर्व होने वाली sexual events को इसमें शामिल करते हैं।
- Gametogenesis तथा gamete transfer दो प्रमुख pre-fertilisation events हैं।

1.2.1.1 Gametogenesis

- यह male तथा female gametes के बनने का process है। Gamete, एक प्रकार से haploid कोशिकाएँ होती हैं।

Homogametes

- इसमें दोनों gametes एक समान दिखते हैं तथा इन्हें male तथा female gamete में categorise करना possible नहीं होता है। e.g., some algae.

Heterogametes

- इसमें male तथा female gamete अलग-अलग होते हैं (morphologically distinct) होते हैं।
  - Male gamete को antherozoid or sperm तथा female gamete को egg or ovum कहते हैं।
  - e.g., Majority of sexual reproducing organisms.

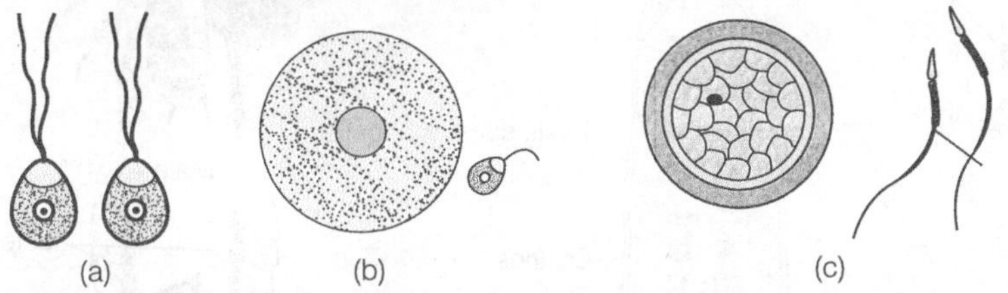

Figure 1.5 Types of gametes: (a) Isogametes of *Cladophora* (an alga); (b) Heterogametes of *Fucus* (an alga); (c) Heterogametes of *Homo sapiens* (Human beings)

Sexuality in Organism

- Sexual reproduction में प्राय: दो अलग-अलग individual द्वारा बनने वाले male तथा female gamete के बीच fusion होता है, लेकिन यह सदैव true नहीं है।

  Class XI में आपके द्वारा पढ़े गए examples में क्या आप identify कर सकते हैं, किन cases में self-fertilisation observed हुआ था? सदैव, इस प्रकार के example plants मे देना आसान है।

Plants

- Plant में male तथा female reproductive structure, same plants में हो तो इन्हें **bisexual plant** कहते हैं तथा different plants पर हो तो इन्हें हम unisexual plant कहते हैं।
- बहुत-सी fungi तथा plants में bisexual condition को **homothallic** तथा **monoecious** जैसे शब्दों से denote करते हैं।
- **Heterothallic** और **dioecious** term का उपयोग unisexual condition को describe करने में होता है।
- Flowering plants में unisexual male flower को **staminate** तथा unisexual female flower को **pistillate** कहते हैं।
- कुछ flowering plants में male तथा female flower, same plant पर पाए जाते हैं, जिन्हें monoecious plant कहते हैं। e.g., cucurbits तथा coconuts.
- Male तथा female flower जब अलग-अलग plants पर होते हैं, तो इसे dioecious plant कहते हैं, e.g. date palm, papaya.

Animals

- Bisexual animal (Hermaphrodites) e.g., earthworm, sponge, tapeworm, leech, etc.
- Unisexual animal – cockroach.

Cell Division During Gamete Formation

- सभी heterogametic species में gamete दो प्रकार के होते हैं—male gamete तथा female gamete.
- Gamete haploid होते हैं, लेकिन gamete बनाने वाली parental plant body या तो haploid होती है या diploid.
- **Haploid parental body** Monera, fungi, algae तथा bryophytes से सम्बन्ध रखने वाले कई organism में haploid gamete, **mitosis** द्वारा बनते हैं।
  - ***क्या haploid organism में कभी meiosis नहीं होगी?***
  - Class XI की book में algae के life cycle का flow chart पढ़ने पर इसका सही answer मिल जाएगा।
- **Diploid parental body** pteridophyte, gymnosperm, angiosperm तथा लगभग सभी animals (human भी) में haploid gamete **meiosis** द्वारा बनते हैं।

- Diploid organism में body की specialised cell जैसे कि meiocytes (gamete mother cell) में meiosis होती हैं।
- Meiosis के अन्त में chromosome का केवल एक set ही gamete में transfer होता है।

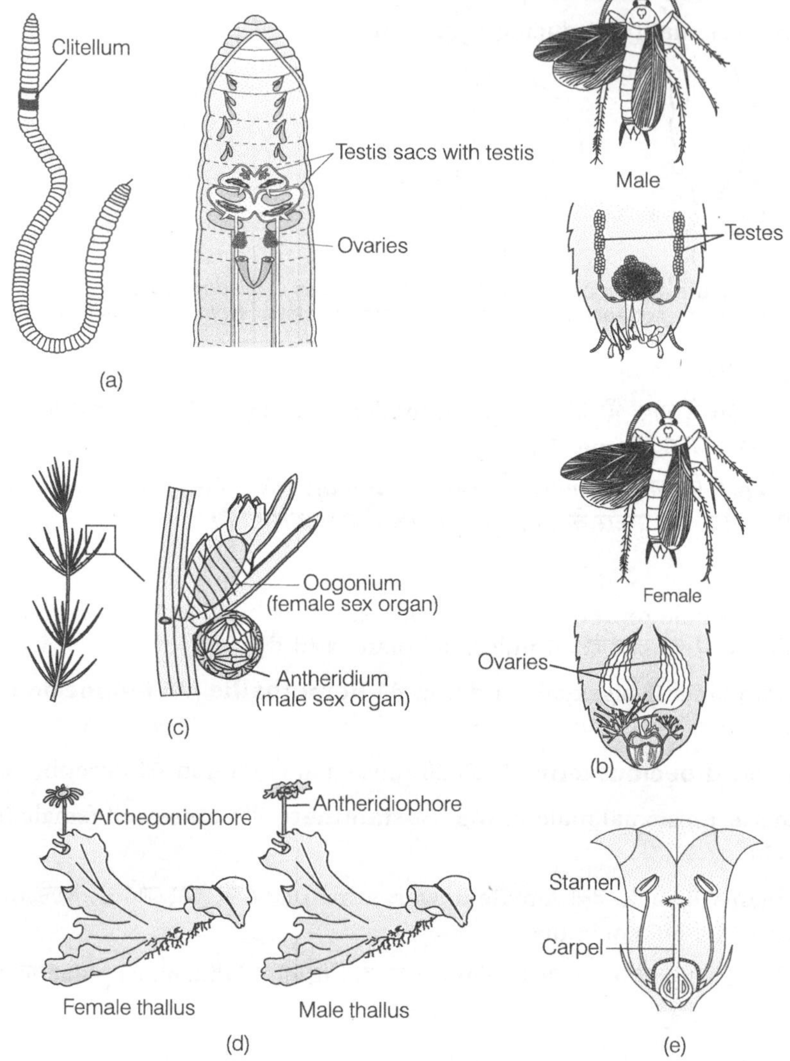

Figure 1.6 Diversity of sexuality in organisms (a) Bisexual animal (Earthworm); (b) Unisexual animal (Cockroach) (c) Monoecious plant (*Chara*); (d) Dioecious plant (*Marchantia*); (e) Bisexual flower (sweet potato)

Table 1.1 Chromosome Numbers in Meiocytes (diploid, *2n*) and Gametes (haploid, *n*) of Some Organisms. Fill in the Blank Spaces.

Name of Organism	Chromosome number in meiocyte (2n)	Chromosome number in gamete (n)
Human beings	46	23
House fly	12	–
Rat	–	21
Dog	78	–
Cat	–	19
Fruit fly	8	–
Ophioglossum (a fern)	–	630
Apple	34	–

Name of Organism	Chromosome number in meiocyte (2n)	Chromosome number in gamete (n)
Rice	–	12
Maize	20	–
Potato	–	24
Butterfly	380	–
Onion	–	8

- Table 1.1 को सावधानीपूर्वक पढ़ें और organism का diploid तथा haploid number of chromosome का रिक्त स्थान में पूर्ति करें। ***क्या meiocytes तथा gametes के chromosome number में कोई relationship है?***

1.2.1.2 Gamete Transfer

- Male और female gamete बनने के बाद दोनों physically एक-दूसरे के पास आते हैं ताकि fusion (fertilisation) हो सके। ***क्या आपको कभी आश्चर्य नहीं होता कि gamete आपस में कैसे मिलते हैं?***
- अधिकतर organisms में male gamete, motile होता है तथा female gamete, stationary होता है।
- कुछ algae तथा fungi अपवाद (exception) हैं, जिनमें दोनों types के gamete motile होते हैं।
- Male gamete को movement के लिए एक medium की आवश्यकता पड़ती है।
- Algae, bryophyte तथा pteridophyte जैसे simple plants में gamete का transfer पानी के माध्यम से होता है।
- बड़ी संख्या में male gamete, female gamete तक नहीं पहुँच पाते हैं।
- Transport के समय male gamete के loss की पूर्ति (compensate) करने के लिए male gamete (female gamete की तुलना में) कई हजार गुना अधिक बनते हैं।
- Seed plants में male gamete को pollen grain carry करते हैं।
- Egg, ovule में पाया जाता है।
- Pollen grains, anther में produce होते हैं।
- Pollen grain, stigma पर transfer होते हैं ताकि fertilisation हो सके।
- Bisexual self-fertilising plant (*e.g.*, pea) में pollen grain का anther से stigma तक पहुँचना आसान होता है, क्योंकि anther एवं stigma पास-पास होते हैं तथा pollen grain झड़ने (shed) के तुरन्त बाद stigma के contact में आ जाते हैं।
- **Cross pollinating** (dioecious plants सहित) plants में pollen grain का stigma पर transfer एक special event के द्वारा होता है जिसे हम pollination कहते हैं।
  - Stigma पर pollen grain germinate होकर pollen tube बनाती है तथा pollen tube, male gametes को ovule तक ले जाती है तथा egg के पास discharge (छोड़) कर देती है।
- Dioecious animals में male तथा female gamete तो अलग-अलग individual द्वारा उत्पन्न होते हैं इसलिए organisms को gamete transfer के लिए special mechanism विकसित करनी पड़ती है।
- Sexual reproduction में most critical event 'fertilisation' हैं तथा fertilisation के लिए gametes का successful transfer तथा gametes का साथ-साथ आना आवश्यक होता है।

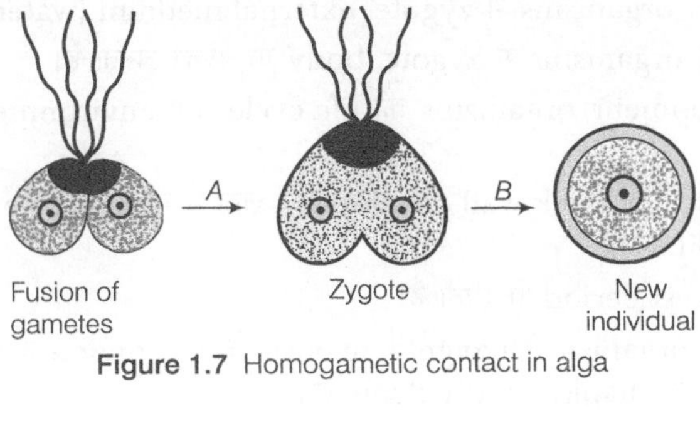

Figure 1.7 Homogametic contact in alga

1.2.2 Fertilisation

- Gametes का fuse होना sexual reproduction की सबसे महत्त्वपूर्ण घटना (most vital event) है।
- Gamete के fusion को हम **syngamy** कहते हैं इसके परिणामस्वरूप diploid zygote बनता है। इस process के लिए प्राय: fertilisation शब्द का उपयोग किया जाता है।
- Syngamy और fertilisation term का प्रयोग हम frequently करते रहते हैं, हालाँकि ये interchangeable हैं, परन्तु तब क्या होगा जब syngamy नहीं होगी?
- Female gamete के बिना fertilise हुए नए organism को बनाना **parthenogenesis** कहलाता है। e.g., rotifers, honeybee, some lizards, birds (turkey).

Types of Fertilisation

(A) External Fertilisation

- Syngamy, body के बाहर external medium जैसे कि पानी में होती है—e.g., Most aquatic organism जैसे majority of algae and bony fishes, amphibian.
- इसमें organisms अधिक संख्या में gametes को surrounding medium (water) में produce करते हैं ताकि syngamy के chances अधिक बढ़ जाएँ।
- ये जीव sexes के बीच great synchrony (व्यापक समकालिता) प्रदर्शित करते हैं।
- **Major disadvantage** इसमें off-spring के शिकार होने का खतरा अधिक रहता है और adult होने तक उनका जीवन बड़ा जोखिम भरा रहता है।

(B) Internal Fertilisation

- इसमें syngamy, organism की body के अन्दर होती है— e.g., Many terrestrial organisms जैसे—Fungi, higher animals (reptiles, birds, mammals), majority of plants (bryophytes, pteridophytes, gymnosperm, angiosperm).
- इन सभी organisms में egg, female body के अन्दर बनते हैं जहाँ ये male gamete के साथ fuse करते हैं।
- Internal fertilisation करने वाले organisms में male gamete, motile होता है तथा इसे fusion के लिए egg के पास जाना पड़ता है।
- इसमें sperm अधिक संख्या में उत्पन्न होते हैं, लेकिन egg की संख्या कम होती है।
- Seed plant में non-motile male gamete को pollen tube के द्वारा female gamete तक लाया जाता है।

1.2.3 Post-fertilisation Events

- Sexual reproduction में zygote के बनने के बाद की events को post-fertilisation events कहते हैं।

1.2.3.1 Zygote

- सभी sexually reproducing organisms में diploid का बनना एक universal event है।
- External fertilisation वाले organisms में zygote, external medium (water) में बनता है।
- Internal fertilisation वाले organisms में zygote, body के अन्दर बनता है।
- Zygote के आगे का development, organisms की life cycle तथा environment के nature पर depend करता है।
- Fungi तथा algae में zygote एक thick wall develop कर लेता है ताकि zygote की dessication (शुष्कन) और damage से रक्षा हो सके।
- यह germination से पहले rest period में रहता है।
- Haplontic life cycle वाले organisms में zygote, meiosis के द्वारा divide होकर haploid spores बनाते हैं तथा ये spores, grow करके नए haploid individuals बनाते हैं।

– ***आप अपनी XI Class Book का अध्ययन करें कि haplontic life cycle तथा diplontic life cycle वाले organism में zygote में किस प्रकार का development होता है?***

- Zygote एक पीढ़ी से दूसरी पीढ़ी के मध्य महत्त्वपूर्ण कड़ी (vital link) है, जो species की continuity को सुनिश्चित करती है।
- प्रत्येक sexually reproducing organism (including human being) अपनी life की शुरूआत एक single cell-zygote से करता है।

1.2.3.2 Embryogenesis

- Zygote से embryo के बनने के process को embryogenesis कहते हैं।
- Embryogenesis के दौरान, zygote में cell division (mitosis) तथा cell-differentiation होता है।
- Cell division, developing embryo में cell number को बढ़ाता है।
- Cell-differentiation से cells के group परिवर्तित होकर special tissues एवं organs बनाते हैं, जिसके फलस्वरूप organism का निर्माण होता है।
- **Zygote** के development के स्थान के आधार पर animal दो प्रकार के होते हैं—oviparous and viviparous.

Oviparous Animals

- ये वो animals है, जो fertilised/unfertilised egg को जन्म देते हैं।
- Fertilised egg वातावरण में safe place पर दिए जाते हैं तथा hard calcareous shell से ढके रहते हैं। e.g., reptiles, birds.
- Incubation period के बाद young-one hatching करके बाहर आ जाता है।

Viviparous Animals

- इनमें zygote, female body के अन्दर ही young one में develop होता है।
- एक निश्चित growth करने के बाद, young one delivery के द्वारा female body से बाहर आ जाता है।
- Proper embryonic care तथा protection के कारण viviparous animals के बच्चों का chance of survival अधिक होता है, *e.g.*, Majority of mammals including human being.
- Flowering plants में zygote, ovule के अन्दर बनता है।
- Fertilisation के बाद sepals, petals तथा stamen मुरझा कर गिर जाते हैं।

– ***क्या आप कुछ plants के नाम बता सकते हैं जिनमें sepal attach रहती है? Solanaceae family – brinjal, tomato***

- हालाँकि pistil, plant से attach रहती है।
- Zygote, embryo में develop हो जाता है।
- Ovule, seed में develop हो जाता है।
- Ovary, fruit में develop हो जाती है तथा इसकी wall आगे चलकर fruit wall का निर्माण करती है जिसे pericarp कहते हैं।
- Pericarp, fruit को protection देने का कार्य करती हैं।
- Favourable condition आने पर seed, germinate होकर नए पौधे का निर्माण करते हैं।

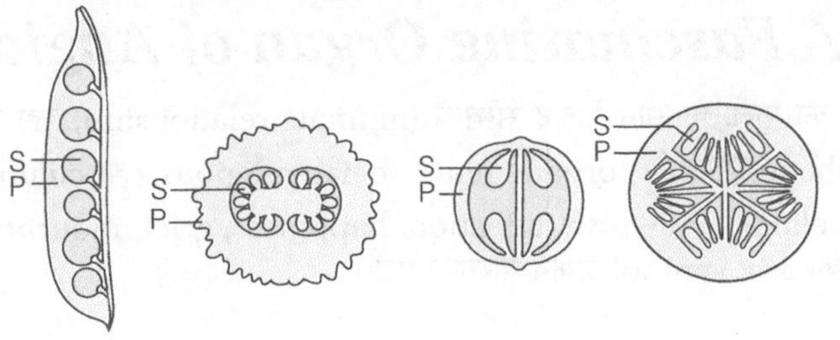

Figure 1.8 A few kinds of fruit showing seeds (S) and protective pericarp (P)

Chapter Two

SEXUAL REPRODUCTION IN FLOWERING PLANTS

– ***क्या हम भाग्यशाली नहीं हैं कि plant sexual reproduction करते हैं?***

- अनेक प्रकार के flowers जिन्हें हम लगातार देखते हैं, सूँघते हैं तथा जिनकी महक हमें अच्छी लगती है। जिनके रंग की खूबसूरती हमको आकर्षित करती है यह सभी बातें उनके sexual reproduction में सहायक होती हैं।
- फूलों का अस्तित्व (existance) केवल मनुष्य के लिए ही नहीं होता है।
- सभी flowering plants में sexual reproduction पाया जाता है।
- अगर हम inflorescence, flowers तथा flowers के parts की संरचना की diversity पर नजर डालें तो वे adaptation की एक amazing range को दर्शाते हैं ताकि sexual reproduction के end products जैसे fruits और seed बन सके।

2.1 Flower–A Fascinating Organ of Angiosperms

- प्राचीन काल से ही मनुष्य का फूलों के साथ निकट सम्बन्ध (intimate relationship) रहा है।
- मनुष्य के लिए फूल aesthetic (सौंदर्य), ornamentals, social, religious तथा cultural महत्त्व में उपयोगी रहा है।
- मनुष्य अपनी महत्त्वपूर्ण feelings (जैसे—love, affection, happiness, grief, mourning (शोक) को express करने के लिए flowers को as a symbol प्रयोग करता रहा है।

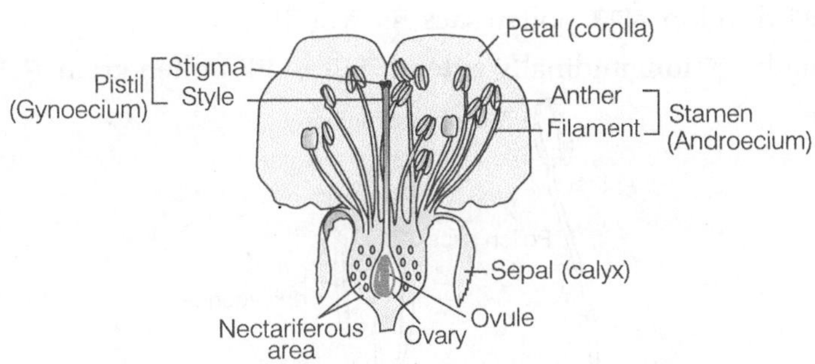

Figure 2.1 A diagrammatic representation of L.S. of a flower

Floriculture – cultivation of flowers or flowering plants specially for ornamental purpose.

- एक biologist के लिए पुष्प morphological, embryological marvel (आश्चर्य) तथा sexual reproduction का स्थान है।

2.2 Pre-Fertilisation : Structures and Events

- Plant में फूल दिखने से पहले यह decision हो जाता है कि plants में फूल आने वाले हैं।
- कई hormonal एवं structural changes शुरू हो जाते हैं, जिसके फलस्वरूप floral primordium का differentiation तथा development शुरू हो जाता है।
- Inflorescence बनता है, जो floral bud तथा flowers को धारण करता है।
- Flower में male तथा female reproductive structures (androecium and gynoecium respectively) differentiate एवं develop हो जाते हैं।
- Androecium में stamens का एक whorl होता है, जो male reproductive organ कहलाता है तथा gynoecium को female reproductive organ कहते हैं।

2.2.1 Stamen, Microsporangium and Pollen Grain

- एक typical stamen के दो भाग होते हैं—
  - Filament (long and slender stalk)
  - Anther (terminal)
- Anther generally bilobed होते हैं।
- Filament का proximal end, thalamus या फिर petal से जुड़ा रहता है।
- Stamen की length तथा number दोनों अलग-अलग species के फूलों में vary करता है।
- अगर आप अलग-अलग species के 10 flowers के stamen को collect कर slide पर रखेंगे तो उनमें आपको size में large variation देखने को मिलेगी।
- प्रत्येक stamen का microscope से सावधानीपूर्वक अध्ययन करके तथा उसका साफ diagram बना के shape तथा विभिन्न फूलों में anther की attachment को समझा जा सकता है।
- एक typical angiosperm का anther, bilobed होता है तथा प्रत्येक lobe में दो theca होते हैं अर्थात् ये dithecous कहलाते हैं।
- प्राय: theca को lengthwise separate करती हुई एक longitudinal groove पाई जाती है।
  - ***आइए हम एक anther के transverse section में विभिन्न प्रकार के tissues और उनके organisation के बारे में समझें। (Fig. 2.3a)***
- Anther का bilobed nature हमें transverse section में स्पष्ट दिखाई पड़ता है।
- Anther एक four-sided (**tetragonal**) structure है, जिसमें चार corners पर four microsporangia पाई जाती हैं।
- प्रत्येक lobe में दो microsporangia पाई जाती हैं।

- Microsporangia आगे develop होकर pollen sacs बन जाती हैं।
- ये anther की पूरी length तक longitudinally extend करते हैं तथा pollen grain से सम्पूर्ण भरे रहते हैं।

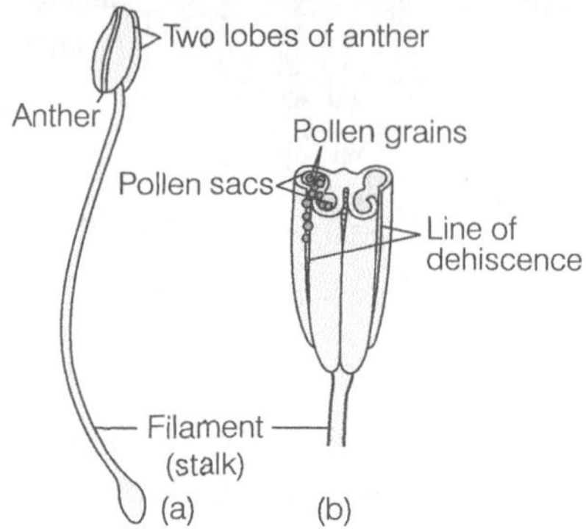

Figure 2.2 (a) A typical stamen; (b) three-dimensional cut section of an anther

Structure of Microsporangium

- एक typical microsporangium अपने transverse section में लगभग circular दिखाई देता है।
- इसमें generally चार wall layers होती हैं—**epidermis, endothecium, middle layer** तथा **tapetum**.
- बाहरी तीन layer protection तथा anther के dehiscence में सहायता करती हैं, जिससे pollen grain बाहर निकल आते हैं।
- **Tapetum** सबसे अन्दर वाली layer tapetum है, जो developing pollen grains को nourish (पोषण) करती है।
- Tapetum की cells में dense cytoplasm तथा generally एक से अधिक nucleus पाए जाते हैं।
- जब anther, young होता है तब इसकी प्रत्येक microsporangium के centre में compactly arrangement, homogenous cells का एक समूह होता है जिसे sporogenous tissue कहते हैं।

Microsporogenesis

- जब anther develop होता है, तो sporogenous tissue की cells में **meiotic division** के द्वारा microspore tetrad बनते हैं।

  *Tetrad **की** cells **की ploidy क्या होगी?** —Haploid*
- Sporogenous tissue की प्रत्येक cell के पास microspore tetrad बनाने की योग्यता होती है।
- प्रत्येक cell को potential pollen या microspore mother cell (PMC) कहते हैं।
- Pollen mother cell से meiosis के द्वारा microspore बनने के process को microsporogenesis कहते हैं।
- जैसे ही microspore बनते हैं वे, four cells के clusture में arrange हो जाते हैं जिसे हम microspore tetrad कहते हैं।
- प्रत्येक microsporangium के अन्दर हजारों की संख्या (several thousand) में microspore या pollen grain बनते हैं, जो anther के dehiscence होने पर बाहर निकल आते हैं। (Fig. 2.3c)

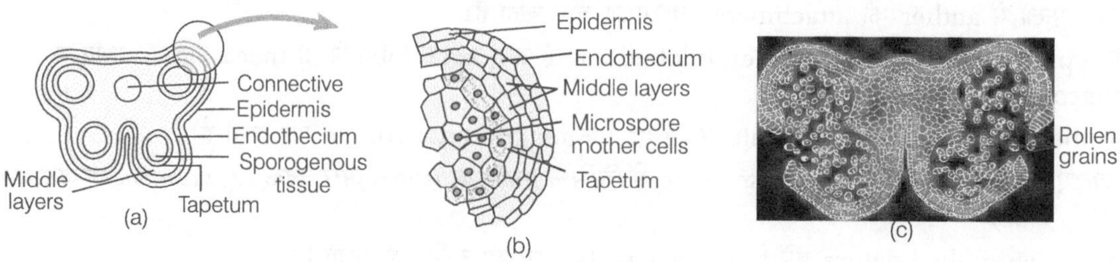

Figure 2.3 (a) Transverse section of a young anther; (b) Enlarged view of one microsporangium showing wall layers; (c) A mature dehisced anther

Pollen Grain

- Pollen grain, male gametophyte को represent करता है।
- अगर आपने ***Hibiscus*** या किसी अन्य flower के खुले हुए anther को छुआ हो तो आप पाएँगे कि आपकी fingers पर कुछ yellow powder चिपक जाता है।
  - ***एक glass slide पर एक बूँद पानी डालकर उस पर यह pollen grain छिड़क कर microscope से देखें।***
  - आप देखकर हैरान हो जाओंगे कि विभिन्न species के pollen grains का architecture (shape, size, colour, design) अलग-अलग होता है।
- Pollen grain, generally **spherical** होते हैं और इनका diameter लगभग 25-50 micrometer होता है।
- Pollen grain में एक prominent wall पाई जाती है, जिसमें दो layer होती हैं—Outer (exine) and inner (intine).

Exine

- Pollen grain की hard outer layer को exine कहते हैं, जो sporopollenin की बनी होती है।
- Sporopollenin, **most resistant organic material** है तथा इस पर strong acid and alkali तथा high temperature का कोई प्रभाव नहीं पड़ता है।
- Sporopollenin को degrade (नष्ट) करने वाला कोई enzyme अभी तक ज्ञात नहीं है।

- Prominent apertures (छिद्र) को **germpores** कहते हैं जहाँ sporopollenin नहीं पाई जाती हैं।
- Pollen grain को हम fossils के रूप में preserve कर सकते हैं, क्योंकि इसमें sporopollenin पाया जाता है।
- Exine के pattern और design एक fascinating array को प्रदर्शित करते हैं।

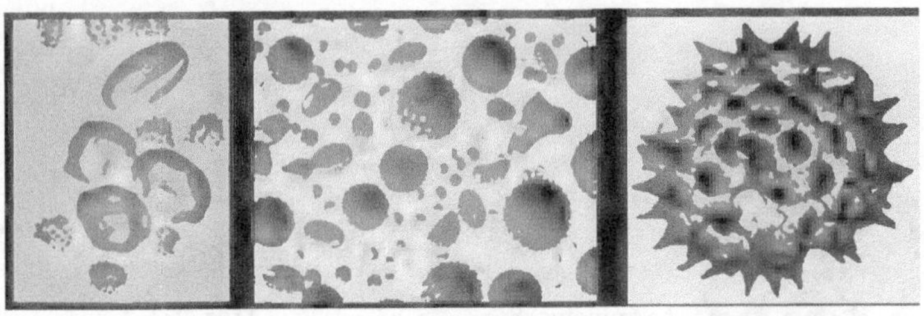

Figure 2.4 : Scanning electron micrographs of a few pollen grains

Intine

- Pollen grain की inner wall को हम **intine** कहते हैं।
- Intine, cellulose तथा pectin की बनी thin एवं continuous layer होती है।
- Pollen grain का cytoplasm, plasma membrane से घिरा रहता है।
- जब pollen grain mature होती है, तो इसमें दो cells पाईं जाती है जिन्हें हम **vegetative** तथा **generative cell** कहते हैं।
- **Vegetative cell** यह बड़ी होती है तथा इसमें अधिक मात्रा में reserve food एवं एक irregular shape का nucleus होता है।
- **Generative cell** यह छोटी होती है तथा यह vegetative cell के cytoplasm में तैरती रहती है।
- Generative, spindle-shape की होती है, जिसमें dense cytoplasm तथा एक nucleus पाया जाता है। 60% से अधिक angiosperms में pollen grain, 2-celled stage पर झड़ते (shed) हैं।
- शेष angiospermic species में pollen grain के झड़ने से पहले generative cell में mitotic division से दो male gamete बनते हैं इस प्रकार pollen grain, 3-celled stage की condition में झड़ते हैं।
- कई species के pollen grain से कुछ लोगों में allergies तथा bronchial afflictions हो जाता है, जिससे कभी-कभी लोगों में asthma और bronchitis जैसे chronic respiratory disorder होते हैं।

- Imported wheat के साथ भारत आई ***Parthenium*** या carrot grass की उपस्थिति सर्वव्यापक (ubiquitous) हो गई है तथा इसके pollen grains, allergy cause करते हैं।
- Pollen grain, nutrients में rich होते हैं।
- Pollen tablet का food supplement के रूप में प्रयोग करना आज के युग में fashion हो गया है।
- Western countries में tablets तथा syrups के रूप में pollen product भारी मात्रा में बाजारों में मिलते हैं।
- यह दावा किया जाता है कि pollen product को लेने से atheletes तथा race horses की performance बढ़ जाती है।
- जब एक बार pollen grain झड़ते हैं, तो उन्हें stigma पर अपनी viability खोने से पहले land करना पड़ता है ताकि आवश्यकता पड़ने पर वे fertilisation कर सकें।
- Pollen grain कितने समय के लिए viable रहता है?
- वह highly variable होता है, यह time period, **temperature** तथा **humidity** पर निर्भर करता है। कुछ अनाज (cereals) जैसे कि rice और wheat में pollen grain झड़ने के 30 minutes के अन्दर viability खो देते हैं।
- Rosaceae, Leguminosae तथा Solanaceae में pollen grain की viability महीनों तक बनी रहती है।
- आपने animals तथा human के sperm/semen को artificial insemination के लिए store करने के बारे में सुना होगा।
- कई species के pollen grain को **liquid nitrogen** में –196°C पर कई वर्षों तक store किया जा सकता है।
- Crop breeding programme में seed bank की तरह ही stored pollen को pollen bank के रूप में प्रयोग कर सकते हैं।

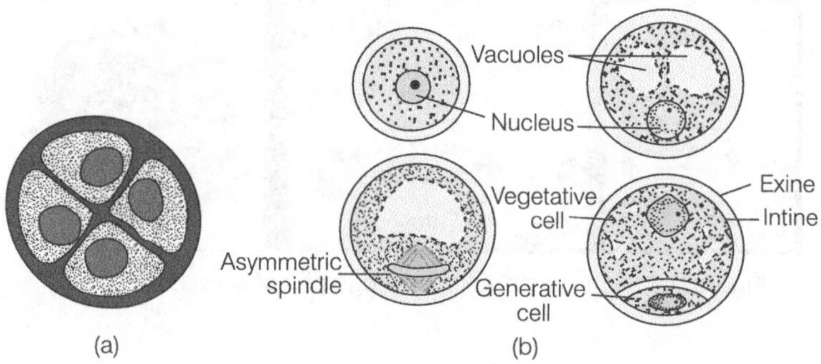

Figure 2.5 (a) Enlarged view of a pollen grain tetrad; (b) stages of a microspore maturing into a pollen grain

2.2.2 The Pistil, Megasporangium (Ovule) and Embryo Sac

- Gynoecium, flower के female reproductive part को represent करता है।
- Single pistil वाले gynoecium को **monocarpellary** तथा एक से अधिक pistil वाले को multicarpellary कहा जाता है।
- जब एक से अधिक pistil एक साथ fused हों तो 'syncarpous' कहते हैं, अगर वे free हों तो इसे 'apocarpous' कहते हैं।
- प्रत्येक pistil के तीन part होते हैं—**stigma**, **style** तथा **ovary**.
- **Stigma** यह pollen grain के लिए landing platform होता है।
- **Style** यह stigma के नीचे का लम्बा, पतला (elongated slender) part होता है।
- **Ovary** Pistil के आधार पर फूला (basal buldge part) हुआ भाग ovary कहलाता है।
- Ovary के अन्दर ही cavity को **ovarian cavity** (locule) कहते हैं।
- **Placenta**, ovarian cavity के अन्दर स्थित होता है।
- Placenta से निकलने वाले भाग megasporangia होते हैं, जिन्हें commonly **ovules** कहते हैं।

- एक ovary में ovule की संख्या एक (wheat, paddy तथा mango में) से लेकर अनेक (papaya, water melon तथा orchids में) हो सकती हैं।

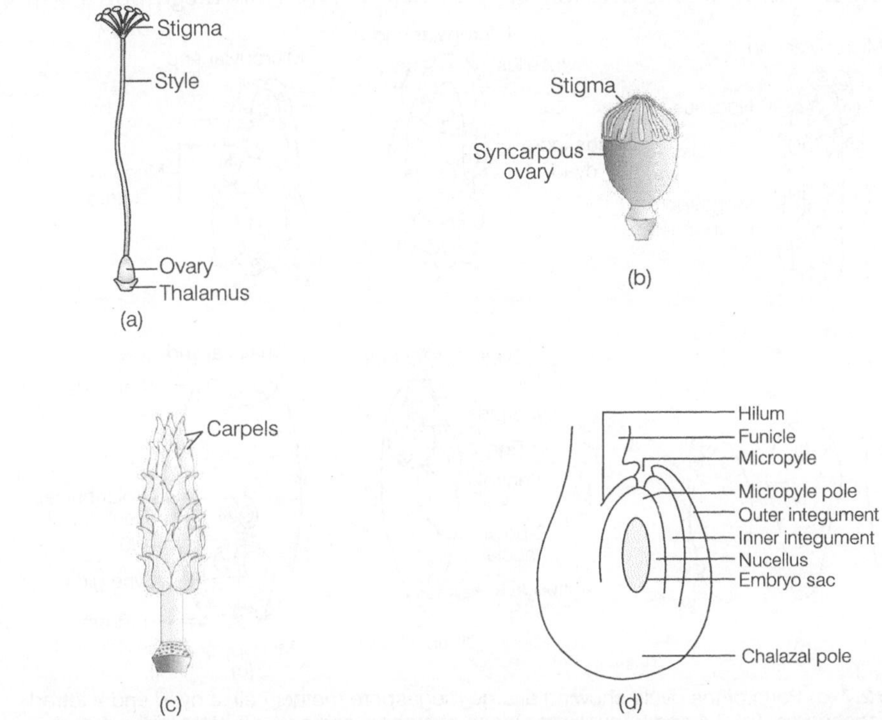

Figure 2.6 (a) A dissected flower of *Hibiscus* showing pistil (other floral parts have been removed); (b) Multicarpellary, syncarpous pistil of Papaver, (c) A multicarpellary, apocarpous gynoecium of *Michelia*; (d) A diagrammatic view of a typical anatropous ovule

The Megasporangium (Ovule)

- Ovule, एक small structure है, जो placenta से **funicle** नामक stalk से जुड़ा रहता है।
- Ovule की body से funicle जिस region में fuse होता है उसे **hilum** कहते हैं।
- **Hilum** यह ovule तथा funicle के बीच के junction को प्रदर्शित करता है।
- प्रत्येक ovule को एक या दो protective envelopes घेरे रहते हैं जिन्हें हम **integument** कहते हैं।
- Integument पूरे ovule को चारों ओर से घेरे रहती है केवल tip को छोड़कर जहाँ पर micropyle नामक एक small opening पाई जाती है।
- Micropyle के opposite end पर ovule का basal part **'chalaza'** होता है।
- Integument से घिरे cells के mass को **nucellus** कहते हैं।
- Nucellus की cell में अधिक मात्रा में reserve food material रहता है।
- Embryo sac या **female gametophyte**, nucellus में ही स्थित होता है।
- एक ovule के पास generally एक single embryo sac होता है, जो एक megaspore से reduction division द्वारा बनता है।

Megasporogenesis

- **Megaspore mother cell** से megaspore बनने के process को megasporogenesis कहते हैं।
- Nucellus के micropylar region में ovules प्राय: एक single megaspore mother cell (MMC) को differentiate करते हैं।

- Megaspore mother cell एक large cell है, जिसमें dense cytoplasm तथा एक prominent nucleus पाया जाता है।
- Megaspore mother cell में meiotic division होता है, जिसके फलस्वरूप चार megaspores बनते हैं।

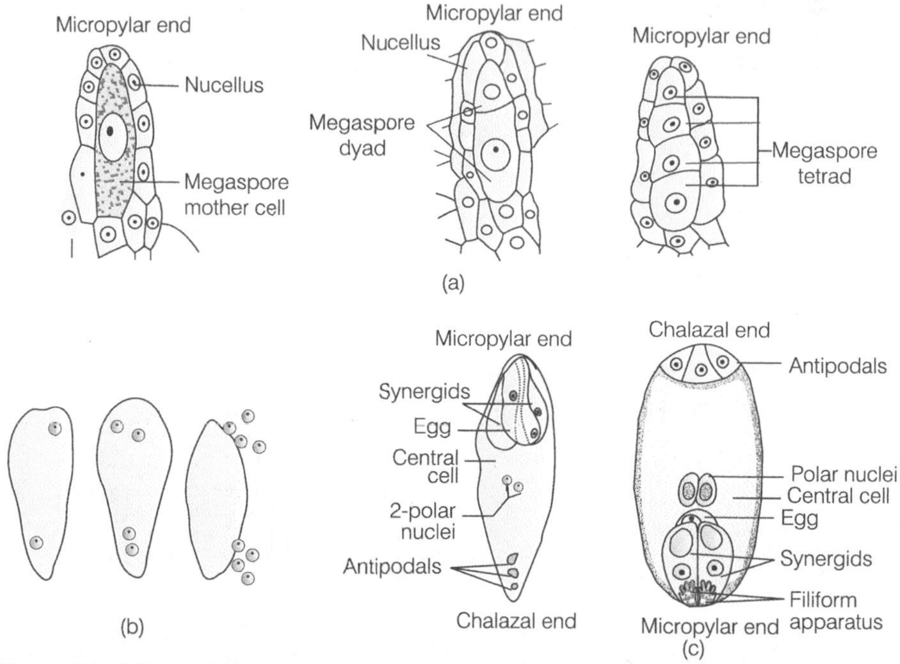

Figure 2.7 (a) Parts of the ovule showing a large megaspore mother cell, a dyad and a tetrad of megaspores; (b) 2,4 and 8- nucleate stages of embryo sac and a mature embryo sac; (c) A diagrammatic representation of the mature embryo sac.

Female Gametophyte

- अधिकतर flowering plants में एक megaspore **functional** रहता है, जबकि बचे हुए तीन, degenerate (नष्ट) हो जाते हैं।
- केवल functional megaspore ही **female gametophyte** (embryo sac) में develop होता है।
- Single megaspore से embryo sac बनने के method को 'monosporic' development कहते हैं।
  - *Nucellus, MMC, functional megaspore* ***तथा*** *female gametophyte* ***की*** *cells* ***की*** *ploidy* ***क्या होगी?***
  - Nucellus = $2n$
  - MMC = $2n$
  - Functional megaspore = n
  - Femal gametophyte = n
- आइए embryo sac के बनने की प्रक्रिया को detail में study करते हैं। (Fig. 2.8b)
- Functional megaspore का nucleus, mitotic division करके two nuclei बनाता है, जो opposite pole की ओर move कर जाते हैं, परिणामस्वरूप **2 nucleate embryo sac** बन जाता है।
- दो और sequential mitotic division होते हैं, जिनसे 4 nucleate तथा बाद में 8 nucleate embryo sac बनते हैं।
- ये mitotic division, strictly free nuclear होते हैं अर्थात् nuclear division के बाद cell wall शीघ्र नहीं बनती है।
- 8 nucleated stage के बाद cell wall बनना शुरू होती है, जिससे typical female gametophyte (embryo sac) का organisation होने लगता है।
- 8 में से 6 nuclei तो cell wall से cover हो जाते हैं तथा cell में बदल जाते हैं। बचे हुए 2 nuclei को हम **polar nuclei** कहते हैं, जो egg apparatus के नीचे **large central cell** में स्थित रहते हैं।

- Embryo sac के अन्दर cell का एक characteristic distribution होता है।
- 3 cells, micropylar end पर group में एक साथ रहती हैं, जिससे **egg apparatus** बन जाता है।
- Egg apparatus में 2 synergids तथा 1 egg cell होती है।
- Micropylar tip पर synergids में special cellular thickening पाई जाती है, जिसे filiform apparatus कहते हैं।
- यह apparatus, pollen tube को synergid में जाने के लिए guide का कार्य करता है।
- 3 cells, chalazal end पर होती हैं, जो **antipodal cells** कहलाती हैं।
- Large central cell में 2 polar nuclei पाए जाते हैं।
- इस प्रकार, maturity पर एक typical angiosperm की embryo sac, **7 celled and 8 nucleated** होती हैं।

2.2.3 Pollination

- Flowering plants में male तथा female gamete क्रमश: pollen grain तथा embryo sac बनते हैं।
- दोनों प्रकार के gametes non-motile होते हैं, इसलिए इनको fertilisation के लिए साथ लाना आवश्यक होता है।

यह कैसे होता है?

- दोनों gametes को साथ लाने में सहायक mechanism को pollination कहते हैं।
- Anther से झड़े हुए pollen grain को जब pistil की stigma पर transfer किया जाता है, तो इसे हम pollination कहते हैं।
- Flowering plants में pollination के लिए कई adaptation पाई जाती हैं।
- Pollination होने के लिए external agent का प्रयोग किया जाता है।

क्या आप कुछ external agent की सूची बना सकते हैं?

Kinds of Pollination Pollen source के आधार पर pollination को तीन भागों में विभाजित किया जाता है

(i) Autogamy

- इस प्रकार में, pollination same flower के अन्दर ही होता है।
- Anther से pollen grain का transfer, same flower की stigma पर होता है।
- Normally जिन flowers में anther तथा stigma खुले रहते हैं उनमें complete autogamy, rarely पाई जाती है।
- इन फूलों में autogamy के लिए pollen के release तथा stigma receptivity में synchronisation की आवश्यकता होती है। इसके अतिरिक्त anther और stigma एक दूसरे के पास होने चाहिए ताकि वे self-pollination कर सकें।
- कुछ plants जैसे कि *Viola* (common pansy), *Oxalis* तथा *Commelina* दो प्रकार के flowers उत्पन्न करते हैं—**chasmogamous** तथा **cleistogamous.**
- **Chasmogamous flower** यह फूल अन्य species की तरह ही होते हैं तथा इसमें anther और stigma खुले रहते हैं।
- **Cleistogamous flower** इसमें anther तथा stigma कभी open नहीं होते हैं।

  इस प्रकार के flower में anther तथा stigma एक-दूसरे के पास होते हैं।

  जब anther का flower bud में dehiscence होता है, तो pollen grain, stigma के संपर्क में आ जाते हैं, जिससे pollination हो जाता है।

  इसलिए cleistogamous flower शुद्ध रूप से autogamous होते हैं, क्योंकि इनमें cross pollination का कोई chance नहीं होता है।

  Cleistogamous flower निश्चित रूप से seed-set बनाते हैं, चाहे pollinators absent हो।

(ii) Geitonogamy

- इसमें same plant पर उपस्थित एक फूल के anther से pollen का transfer दूसरे फूल के stigma पर होता है।
- हालाँकि यह functionally, cross pollination है, जिसमें pollinating agent involve होता है, लेकिन genetically यह autogamy के समान है, क्योंकि pollen grain, same plant से आते हैं।

(iii) Xenogamy

- इसमें एक plant के flower के anther से pollen grain का transfer दूसरे plant के flower की stigma पर होता है।
- केवल यही एक ऐसा pollination है, जिसमें genetically different types के pollen grains का stigma पर transfer होता है।

Figure 2.8 (a) Self-pollinated flower; (b) Cross-pollinated flower; (c) Cleistogamous flower

Agents of Pollination

- Plants में pollination के लिए दो agents भाग लेते हैं—**abiotic** (wind तथा water) और **biotic** (animals).
- अधिकतर plants, biotic agents का use करते हैं, जबकि केवल कुछ plants, abiotic का प्रयोग करते हैं।
- Wind तथा water pollination में pollen grain का stigma के संपर्क में आना chance पर निर्भर करता है।
- इन अनिश्चितताओं को दूर करने तथा होने वाले pollen loss को compensate करने के लिए फूल ovules की तुलना में अधिक pollen produce करते हैं।

Wind Pollination

- Abiotic pollination में wind द्वारा pollination सबसे अधिक common है।
- Wind pollination के pollen grains, light तथा non-sticky होते हैं ताकि वायु के प्रवाह में transport हो सकें।
- Plants में well-exposed stamen होने चाहिए ताकि pollen grains वायु के प्रवाह में आसानी से disperse हो सकें। (Fig. 2.9)
- Plants में large feathery stigma होना चाहिए ताकि यह air में से pollen grain को आसानी से पकड़ सकें।
- Wind pollinated flowers के प्रत्येक ovary में प्राय: **single ovule** होता है।
- इनमें बड़ी संख्या में flower packed होकर inflorescence बना लेते हैं, इसका example **corn cob** है।
- Corn cob में आप जो tassels देखते हैं, वो stigma तथा style है, जो हवा में झूमते हैं ताकि pollen grain को आसानी से पकड़ सके।
- Grasses में wind pollination बहुत **common** है।

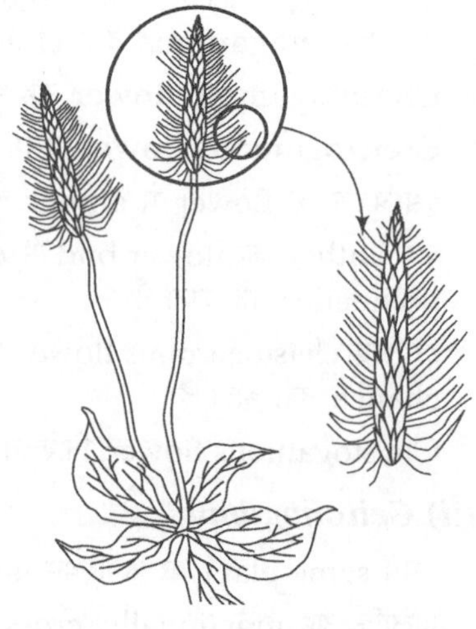

Figure 2.9 : A wind-pollinated plant showing compact inflorecence and well-exposed stamens

Water Pollination

- Flowering plant में water द्वारा pollination बहुत rare होता है तथा लगभग 30 genera तक ही सीमित है, e.g., most monocotyledons.
- Lower plant group; जैसे— **algae, bryophytes** and **pteridophytes** में water के द्वारा male gamete का transportation होता है। कुछ bryophytes तथा pteridophytes का distribution सीमित है, क्योंकि male gamete के transportation और fertilisation में जल की आवश्यकता पड़ती है।
- जल के द्वारा pollinated कुछ plants के examples- *Vallisneria* और *Hydrilla* है, जोकि freshwater में रहते हैं तथा several marine sea-grasses जैसे— *Zostera.*
- सभी aquatic plants में pollination के लिए water की आवश्यकता नहीं पड़ती है।
- अधिकतर aquatic plants जैसे कि ***water hyacinth*** और ***water lily*** में flower जल के surface के बाहर आ जाता है तथा insect या wind के द्वारा इसमें pollination होता है जैसा कि अधिकतर land plants में होता है।
- ***Vallisneria*** में female flower तो long stalk के द्वारा water की surface पर पहुँच जाता है तथा male flower से pollen grains जल की surface पर छोड़ दिए जाते हैं।

  Pollen grains जल के प्रवाह में passively प्रवाहित होते रहते हैं तथा इनमें से कुछ एक अन्त में stigma तक पहुँच जाते हैं।
- Water pollinated plants के अन्य groups जैसे कि **sea-grasses** में फूल जल की सतह के नीचे डूबे रहते हैं तथा इसमें pollen grains को जल के अन्दर ही छोड़ा जाता है।

  इस प्रकार की कई species में pollen grain लम्बे तथा ribbon-like होते हैं और ये passively water के अन्दर move करते हैं, इनमें से कुछ एक stigma तक पहुँच जाते हैं और pollination हो जाता है।
- अधिकतर water pollinated species में pollen grain के बाह्य सतह पर mucilagenous covering होती है ताकि वह भीगने (wetting) से बच सके।
- Wind तथा water pollinated दोनों flowers न तो बहुत colourful होते हैं और न ही nectar produce करते हैं।

Animal Pollination

- अधिकतर flowering plants, pollination के लिए animals का use करते हैं, जैसे— bees, butterflies, flies, beetles, wasps, ants, moths, birds (sun bird और humming bird) तथा bats.
- Animals के बीच में insects मुख्यतया **bees**, dominant biotic pollinating agent है।
- कुछ plants species में primate (Lemurs), Arboreal rodents (tree dwelling) तथा reptiles के द्वारा pollination होता है। अक्सर animal pollinated plants के फूल किसी एक particular animal species के लिए adapted होते हैं।
- अधिकतर insect pollinated flowers, large, colourful, fragrant और nectar से rich होते हैं।
- जब फूल छोटे होते हैं, तो कई सारे flowers मिलकर **inflorescence** बना लेते हैं ताकि उनको आसानी से देखा जा सकें।
- फूलों के रंग अथवा उनकी fragrance (खुशबू) से animals आकर्षित होते हैं।
- जो फूल **flies** तथा **beetles** के द्वारा pollinated होते हैं, वे foul odours, secrete करते हैं, जिससे ये animals उनकी ओर आकर्षित हो सकें।
- Animals फूलों के पास जाते रहे इसके लिए flowers उन्हें rewards (ईनाम) देते हैं।
- **Nectar** तथा **pollen grains** फूलों द्वारा दिए जाने वाले rewards हैं।
- Flowers से rewards लेने के लिए animals फूलों के anther तथा stigma के संपर्क में आ जाते हैं।
- इस प्रकार animals के शरीर पर pollen grain की coating जमा हो जाती हैं, क्योंकि animal pollinated flowers की pollen grains sticky होती हैं।
- जब animals, stigma के संपर्क में आते हैं तो उन पर लगे pollen stigma पर झड़ जाते हैं तथा pollination हो जाता है। कुछ species में floral rewards के रूप में अण्डे देने के लिए safe स्थान प्रदान किया जाता है—***e.g., Amorphophallus*** (*tallest flower*–लगभग 6 feet height).

- एक ऐसी ही relationship, *Yucca* plant तथा moth के बीच exist करती है जहाँ moth और *Yucca* plant एक-दूसरे के बिना life cycle पूरी नहीं कर सकते हैं।

  Moth अपने अण्डे जब ovary के locule (cavity) में देती हैं तो इसी दौरान *Yucca* flower का pollination हो जाता है।

  जैसे ही seed का development शुरू होता है वैसे ही egg से moth के larva बाहर आ जाते हैं।
- कई insects तो बिना pollination किए pollen और nectar को consume कर लेते हैं, इस प्रकार के floral visitors को हम **pollen/nectar robber** कहते हैं।

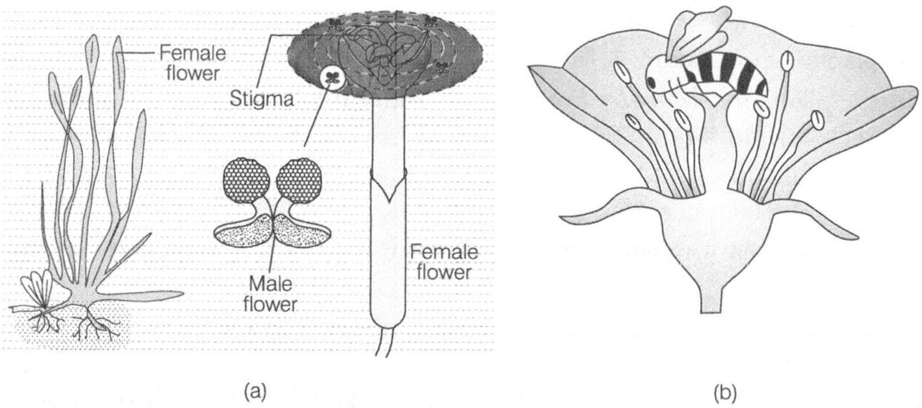

Figure 2.10 (a) Pollination by water in *Vallisneria*; (b) Insect pollination

Outbreeding Devices

- अधिकतर पौधों के फूल hermaphrodite होते हैं और इनके pollen grains तो same flower की stigma के संपर्क में आते हैं।
- निरन्तर self–pollination से inbreeding depression हो जाता है।
  - ***Self–pollination को avoid करने के लिए तथा cross pollination को बढ़ावा देने के लिए plants में कुछ devices पाई जाती हैं–***

(A) Avoid Synchronisation

- कुछ species में pollen के release तथा stigma receptivity में synchronisation नहीं होता है या तो stigma के receptive होने से पहले pollen release हो जाते हैं या पहले stigma receptive हो जाती हैं।

(B) Anther and Stigma are Placed at Different Positions

- कुछ species में anther तथा stigma अलग-अलग position पर स्थित होते हैं ताकि pollen grain कभी same flower के stigma के संपर्क में न आ पाए।
  - ***उपरोक्त (A) और (B) devices autogamy से बचाती हैं।***

(C) Self-incompatibility

- यह genetic mechanism है, जिसमें self-pollen (same flower या उसी plant का दूसरा flower) के द्वारा ovule के fertilisation को रोका जाता है।
- Pistil में self-incompatibility से pollen germination तथा pollen tube की growth नहीं हो पाती है।

(D) Production of Unisexual Flowers

- यह भी self-pollination को रोकता है। अगर male तथा female flower दोनों एक ही plant पर उपस्थित होते हैं, तो autogamy से बचा जा सकता है, लेकिन geitonogamy से नहीं e.g., Monoecious – Castor और maize.
- कई species में male तथा female flower अलग-अलग plant पर होते हैं। ***(dioecy)*** e.g., Papaya.
- इस स्थिति में autogamy तथा geitonogamy दोनों ही नहीं हो पाते हैं।

Pollen Pistil Interaction

- Pollination, right type के pollen transfer की guarantee नहीं देता है।
- Right type के pollen से अर्थ हैं same species का compatible (सुयोग्य) pollen grain.
- अक्सर wrong type के pollen भी stigma पर आ जाते हैं (अर्थात् अन्य species के pollen या फिर उसी plant के pollen यदि वे self-incompatible हों)।
- Pistil के पास right type (compatible) pollen तथा wrong type (incompatible) को पहचानने की क्षमता होती हैं।
- Right type के pollen को pistil, accept करते हैं और post-pollination events को promote करते हैं, जिससे fertilisation हो जाता है।
- अगर pollen wrong type का होता है तो pistil, pollen को reject कर देती है।
- Pistil द्वारा pollen को accept तथा reject करने की क्षमता pollen grain और pistil के मध्य होने वाले निरन्तर संवाद (continuous dialogue) का परिणाम है।
- Pollen के chemical component का pistil के साथ interaction होता है, जिससे यह continuous dialogue चलता है।
- अभी recent years में botantists जान पाए हैं कि pollen तथा pistil के कुछ components और उनके interaction से pollen को recognise किया जाता है।
- Compatible pollination होने के बाद pollen grain, stigma पर germinate हो जाते हैं तथा germ pore द्वारा pollen tube निकलती हैं।
- Pollen grain का content, pollen tube में चला जाता है।
- Pollen tube, stigma तथा style के tissues के द्वारा growth करती है तथा ovary तक पहुँच जाती है। (Fig. 1.2b,c)
- कुछ plants में pollen grain, two-celled stage (vegetative और generative cell) में झड़ते हैं।
  इस प्रकार के plants में pollen tube जब stigma पर growth कर रही होती है तब generative cell divide होकर दो male gamete बनाती हैं।
- जिन पौधों में three-celled stage में pollen झड़ते हैं, तो pollen tube में शुरू से ही दो male gamete present होते हैं।
- Pollen tube, ovary में पहुँचने के बाद micropyle के द्वारा ovule में पहुँचती है उसके बाद filiform apparatus के माध्यम से एक synergid में प्रवेश करती है। (Fig. 2.12d,e)
- अभी हाल ही की कई studies में पता चला है कि micropylar part के synergid में पाए जाने वाले filiform apparatus का काम pollen tube की entry को guide करना होता है।
- Stigma पर pollen deposition से लेकर ovule में pollen tube की entry तक की सभी events को हम pollen-pistil interaction कहते हैं।
- जैसा हम जानते हैं कि pollen-pistil interaction एक dynamic process है, जिसमें pollen के recognition के बाद इसका promotion या inhibition शामिल है।
- इस क्षेत्र का अध्ययन करने से plant breeder को सहायता मिलती है—यह pollen-pistil interaction को manipulate कर सकता है यहाँ तक कि incompatible pollination में desired hybrid प्राप्त करने में भी यह अत्यन्त महत्वपूर्ण होता है।
- आप pollen germination को आसानी से study कर सकते हैं, कुछ plants (pea, chick pea, *Crotolaria, Balasm* and *Vinca*) से pollen लेकर glass slide पर रखकर sugar solution (लगभग 10%) की कुछ बूँदे डाल दीजिए।
- 15 से 30 minute के बाद low power lens के microscope से देखिए। आप देखेंगे कि pollen grain से pollen tube growth कर रही होगी।
- आप plant breeding (chapter 9) में पढ़ेंगे कि एक plant breeder की रूचि दो different species या genera को cross करके उनके character combine करना है, जिसके फलस्वरूप एक superior variety का निर्माण होता है।

Artificial Hybridisation

- Crop improvement programme के लिए artificial hybridisation एक major approach है।
- इस प्रकार के crossing experiments में यह आवश्यकता है कि केवल desired pollen grains का उपयोग किया जाए तथा stigma को contamination (unwanted pollen) से बचाया जाए।
- Contamination से बचाने के लिए **emasculation** तथा **bagging** technique का use करते हैं।
- Pair of forcep की सहायता से bisexual flower buds से anther को काटकर हटाना emasculation कहलाता है।
- Suitable size के bag से emasculated flower को ढकना bagging कहलाता है। यह bag generally, **butter paper** के बने होते हैं।
- Bagging से unwanted pollen द्वारा contamination रोका जा सकता है।
- जब bagged flower की stigma receptive हो जाती है तब हम male plant से desired mature pollen को लाकर stigma पर छोड़ देते हैं और flower को rebagged कर देते हैं तथा फल को develop होने दिया जाता है। अगर female plant द्वारा unisexual flower उत्पन्न होते हैं, तो emasculation की कोई आवश्यकता नहीं पड़ती है।
- Female flower को open होने से पहले bagged कर दिया जाता है।
- जब stigma receptive हो जाती है, तो desired pollen द्वारा pollination किया जाता है और flower को rebagged कर दिया जाता है।

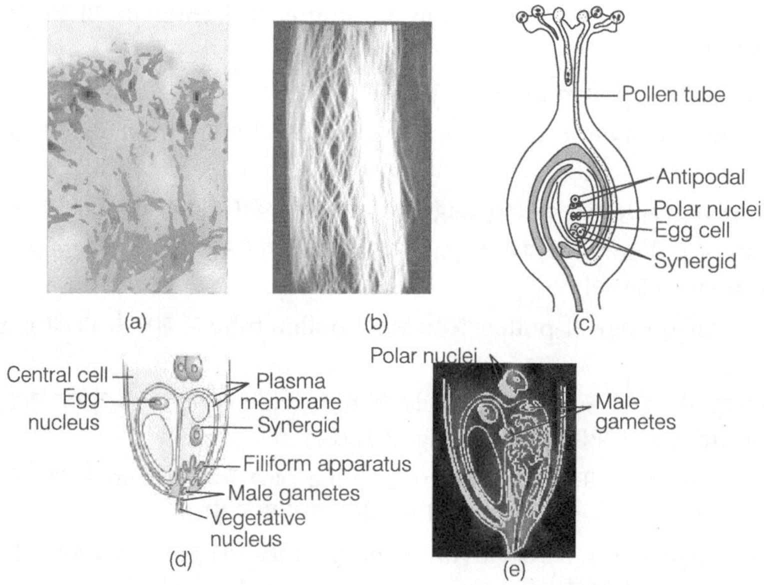

Figure 2.11 (a) Pollen grains germinating on the stigma; (b) Pollen tubes growing through the style; (c) Longitudinal section of pistil showing path of pollen tube growth; (d) Enlarged view of an egg apparatus showing entry of pollen tube into a synergid; (e) Discharge of male gametes into a synergid and the movements of the sperms, one into the egg and the other into the central cell

2.3 Double Fertilisation

- एक synergid में प्रवेश करने के बाद pollen tube द्वारा synergid के cytoplasm में दो male gamete छोड़ दिए जाते हैं।
- इनमें से एक male gamete, egg cell की ओर जाकर उसके nucleus के साथ fuse हो जाता है तथा इस process को **syngamy** कहते हैं।
- **Syngamy** के परिणामस्वरूप diploid cell **'zygote'** की रचना होती है।
- दूसरा male gamete, central cell में स्थित दो polar nuclei की ओर जाकर दोनों polar nuclei के साथ fuse हो जाता है, जिसके परिणामस्वरूप triploid, **Primary Endosperm Nucleus (PEN)** जाता है। (Fig. 2.13a)

- Triple fusion में three haploid nuclei के मध्य fusion होता है इसलिए इसको **triple fusion** कहते हैं।
- Embryo sac में दो प्रकार के fusion, syngamy तथा triple fusion होते हैं इसलिए इस event को हम **double fertilisation** कहते हैं।
- Double fertilisation, flowering plant की एक unique event है।
- Central cell तो triple fusion के बाद primary endosperm cell कहलाती है तथा यह endosperm में develop हो जाती है।
- Zygote से 'embryo' develop होता है।

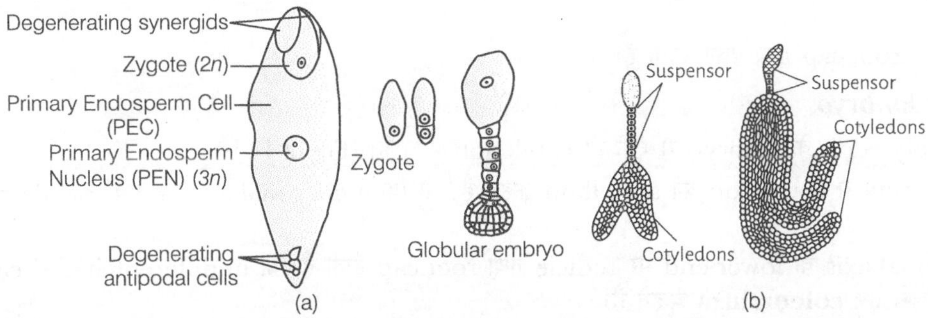

Figure 2.12 (a) Fertilised embryo sac showing zygote and Primary Endosperm Nucleus (PEN); (b) Stages in embryo development in a dicot [shown in reduced size as compared to (a)]

2.4 Post-Fertilisation : Structures and Events

- Double fertilisation के बाद की event जैसे endosperm तथा embryo development, ovule का seed में परिवर्तन तथा ovary से fruit का बनना, post-fertilisation events हैं।

2.4.1 Endosperm

- Primary endosperm cell बड़ी तेजी से divide करके triploid endosperm tissues बनाती हैं।
- Endosperm tissues की cell में reserve food material होता है, जो embryo development के लिए nutrition provide कराती हैं।
- Most common type के endosperm development में PEN में successive nuclear division होते हैं और इससे free nuclei उत्पन्न होते हैं, endosperm development की यह stage **free-nuclear endosperm** कहलाती है।
- इसके बाद cell wall बनती है तथा endosperm cellular हो जाता है।
- Cellularisation से पहले बनने वाले free nuclei की संख्या बहुत अधिक vary करती है।
- Coconut water से तो आप परिचित होंगे यह कुछ नहीं बल्कि free nuclear endosperm है, जोकि हजारों nuclei से बना होता है तथा इसके चारों ओर white kernel (सफेद गूदा) **cellcular endosperm** हैं।
- Seed maturation से पहले का endosperm या तो developing embyro द्वारा पूरी तरह से consume हो जाता है जैसे (pea, groundnut, beans) या फिर यह seed में बचा रहता है (castor तथा coconut) और यह इनमें seed germination के दौरान consume हो जाता है।
- यह ज्ञात कीजिए कि अनाज जैसे wheat, rice तथा maize में endosperm बचा रहता है।

2.4.2 Embryo

- यह embryo sac के micropylar end पर develop होता है जहाँ पर zygote स्थित होता है।
- अधिकतर zygote तभी divide होते हैं जब कुछ endosperm का निश्चित amount बन जाता है।
- यह एक adaptation है, जिससे developing embryo को सुनिश्चित nutrition मिल सके।
- Seeds अलग-अलग होते हैं फिर भी monocotyledon तथा dicotyledon में embryo development (embryogeny) की early stage समान होती हैं।

- Fig. 2.13 में dicotyledon embryo की embryogeny की stage को दिखाया गया है।
- Zygote से proembryo बनता है इसके बाद globular, heart-shaped तथा फिर mature embryo बनता है।

Dicot Embryo

- एक typical dicotyledonous embryo में एक **embryonal axis** तथा दो **cotyledon** होते हैं।
- Cotyledon के ऊपर embryonal axis का portion **epicotyl** कहलाता है, जो pulmule या stem tip में terminate होती है।
- Cotyledon के नीचे का cylindrical portion, **hypocotyl** कहलाता है, जो radicle या root tip में terminate होती है।
- Root tip, root cap द्वारा ढ़की रहती है।

Monocot Embryo

- Monocotyledon के embryo में एक ही cotyledon होता है। (Fig. 2.14 b)
- Grass family में cotyledon को scutellum कहते हैं, जो कि embryonal axis के एक ओर (lateral) स्थित होता है।
- Embryonal axis के lower end पर redicle तथा root cap होती है, जो undifferentiated sheath से घिरी रहती है जिसे हम **coleorrhiza** कहते हैं।
- Embryonal axis का वह भाग, जो **scutellum** के attachment से ऊपर होता है, **epicotyl** कहलाता है।
- Epicotyl के पास एक shoot apex तथा कुछ leaf primordium होती हैं, जो hollow foliar structure से घिरी रहती है जिसे हम **coleoptile** कहते हैं।

Wheat, maize, peas, chick peas तथा groundnut के बीजों को रात भर पानी में रखें, फिर इन seeds को छीलें और इसमें embryo तथा seed के विभिन्न parts का अध्ययन करें।

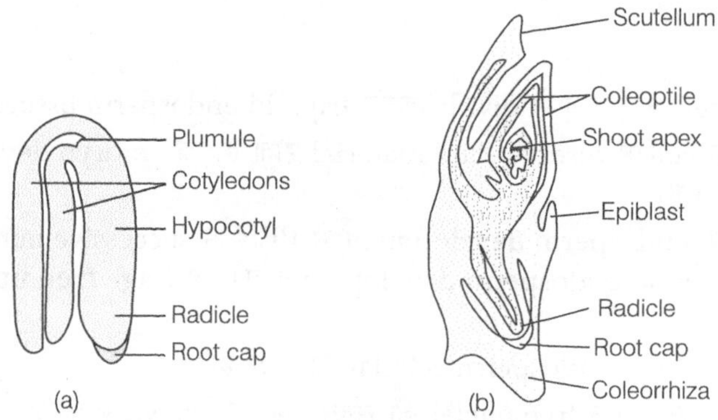

Figure 2.13 (a) A typical dicot embryo; (b) LS of an embryo of grass

2.4.3 Seed

- Angiosperm में sexual reproduction का final product 'seed' है।
- इसको हम अक्सर fertilised ovule भी कहते हैं।
- Seeds, fruit के अन्दर बनते हैं।
- एक typical seed में seed coat(s), cotyledon(s) तथा एक embryo axis पाया जाता है।
- Embryo के cotyledon simple structure हैं, जो food store करने के कारण प्राय: thick और swollen होते हैं। e.g., Legume.
- Mature seed, **albuminous** तथा **non-albuminous** हो सकते हैं।

- **Non-albuminous seed** इसमें endosperm, embryo development के दौरान completely consume हो जाता है। e.g. pea तथा ground nut.
- **Albuminous seed** इसमें endosperm बच जाते हैं, क्योंकि embryo development के दौरान यह completely consume नहीं हो पाता है, e.g., wheat, maize, barley, castor, sunflower.
- कभी-कभार कुछ seeds में nucellus भी बच जाता है, e.g., black papper तथा beet.
  इस residual presistant nucellus को हम **perisperm** कहते हैं।
- Ovules की integuments से hard तथा tough protective seed coats बनते हैं।
- Micropyle, seed coat में small pore के रूप में बचा रहता है।
- जब seed germinate होते हैं तब micropyle से oxygen तथा water प्रवेश करते हैं।
- जैसे-जैसे seed mature होता जाता है इसमें water content घटता जाता है और यह relatively dry (10-15% moisture by mass) हो जाता है।
- Embryo की general metabolic activity, slow हो जाती है तथा embryo एक inactive state में आ जाता है इसे हम dormancy कहते हैं।
- Favourable condition (जैसे कि adequate moisture, oxygen तथा suitable temperature) हो तो seed germinate हो जाते हैं।
- जैसे-जैसे ovules, seed में mature होते हैं वैसे ही ovary, fruit में विकसित हो जाती हैं।
- Ovule से seed का बनना और ovary से fruit के बनने की दोनों प्रक्रियाएँ साथ-साथ होती हैं।
- Ovary की wall से fruit की wall बन जाती है, जो **pericarp** कहलाती है।
- Fruit तो fleshy (जैसे— guava, orange तथा mango) तथा dry (जैसे— groundnut तथा mustard) भी हो सकते हैं।
- कई fruits में seeds के dispersal की mechanism भी पायी जाती है।
- अधिकतर plants में जिस समय पर fruit, ovary से develop होते हैं उसी समय अन्य floral part नष्ट होकर गिर जाते हैं। कुछ species जैसे— apple, strawberry और cashew इत्यादि में thalamus से fruit बनते हैं ऐसे fruits को हम **false fruits** कहते हैं।
- अधिकतर fruits केवल ovary से develop होते हैं, जिन्हें हम true fruits कहते हैं।
- लगभग सभी species में fruit, fertilisation से बनते हैं।
- लेकिन कुछ species में fruit बिना fertilisation के ही बन जाते हैं, इन्हें हम **parthenocarpic fruit** कहते हैं, e.g., Banana.
- Angiosperms में seed कुछ advantage offer करते हैं।
- पहला, pollination तथा fertilisation जैसे reproductive process तो water पर depend नहीं हैं, जबकि seed formation water पर अधिक depend होता है।
- इसके साथ ही seeds नए habitat में dispersal के लिए कुछ better adaptive strategies पाई जाती हैं, जो species को अन्य क्षेत्रों में बसने में मदद करती हैं।
- Seeds में पर्याप्त reserve food रहता है, जो young seedling को nourish करता है जब तक कि वह photosynthesis न करने लगे।
- Seed का hard coat, young embryo को protection देता है।
- Sexual reproduction का product होने के कारण ये new genetic combination बनाते हैं, जिसमें variation का निर्माण होता है।
- Seed हमारे agriculture का आधार है।
- Mature seeds में dehydration तथा dormancy का होना seeds के storage के लिए महत्त्वपूर्ण है। इससे यह पूरे वर्ष food के रूप में प्रयोग किया जा सकता है तथा next season में फसल उगाने के लिए भी प्रयोग में लाए जाते हैं।

- क्या आप seeds की absence में agriculture की कल्पना कर सकते हैं या फिर वह seed जो तुरन्त germinate हो जाता है तथा उसको store नहीं किया जा सकता है।
- बीज के dispersal के पश्चात् seeds कितने समय तक जीवित रहता है यह period भी बहुत अधिक vary करता है।
- कुछ seeds अपनी viability को कुछ महीनों में ही खो देते हैं।
- अधिकतर species के seed कई सालों तक जीवित रहते हैं।
- कुछ seed तो कई सौ साल तक जीवित रहते हैं।
- यहाँ बहुत पुराने जीवित seeds के कुछ records हैं।
- Arctic tundra में पाया गया lupine, *Lupinus arcticus* का seed सबसे old है।
- यह seed, 10000 year की dormancy के बाद germinate हुआ तथा flowers आए।
- हाल ही का एक उदाहरण 2000 years old viable seed का है जो date palm, *Phoenix dactylifera* का है जो dead sea के पास **king Herod's palace** की पुरातात्विक खुदाई (archeological excavation) के दौरान खोजा गया था।
  - ***Plant के sexual reproduction के बारे में संक्षिप्त अध्ययन पूरा करने के बाद यह अधिक सार्थक होगा कि कुछ flowering plants की high reproductive capacity का परिज्ञान निम्नलिखित प्रश्न पूछ कर लिया जाए।***
  - ***Embryo sac में कितने egg present होते हैं?***
  - ***एक ovule में कितने embryo sac होते हैं?***
  - ***एक ovary में कितने ovules present होते हैं?***
  - ***एक flower में कितनी ovary present होती हैं?***
  - ***एक tree में कितने flower present होते हैं? और ऐसी ही....***
  - *क्या आप ऐसे कुछ plants के बारे में सोच सकते हैं, जिनके fruits में seeds अधिक मात्रा में मिलते हैं?*
- Orchid plant इसका एक अच्छा उदाहरण है, जिसके प्रत्येक fruit में हजारों छोटे-छोटे seeds पाए जाते हैं।
- Orobanche तथा Striga जैसी parasitic species के fruit में भी समान स्थिति होती है।
  - ***क्या आपने कभी Ficus का छोटा-सा seed देखा?***
  - ***कैसे एक छोटे से seed से इतना बड़ा बरगद का वृक्ष बनता है?***
  - ***Ficus का प्रत्येक वृक्ष कितने billion seed produce करता है?***
  - ***क्या आप कुछ अन्य examples की कल्पना कर सकते हैं, जिनमें एक छोटे से बीज में ने इतना बड़ा biomass पैदा किया है?***

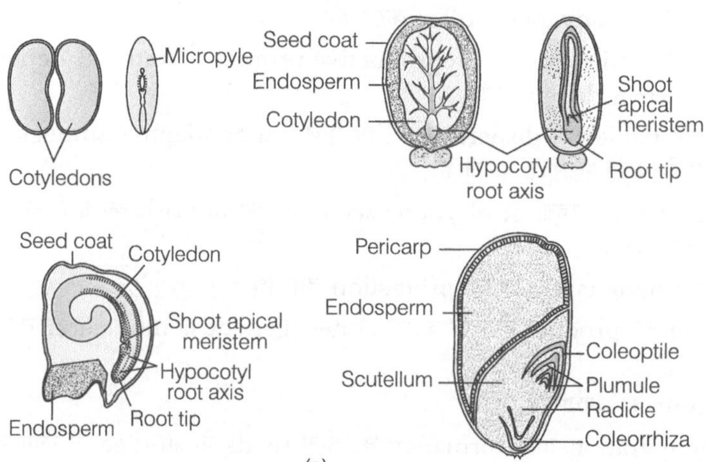

(a)

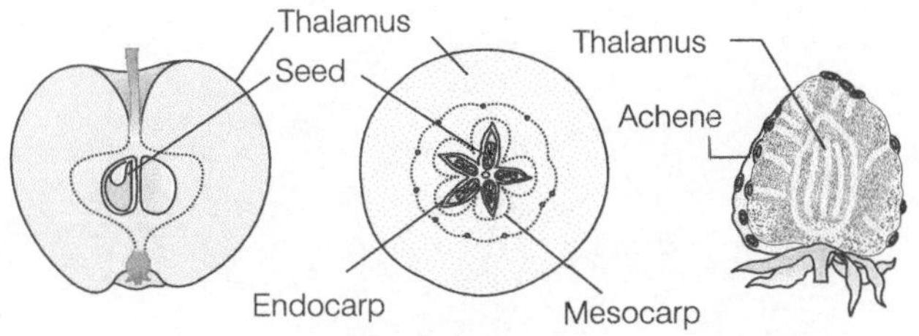

(b)

Figure 2.14 (a) Structure of some seeds. (b) False fruits of apple and strawberry

2.5 Apomixis and Polyembryony

- हालाँकि seeds का उत्पादन fertilisation के फलस्वरूप होता है।
- जबकि कुछ flowering plants जैसे कि Asteraceae तथा grasses में special mechanism विकसित हुई है, जिसमें seed बिना fertilisation के बन जाता है इस process को हम **apomixis** कहते हैं।
  - ***जब fruits बिना fertilisation के बनते हैं, तो हम इस process को क्या कहते हैं?*** *—Parthenocarpy*
- **Apomixis** एक प्रकार का asexual reproduction हैं, जो sexual reproduction को mimic (कॉपी) करता है।
  - **Apomictic seed बनाने के कई उपाय हैं।**
- **Diploid egg** कुछ species में बिना reduction division के फलस्वरूप बने diploid egg से बिना fertilisation हुए embryo बनता है।
- **Nucellar cells** citrus तथा mango जैसी variety में embryo sac के चारों ओर जो nucellar cells पाई जाती हैं उनमें से कुछ में division होने लगता है तथा ये embryo sac में उभरकर embryo बनाती हैं। इस प्रकार की species के ovule में कई embryo पाए जाते हैं।
- Seed में एक से अधिक embryo का बनना **polyembryony** कहलाता है।
  - ***आप orange के कुछ seed लेकर उनको मरोड़ें और प्रत्येक seed के भीतर embryo की shape और size में पाई जाने वाली विभिन्नता का अध्ययन करें।***
  - ***प्रत्येक seed में embryo की संख्या ज्ञात करें।***
  - *Apomictic embryo का genetic nature क्या होगा?*
  - ***क्या इन्हें clones कहा जा सकता है?*** *—Yes*
- Food तथा vegetable की hybrid varieties को बड़ी मात्रा में उगाया जाता है।
- Hybrid varieties ने productivity को बहुत तेजी से बढ़ाया है।
- Hybrid seeds की सबसे बड़ी समस्या यह है कि इन्हें हर वर्ष produce करना पड़ता है।
- Hybrid seeds को बोने के पश्चात् तो plant की progeny में character का segregation हो जाएगा इससे यह अपनी विशिष्टता को खो देंगें।
- Hybrid seeds का उत्पादन costly है तथा यह farmer को काफी महगें पड़ते हैं।
- अगर इन hybrid seeds को हम apomixis के द्वारा बनाए तो hybrid progeny में character का कोई segregation नहीं होगा।
- तब farmers इन seeds को साल दर साल उगा सकते हैं तथा उन्हें हर साल बीज खरीदने की जरूरत नहीं पड़ेगी।
- Hybrid seed industry में apomixis बहुत महत्त्वपूर्ण है इसलिए apomixis की genetics को समझने के लिए laboratories में कई important research हो रही हैं ताकि apomictic genes को hybrid varieties में transfer किया जा सके।

Chapter Three

HUMAN REPRODUCTION

3.1 The Male Reproductive System

- Male reproductive system शरीर के pelvic region में स्थित होता है।
- इसमें one pair testes, accessory ducts, glands तथा external genitalia पाए जाते हैं।
- शरीर में testes, abdominal cavity के बाहर एक pouch में रहते हैं, जिसे scrotum कहते हैं।
- Scrotum, testes के temperature को internal body temperature से 2-2.5°C कम रखने में सहायक होता है, जो spermatogenesis के लिए आवश्यक है।
- Adult में प्रत्येक testis, oval होता है, जिसकी length 4-5 cm तथा width लगभग 2-3 cm होती है।
- Testis, dense covering द्वारा cover रहते हैं।
- प्रत्येक testis में लगभग 250 compartments होते हैं, जिन्हें testicular lobules कहते हैं।
- प्रत्येक lobule के अंदर 1-3 highly coiled seminiferous tubules होती है, जिनमें sperms produce होते हैं।
- प्रत्येक seminiferous tubules का भीतरी भाग दो प्रकार की cells से lined होता है, जिन्हें male germ cells (spermatogonia) तथा sertoli cells कहते हैं।
- Male germ cells, meiosis के द्वारा sperms का formation करती है, जबकि sertoli cells, germ cells को nutrition provide करती है।
- Seminiferous tubules के बाहरी region को interstitial space कहा जाता है।
- Interstitial space में small blood vessels तथा interstitial cells or Leyding cells होती हैं।
- Leyding cells, androgen नामक testicular hormones को synthesis तथा secrete करती है।
- Interstitial space में कुछ immunologically competent cells भी पायी जाती हैं।
- Male sex accessory ducts में शामिल है—rete testis, vasa efferentia, epididymis तथा vasa deferens.
- Testis की seminiferous tubules, rete testis के माध्यम से vasa efferentia में खुलती हैं।
- Vasa efferentia, testis से निकलकर epididymis में खुलती है।

- Epididymis प्रत्येक testis के posterior surface के along स्थित होते हैं।
- Epididymis, vas deferens में खुलती हैं।
- Vas deferens में , abdomen की ओर ऊपर जाती है तथा urinary bladder के ऊपर की ओर loop बनाती है।
- Vas deferens में seminal vesicle से एक duct आती है तथा urethra में ejaculatory duct के रूप में खुलती है।
- ये ducts, testis से प्राप्त sperms को store तथा urethra के द्वारा बाहर इनको transfer करती है।
- Urethra, urinary bladder से निकलती है तथा penis के अंदर से गुजर कर बाहर एक छिद्र के रूप में खुलती है जिसे **urethral meatus** कहते हैं।
- Penis को male external genitalia कहते हैं।
- Penis, special tissue से बना होता है, जो penis के erection में सहायता प्रदान कर insemination में सहायता करता है।
- Penis के enlarged end को glans penis कहते हैं, जो skin के एक loose fold से ढका रहता है जिसे foreskin (prepuce) कहते हैं।

Male Accessory Glands

- इसमें one pair seminal vesicles, one prostate तथा one pair Bulbourethral glands शामिल हैं।
- इन glands का secretion, seminal plasma का निर्माण करता है।
- Seminal plasma में fructose, calcium तथा कुछ enzymes पाए जाते हैं।
- Bulbourethral glands का secretion, penis के lubrication भी सहायक होता है।

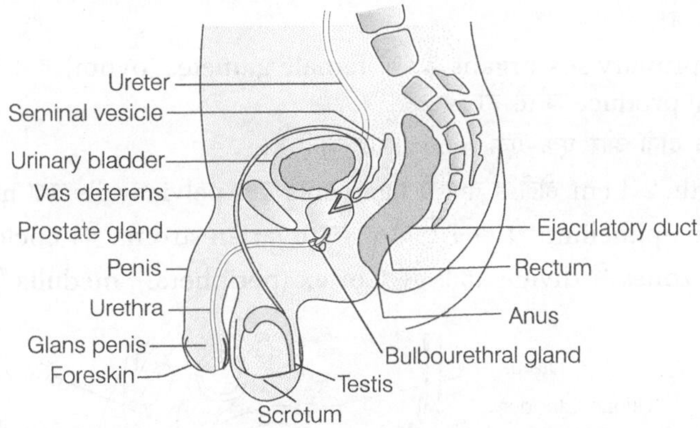

Figure 3.1 (a) Diagrammatic Sectional view of male pelvis showing reproductive system

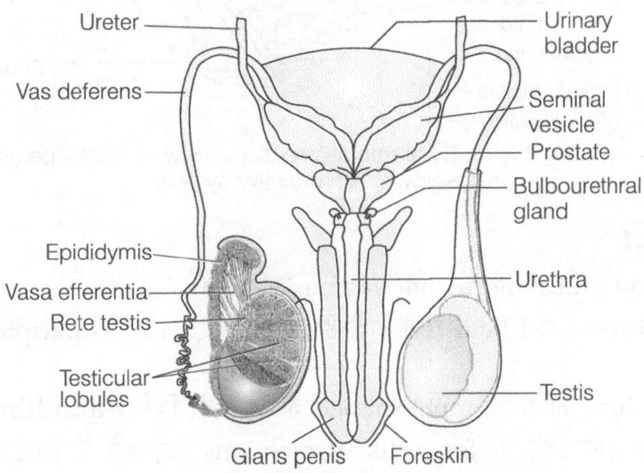

Figure 3.1 (b) Diagrammatic view of male reproductive system (part of testis is open to show inner details)

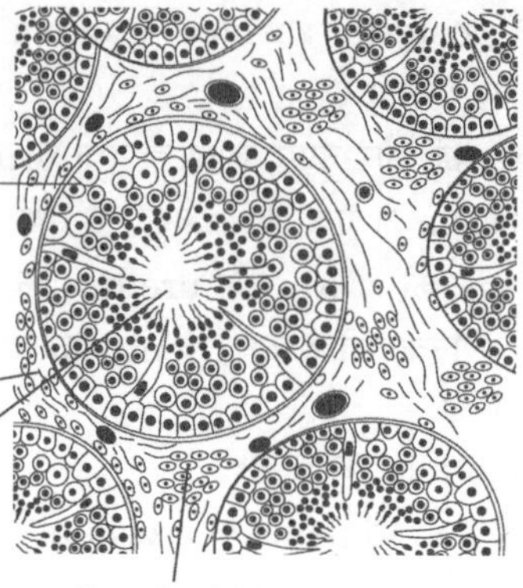

Figure 3.2 Diagrammatic sectional view of seminiferous tubule

3.2 The Female Reproductive System

- इसमें one pair ovary, one pair oviduct, uterus, cervis, vagina तथा external genital शामिल है, जो pelvic region में स्थित होते हैं।
- Reproductive system के ये सभी भाग one pair mammary glands के साथ structurally तथा functionally integrated रहते हैं, जिसके फलस्वरूप ovulation, fertilisation, pregnancy, birth तथा child care में सहायता मिलती है।
- Ovaries female के primary sex organs है, जो female gametes (ovum) तथा कई steroid hormones (ovarian hormones) produce करते हैं।
- Lower abdomen के दोनों ओर एक-एक ovary पाई जाती हैं।
- प्रत्येक ovary की length, 2-4 cm होती है तथा ये ligaments द्वारा pelvic walls तथा uterus से जुड़े रहते हैं।
- प्रत्येक ovary एक thin epithelium से ढ़की रहती है, जो ovarian stroma को enclose करती है।
- Ovarian stroma दो zones में divide रहता है—Cortex (peripheral), medulla (inner).

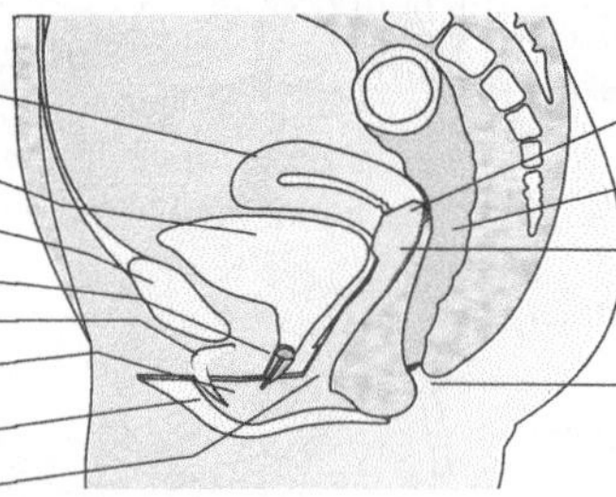

Figure 3.3 (a) Diagrammatic sectional view of female pelvis showing reproductive system

Female Accessory Duct

- इसमें oviducts (Fallopian tubes) uterus तथा vagina शामिल है।
- प्रत्येक Fallopian tube लगभग 10-12 cm लंबी होती है, जो प्रत्येक ovary के periphery से चलकर uterus तक जाती है।
- Ovary के ठीक पास oviduct का भाग funnel-shaped हो जाता है, जिसे **infundibulum** कहते हैं।
- Infundibulum के edge (किनारों) पर finger-like projections पाए जाते हैं, जिन्हें fimbriae कहते हैं।
- Fimbriae, ovulation के बाद ovum को collect करने में सहायता करते हैं।
- Infundibulum आगे चलकर oviduct के एक wider part में खुलता है जिसे **ampulla** कहते हैं।
- Oviduct का last part, **isthmus** है, इसमें एक narrow lumen होती है, जो uterus को जोड़ती है।

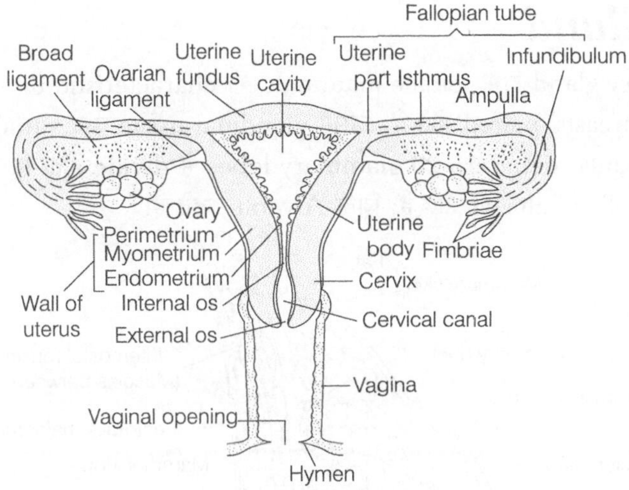

Figure 3.3 (b) Diagrammatic sectional view of the female reproductive system

Uterus

- Uterus एक होता है जिसे **womb** भी कहते हैं।
- Uterus का shape एक inverted pear जैसे होता है।
- यह pelvic wall से ligaments द्वारा होता है।
- Uterus एक narrow cervix द्वारा vagina में खुलता है।
- Cervix की cavity को cervical canal कहते हैं।
- Cervical canal, vagina के साथ मिलकर **birth canal** बनाती है।
- Uterus की wall में tissue की 3 layer होती हैं।
  - External **Perimetrium** (Thin membranous)
  - Middle **Myometrium** (Thick layer of smooth muscle)
  - Inner **Endometrium** (Glandular)
- Endometrium, uterine cavity को lined करती है।
- Menstrual cycle के दौरान uterus की endometrium में cyclical change होते हैं।
- Delivery के समय body में strong contraction, myometrium में होते हैं।

Female External Genitalia

- इसमें mons pubis, labia majora, labia minora, hymen तथा clitoris शामिल हैं।
- Mons pubis, fatty tissue से बनी एक cushion है, जो skin तथा pubic hair से cover होती है।
- Labia majora, tissue के fleshy folds हैं, जो mons pubis से नीचे तक फैले होते हैं और vaginal opening को surround करते हैं।
- Labia minora, tissue का paired folds हैं, जो labia majora के नीचे स्थित होते हैं।
- Vaginal opening प्राय: एक membranous hymen द्वारा partially ढकी रहती है।
- Clitoris एक tiny finger जैसी रचना हैं, जो urethral opening के ऊपर दो labia minora के upper junction के पास स्थित होती है।
- Hymen प्राय: first coitus (intercourse) के दौरान फट (torn) जाती है।
  हालाँकि यह hymen कभी-कभी अन्य कारण से भी फट सकती है—जैसे Jolt (झटके) sudden fall, vaginal tampon को insert करने में, some sports, जैसे— horseback riding, cycling, आदि।
- कुछ females में hymen, intercourse के बाद बनी रहती है। इसलिए hymen की उपस्थिति या अनुपस्थिति को virginity या sexual experiance का reliable indicator (वास्तविक सूचक) नहीं है।

Mammary Gland

- Functional mammary gland सभी female mammals की characteristic है।
- Mammary glands (breasts) paired होते हैं, जिसमें glandular tissue तथा variable amount में fat होता है।
- प्रत्येक breast का glandular tissue, 15-20 mammary lobes में divide होता है।
- Mammary lobe में cells के cluster होते हैं, जिन्हें Alveoli कहते हैं।

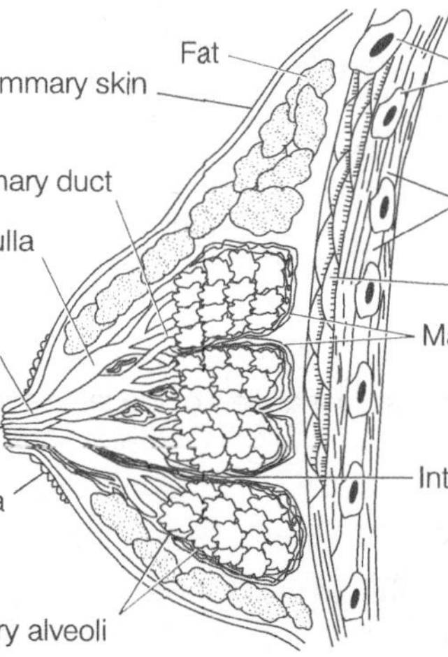

Figure 3.4 A diagrammatic sectional view of mammary gland

- Alveoli की cells से milk secrete होता है, जो alveoli की cavities (lumen) में store होता है।
- Alveoli, **mammary tubules** में खुलती है।
- प्रत्येक lobe की tubules मिलकर mammary duct बनाती है।
- कई mammary ducts मिलकर एक wider mammary **ampulla** बनाती है, जो lactiferous duct से जुड़ी होती है, जिससे milk, breast से बाहर निकलता है।

3.3 Gametogenesis

- **Primary sex organs** Males में testis तथा females में ovaries होते हैं, जिनमें gametogenesis द्वारा gametes; जैसे— **sperm** तथा **ovum** का निर्माण होता है।

Spermatogenesis

- Puberty के समय testis में immature male germ cells (**spermatogonia**) spermatogenesis द्वारा sperm produce करती है।
- Seminiferous tubules की inner wall में उपस्थित spermatogonia (sing. spermatogonium), mitotic division द्वारा संख्या में वृद्धि करते हैं।
- प्रत्येक spermatogonium, diploid होता है और उसमें 45 chromosomes होते हैं।
- कुछ spermatogonia में समय-समय पर meiosis होती है, जिनको **primary spermatocytes** कहते हैं।
- कुछ primary spermatocytes प्रथम meiotic division पूरा करके दो equal haploid cells बनाते हैं, जिन्हें **secondary spermatocytes** कहते हैं।
- Secondary spermatocytes में chromosomes की संख्या 23 होती है।
- Secondary spermatocytes में second meiotic division के बाद four equal, haploid **spermatids** बनते हैं।
- Spermatids का spermatozoa (sperms) में transform होना **spermiogenesis** कहलाता है।

- Spermiogenesis के बाद sperm head, Sertoli cells में धँस (embed) जाता है तथा अन्त में **spermiation** द्वारा sperms, seminiferous tubules से release होते हैं।
- Spermatogenesis, puberty से start हो जाती है, क्योंकि इस दौरान Gonadotropin Releasing Hormone (GnRH) का secretion काफी बढ़ जाता है।
- GnRH एक hypothalamic hormone है। बढ़ा हुआ GnRH, anterior pituitary पर कार्य करता है तथा दो gonadotropins-LH तथा FSH के secretion को stimulate करता है।
- LH-Luteinsing Hormone, FSH – Follicle Stimulating Hormone
- **LH, Leydig cells** पर कार्य करता है तथा androgen की synthesis तथा secretion को stimulate करता है।
- Androgen, spermatogenesis की process को stimulate करता है।
- FSH, Sertoli cells पर कार्य कर कुछ factors के secretion को stimulate करता है, जो spermiogenesis की process में सहायता करते हैं।

Structure of Sperm

- यह एक microscopic structure है, जिसमें head, neck, middle piece तथा tail होती है।
- Sperm की पूरी body एक plasma membrane द्वारा enveloped रहती है।

Head

- Sperm के head में एक elongated **haploid nucleus** होता है।
- Head का anterior portion एक cap-like structure द्वारा cover रहता है, जिसे **acrosome** कहते हैं।
- Acrosome में fertilisation में सहायता करने वाले enzymes पाए जाते हैं।

Middle Piece

- Sperm के middle piece में कई mitochondria होते हैं, जो tail के movement के लिए energy उत्पन्न करते हैं, जिसके कारण sperm को fertilisation करने के लिए आवश्यक motility प्रदान करना आसान हो जाता है।
- एक coitus के दौरान male लगभग 200 से 300 million sperms ejaculate करता है।
- **Normal fertility** के लिए लगभग 60% sperms निश्चित रूप से normal shape तथा size वाले होने चाहिए। इनमें से लगभग 40% sperms, vigorous motility वाले होने चाहिए।

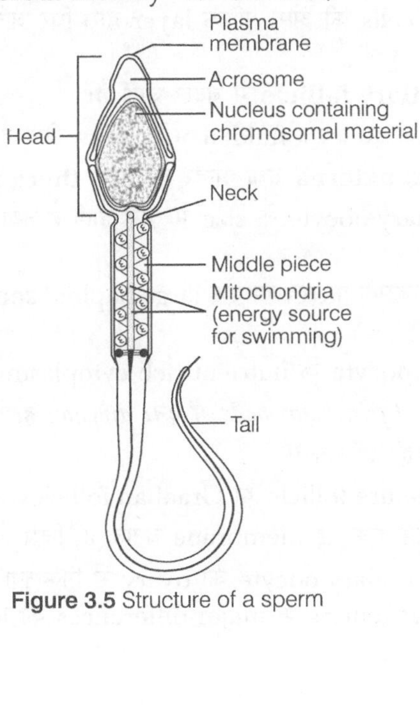

Figure 3.5 Structure of a sperm

- Seminiferous tubules से released sperms, accessory ducts द्वारा transport होते हैं।
- Sperms के maturation तथा motility के लिए epididymis, vas deferens, seminal vesicle तथा prostate का secretion भी आवश्यक है।
- Seminal plasma, sperms के साथ मिलकर **semen** बनाते हैं।
- Male की sex accessory ducts तथा glands का कार्य testicular hormones (androgens) द्वारा maintain होता है।

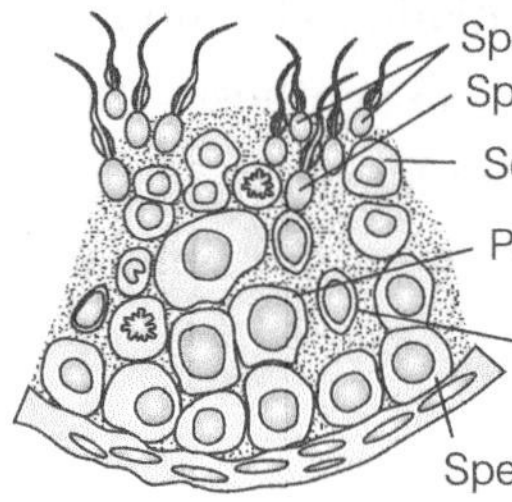

Figure 3.6 Diagrammatic sectional view of a seminiferous tubule (enlarged)

Oogenesis

- एक mature female gamete बनने के process को **oogenesis** कहते हैं तथा यह spermatogenesis से स्पष्ट रूप से भिन्न है।
- Oogenesis की शुरूआत embryonic development के दौरान होता है तथा प्रत्येक fetal ovary में 2 million **gamete mother cells (oogonia)** बनते हैं।
- Birth के बाद oogonia न तो form होते हैं और न ही add होते हैं।
- इन cells में division शुरू हो जाता है तथा meiosis के prophase-I में प्रवेश कर temporarily arrest हो जाती है, जिन्हें **primary oocyte** कहते हैं।
- प्रत्येक primary oocyte, granulosa cells की एक layer द्वारा घिर जाती है तथा इन्हें **primary follicles** कहते हैं।
- Primary follicles का एक बड़ा amount, birth से poberty तक नष्ट हो जाता है।
- Puberty के समय प्रत्येक ovary में केवल 60000-80000 primary follicle बचते हैं।
- ये primary follicles, granulosa cells की ओर अधिक layer द्वारा घिर जाते हैं, जिन्हें **secondary follicles** कहते हैं।
- Secondary follicles शीघ्र ही **tertiary follicle** में बदल जाता है।
- Tertiary follicles की विशेषता है कि इसमें एक fluid से भरी cavity होती है, जिसे antrum कहते हैं।
- Theca layer बाहर की तरफ **theca externa** तथा अन्दर की तरफ **theca interna** में organise हो जाती है।
- Tertiary follicles के अन्दर primary oocyte के size में वृद्धि होती है तथा इसका first meiotic division पूरा हो जाता है।
  - यह division, unequal होता है, जिसके फलस्वरूप एक large haploid **secondary oocyte** तथा एक छोटा first polar body बनता है।
  - Secondary oocyte, primary oocyte के nutrient rich cytoplasm की मात्रा को सुरक्षित बनाए रखता है।
  - ***First meiotic divison के बाद बनी first polar body में पुनः division होगा या नष्ट हो जाती है?***
  - इस समय हम इसके बारे में कुछ कह नहीं सकते।
- Tertiary follicles आगे चलकर mature follicle या Graafian follicles में change हो जाता है।
- Secondary oocyte अपने चारों तरफ एक नई membrane बनाता है, जिसे **zona pellucida** कहते हैं।
- Graafian follicles का फटकर secondary oocyte का ovary से निकलना **ovulation** कहलाता है।
  क्या आप spermatogenesis तथा oogenesis के major differences को identify कर सकते हैं?

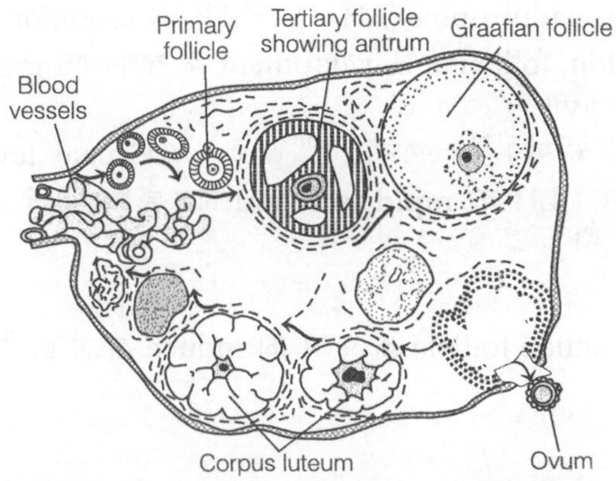

Figure 3.7 Diagrammatic Section view of ovary

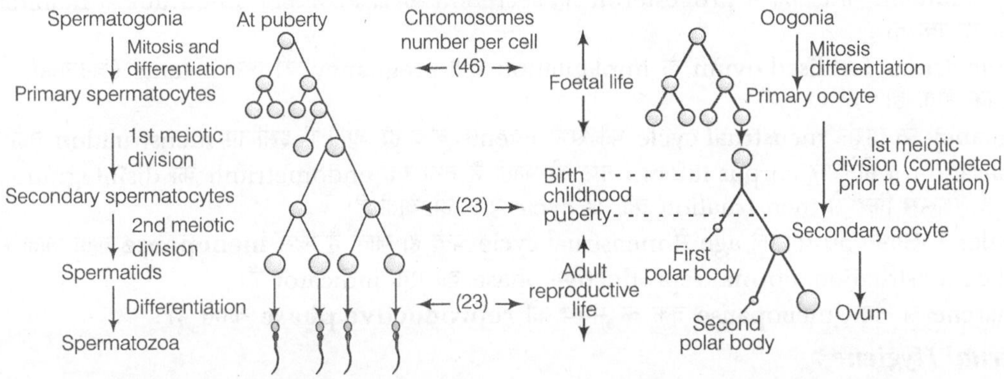

Figure 3.8 Schematic representation of (a) Spermatogenesis; (b) Oogenesis

3.4 Menstrual Cycle

- Female primates (e.g. monkeys, apes and human being) में reproductive cycle को menstrual cycle कहते हैं।
- First menstruation को **menarche** कहते हैं, जो puberty पर शुरू होता है।
- Human females में menstruation लगभग 28/29 day के अन्तराल पर repeat होता है, इसलिए एक menstruation से दूसरे menstruation के बीच की cyclic events को menstrual cycle कहते हैं।
- प्रत्येक menstrual cycle के मध्य में एक ovum release किया जाता है, जिसे ovulation कहते हैं।

Phases of Menstrual Cycle

Menstrual Phase

- इसमें menstrual flow 3-5 दिन तक जारी रहता है।
- Menstraul flow का कारण uterus की endometrial lining तथा उसकी blood vessels का नष्ट होना है जिससे एक liquid बनता है और vaginal opening के द्वारा बाहर निकलता है।
- Released ovum के fertilise न होने पर menstruation आता है।
- Menstruation का न आना pregnancy का संकेत है।
- यद्यपि menstruation न आने के अन्य कारण भी हो सकते हैं; जैसे— stress, poor health, आदि।

Follicular Phase

- इस phase के दौरान ovary में primary follicles वृद्धि करके Graafian follicle में बदल जाता है तथा साथ ही साथ uterus में proliferation के द्वारा endometrium regenerate हो जाती है।
- Ovary तथा uterus में होने वाले ये परिवर्तन pituitary तथा ovarian hormones के level में change द्वारा induce होते हैं।

- Follicular phase के दौरान gonadotropins (LH तथा FSH) का secretion धीरे-धीरे (gradually) बढ़ता है।
- Gonadotropins का secretion, follicular development के साथ-साथ growing follicles द्वारा oestrogens के secretion को stimulate करता है।
- LH तथा FSH दोनों ही cycle के मध्य में (लगभग 14th days) अपने peak level पर आ जाते हैं।
- **LH surge** midcycle के दौरान LH का rapid secretion होता हैं तथा LH अपने maximum level पर होता है, जिसे LH surge कहा जाता है।

Ovulatory Phase

- इस phase में LH surge, Graafian follicle के फटने को induce करता है, जिसके कारण ovum release होता है, जिसे ovulation कहते हैं।

Luteal Phase

- इस phase के दौरान Graafian follicle का बचा हुआ भाग corpus luteum में बदल जाता है।
- Corpus luteum भारी मात्रा में progesteron का secretion करती है, जो endometrium के maintenance के लिए आवश्यक है।
- Endometrium, fertilised ovum के implantation तथा pregnancy की अन्य events (घटनाओं) के लिए आवश्यक होती है।
- Pregnancy के दौरान menstrual cycle की सभी events बन्द हो जाती है इसलिए menstruation नहीं होता है।
- Fertilisation न होने पर corpus luteum नष्ट हो जाती है तथा यह endometrium का disintegration cause करती है, जिससे फिर से menstruation की नई cycle शुरू हो जाती है।
- Females में लगभग 50 वर्ष की age में menstrual cycle बन्द हो जाती है जिसे **menopause** कहा जाता है।
- Cyclic menstruation, normal reproductive phase का एक indicator है।
- Menarche से लेकर menopause तक के समय को **reproductive phase** कहते हैं।

Menstrual Hygiene

- Menstruation के दौरान सफाई रखना बहुत जरूरी है। नियमित रूप से स्नान करे और साफ रहें।
- Sanitary napkine या घर में बने साफ pads का प्रयोग करें।
- Napkine को हर 4-5 घण्टे बाद या आवश्यकतानुसार बदलें।
- प्रयोग हो चुके napkine को paper में लपेटकर dispose करें।
- Use napkine को toilet के drainpipe या open area में ना फेंके।
- Napkine का प्रयोग करने के बाद साबुन से हाथ धो लें।

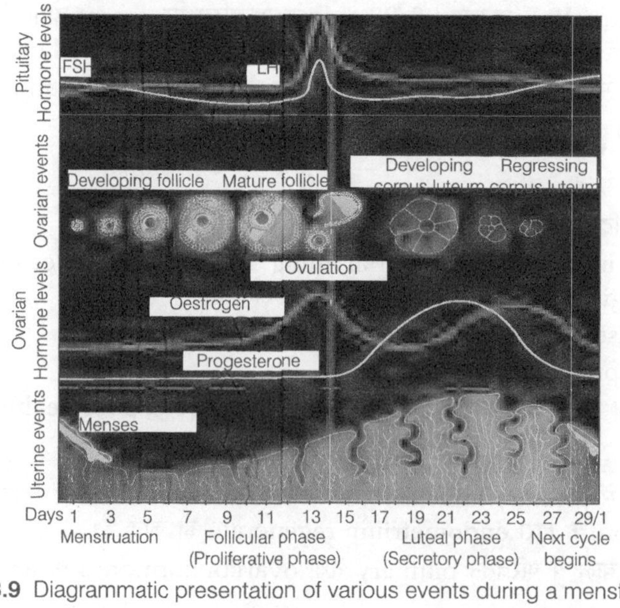

Figure : 3.9 Diagrammatic presentation of various events during a menstrual cycle

3.5 Fertilisation and Implantation

- Copulation (coitus) के दौरान penis द्वारा semen, vagina में छोड़ा जाता है।
- Motile sperm तेजी से तैरते हुए cervix से होकर uterus के प्रवेश करते हैं तथा अन्त में Fallopian tube के ampullary-isthmic junction (ampulla) तक पहुँचते हैं।
- Ovary से निकला ovum भी ampullary-isthmic junction (ampulla) तक पहुँच जाता है जहाँ fertilisation होता है।
- Fertilisation तभी हो सकता है यदि ovum तथा sperm दोनों एक ही समय में ampullary-isthmic junction (ampulla) पर पहुँचे।
- यही कारण है कि सभी copulation, fertilisation व pregnancy की स्थिति में नहीं पहुँचते हैं।
- एक sperm का एक ovum के साथ fusion, **fertilisation** कहलाता है।
- Fertilisation के दौरान एक sperm, egg की zona pellucida layer के contact में आता है तथा membrane में बदलाव को induce (प्रेरित) करता है, जिससे additional sperms का प्रवेश रुक जाता है।
- इससे सुनिश्चित (ensure) हो जाता है कि एक ovum को केवल एक sperm ही fertilise कर सकता है।
- Sperm को zona pellucida तथा plasma membrane के द्वारा ovum के cytoplasm में प्रवेश कराने में acrosome का secretion में सहायता करता है।
- Sperm का प्रवेश secondary oocyte के meiotic division को induce करता है।
- Second meiotic division भी unequal होता है इसके फलस्वरूप एक second polar body तथा एक haploid ovum (ootid) बनता है।
- जल्द ही haploid sperm एवं ovum fuse होकर diploid **zygote** का निर्माण करते हैं।
- Zygote में chromosomes की संख्या 46 होती है।
- याद रखो इसी stage में शिशु के sex को decide करते हैं।
- Female में chromosome का pattern **'XX'** तथा male में **'XY'** होता है।
- Female द्वारा बनने वाले सभी haploid ovum (gamete) में sex chromosome-**X** होते हैं।
- Male gametes (sperms) में sex chromosomes, 'X' या 'Y' होगें।
- इसलिए 50% sperm, 'X' sex chromosome वाले 50% sperm 'Y' sex chromosome वाले होते हैं।
- इस प्रकार, sperm तथा ovum के fusion के फलस्वरूप बनने वाले zygote में sex chromosome की संभावना 'XX' या 'XY' होगी।
- Zygote में sex chromosome XX होगें या XY, यह इस बात पर निर्भर करता है कि ovum से fuse होने वाला sperm X है या Y.
- XX वाले zygote, female baby में develop होते हैं, जबकि XY वाले zygote, boy baby बनाते हैं।
- इसलिए scientifically कह सकते हैं कि baby के sex का निर्धारण उसके father द्वारा होता है न कि mother द्वारा।
- Zygote जैसे ही **isthmus** से uterus की ओर move करता है Mitotic division शुरू हो जाता है तथा यह 2, 4, 8, 16 daughter cells बनाता है, जिन्हें **blastomeres** कहते हैं।
- 8 to 16 blastomeres वाले embryo को **morula** कहते हैं।
- Morula लगातार divide होता रहता है तथा जैसे-जैसे uterus की ओर बढ़ता है यह blastocyst में change हो जाता है।
- Blastocyst में जो blastomere, outer layer में arrange होते हैं उन्हें trophoblast कहते हैं।
- Trophoblast से जुड़ा cells का inner group, **inner cell mass** कहलाता है।
- Trophoblast layer अब endometrium से चिपक जाती है तथा inner cell mass, **embryo** में differentiate हो जाता है।
- चिपकने के बाद uterine cells तेजी से divide होकर blastocyst को cover कर लेती है इसके फलस्वरूप blastocyst, uterus के endometrium में धँस (embed) जाती है।

- Uterine endometrium में blastocyst के embed होने को **implantation** कहते हैं तथा बाद में यह pregnancy का रूप ले लेती हैं।

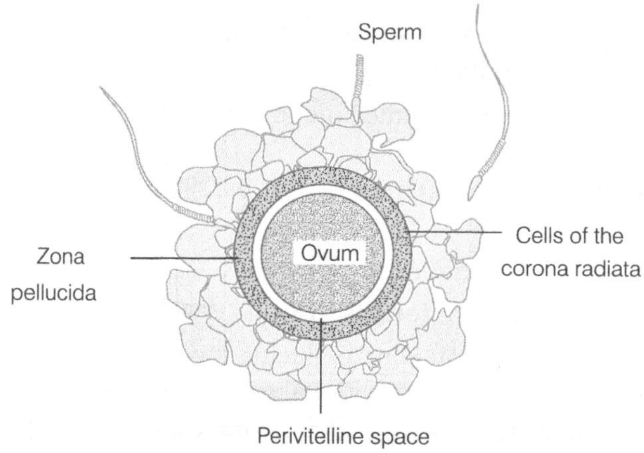

Figure 3.10 Ovum surrounded by few sperms

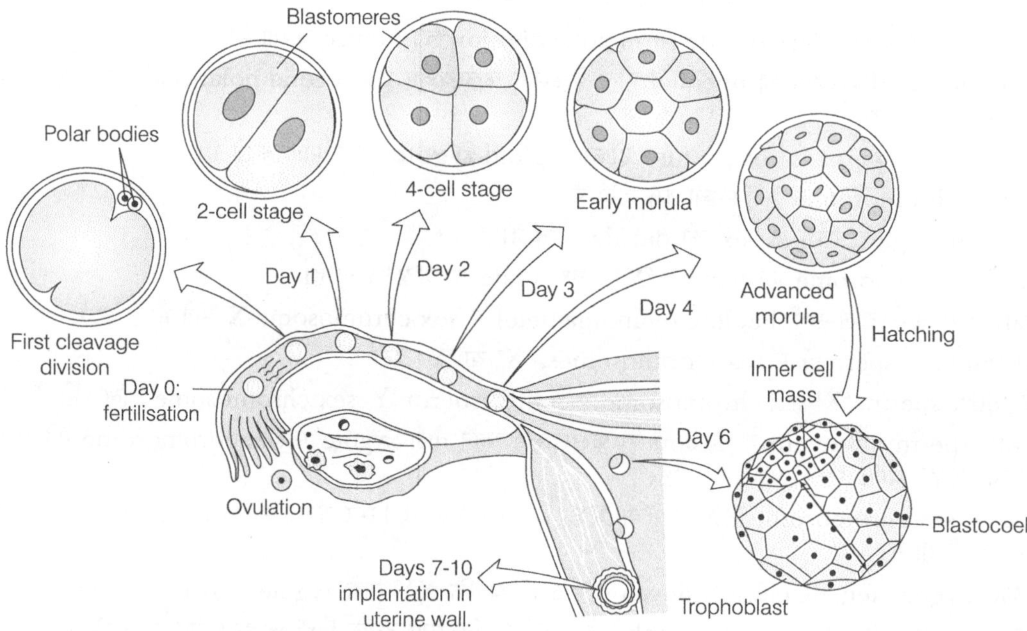

Figure 3.11 Transport of ovum, fertilisation and passage of growing embryo Fallopian tube

3.6 Pregnancy and Embryonic Development

- Implantation के बाद trophoblast पर finger जैसे projections बनते हैं जिन्हें **chorionic villi** कहते हैं, जो uterine tissue एवं maternal blood द्वारा घिरे होते हैं।
- Chorionic villi तथा uterine tissue एक-दूसरे के साथ interdigitate (उलझना) होकर **placenta** का निर्माण करते हैं।
- Placenta, developing embryo तथा maternal body के बीच एक structure and functional unit है।
- Placenta एक umblical cord द्वारा embryo से connect रहता है, जो substances को embryo के पास तथा दूर ले जाने में सहायता करता है।

- Placenta एक endocrine tissue की तरह भी कार्य करता है और कई hormones को produce करता है; जैसे– Human Chorionic Gonadotropin (hCG), human Placental Lactogen (hPL), oestrogen, progestogens, etc.
- Pregnancy के later stage में ovary द्वारा भी **relaxin** नामक hormone secrete किया जाता है।
- याद रखें hCG, hPL तथा relaxin हॉर्मोन केवल pregnancy के दौरान ही produce होते हैं।
- Pregnancy के दौरान माँ के blood में oestrogens, progestrogens, cortisol, prolactin, thyroxin, etc. जैसे hormones की मात्रा कई गुना बढ़ जाती है।
- इन hormones का बढ़ना foetal growth, माँ में metabolic changes तथा pregnancy को maintain करने के लिए आवश्यक होता है।
- Implantation के तुरन्त बाद inner cells mass (embryo) differentiate होकर **ectoderm** (outer layer) तथा **endoderm** (inner layer) बनाता है।
- इस ectoderm तथा endoderm के मध्य जल्द ही mesoderm बन जाती है।
- ये तीनों layer, adult में सभी tissue (organs) का निर्माण करती है।
- यहाँ यह उल्लेख करना आवश्यक है कि inner cell mass में **stem cells** पाई जाती है, जिनमें सभी tissue तथा organs को बनाने की क्षमता होती है।
- Human में pregnancy 9 महीने की होती है।
- Dog-58-65 days, Cat-9-10 weeks, Elephant-18-22 months.
- Human beings में 1 month pregnancy के बाद embryo का heart बन जाता है।
- Stethoscope से heart beat को सुनकर growing foetus के **first sign** को notice कर सकते हैं।
- Pregnancy के IInd month के अन्त तक foetus के limbs तथा digits बन जाती हैं।
- Twelve week (first trimester) के अन्त तक लगभग सभी major organ system बन जाते हैं; e.g., limbs एवं external genitalia अच्छी तरह बन जाते हैं।
- Fifth month के दौरान first foetal **movement (quickening)** तथा head पर बाल आ जाते हैं।
- लगभग 24 weeks (second trimester) के अंत तक पूरे शरीर पर fine hair निकल आते हैं, **eye-lids** अलग-अलग हो जाती है तथा **eyelashes** बन जाती है।
- Pregnancy के 9th month के अंत तक foetus पूरी तरह develop हो जाता है तथा delivery के लिए तैयार हो जाता है।

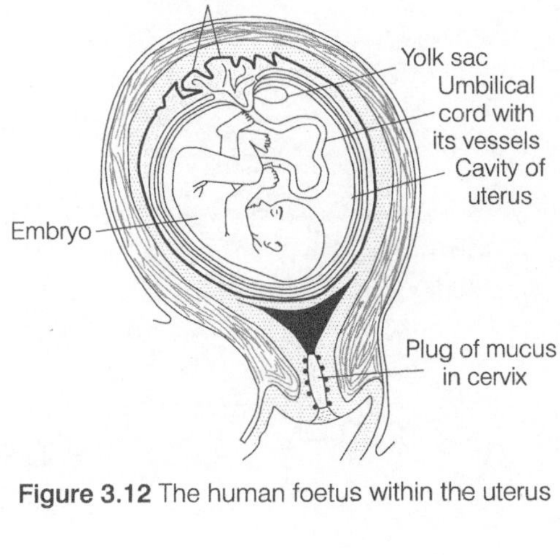

Figure 3.12 The human foetus within the uterus

3.7 Parturition and Lactation

- Human pregnancy का average duration 9 month है, जिसे **gestation period** कहते हैं।
- Pregnancy के अन्त में uterus के vigrous contraction के कारण foetus बाहर निकल आता है। Foetus के delivery के इस process को **parturition** कहते हैं।
- Parturition एक complex **neuroendocrine mechanism** द्वारा induce होता है।
- Parturition के लिए signals, fully develop foetus तथा placenta से उत्पन्न होते हैं। ये signals, mild uterine contraction को induce करते हैं, जिन्हें foetal ejection reflex कहते हैं।
- यह reflex, maternal pituitary से oxytocin के release को trigger करता है।
- Oxytocin, uterine muscle पर कार्य करता है, जिसके कारण तेजी से uterine contractions होने लगते हैं। ये contractions पुन: oxytocin के secretion को stimulate करते हैं।
- Uterine contraction तथा oxytocin secretion के बीच लगातार stimulatory reflex के कारण यह contractions तेज होता जाता है, इससे foetus, birth canal द्वारा uterus से बाहर आ जाता है।
- Foetus के जन्म के तुरन्त बाद placenta भी uterus से बाहर आ जाता है।
- *Doctors, delivery **को** induce **करने के लिए कौन-सा** injection **देते हैं?** –**Ans.** Oxytocin*
- Pregnancy के दौरान mammary glands में differentiation होता है तथा pregnancy के अन्त में इनसे milk produce होने लगता है, इसे **lactation** कहते हैं।
- Mother milk, newborn बच्चे की feeding में सहायता करता है।
- Lactation के शुरूआती कुछ दिनों तक निकलने वाले milk को **colostrum** कहते हैं।
- Colostrum में कई प्रकार की antibodies होती हैं, जो newborn bodies में resistance विकसित करने के लिए बहुत आवश्यक होते हैं।
- एक healthy baby बनाने के लिए डॉक्टर infant के शुरूआती period में breast-feeding की सलाह देते हैं।

Chapter Four

REPRODUCTIVE HEALTH

- पिछले chapter में आपने human reproduction system और उसके function के बारे में पढ़ा था।
- अब हम इससे जुड़ा हुआ topic–reproductive health discuss करेंगे। इस शब्द से हम क्या समझते हैं?
- इस शब्द का अभिप्राय है healthy reproductive organs और उसके normal functions.
- इसका एक broad perspective भी है, जो include करता है reproduction के emotional और social apect हो।
- World Health Organisation (WHO) के अनुसार, reproductive health का अभिप्राय है reproduction के सभी aspects (पहलुओं) physical, emotional, behavioural और social में total well-being.
- इसलिए ऐसे समाज को reproductively healthy समाज कहाँ जा सकता है, जिसमें लोगों के reproductive organs, physically और functionally सामान्य हों तथा sex related सभी पहलुओं मे उनकी emotional और behavioural क्रियाएँ सामान्य हों।

4.1 Reproductive Health–Problems and Strategies

- विश्व में भारत ही पहला ऐसा देश था जिसने total reproductive health को एक social goal के रूप में प्राप्त करने के लिए National level पर actions plans और programmes की शुरूआत की।
- इन programmes को **'family planing'** के नाम से जाना जाता है और इसकी शुरूआत 1951 में हुई तथा पिछले decades में समय-समय पर इनका assesment किया गया।

- Reproduction से सम्बन्धित और भी क्षेत्रों को इसमें शामिल करके एक improve programmes की शुरूआत हुई जिसे हम 'Reproductive and Child Healthcare Programme' (RCHP) के नाम से जानते हैं।
- इन programmes में reproduction सम्बन्धी विभिन्न पहलुओं के बारे में लोगों को जागरूक किया जा रहा है तथा reproductive healthy समाज तैयार करने के लिए अनेक सुविधाएँ एवं प्रोत्साहन दिए जा रहे हैं।
- **Audio-visual** और **print media** की सहायता से **government** एवं **non-government agencies** जनता के बीच reproduction सम्बन्धी पहलुओं के प्रति जागरूकता पैदा करने के अनेक उपाय कर रहे हैं।
- उपयुक्त सूचनाओं को प्रसारित करने में parents, close relatives, शिक्षकों एवं मित्रों की भी प्रमुख भूमिका है।
- विद्यालयों में sex education की पढ़ाई को बढ़ावा दिया जाना चाहिए, ताकि युवाओं को सही जानकारी मिल सके और बच्चे sex सम्बन्धी विभिन्न पहलुओं के बारे में फैले myths पर विश्वास न करें और sex सम्बन्धी गलत धारणाओं (misconception) से छुटकारा मिल सकें।
- लोगों (especially adolescent group) को reproductive organs, adolescene और उससे सम्बन्धित होने वाले बदलाव, safe and hygine sexual practics, Sexually Transmitted Diseases (STD), AIDS, आदि के बारे में जानकारी देना चाहिए, जिससे life, reproductively healthy बनती हैं।
- लोगों (especially fertile couple तथा marriage age group) को निम्न के बारे में शिक्षित करना चाहिए जैसे–
  - Birth control options के बारे में।
  - Care of pregnant mother
  - Mother एवं बच्चे की post natal care
  - Breast feeding के महत्त्व
  - Male एवं female child के लिए equal opportunity

  इस शिक्षा से जागरूक स्वस्थ परिवारों का निर्माण होना।
- Uncontrolled population growth से होने वाली समस्याओं तथा social evils (जैसे–sex abuse एवं sex related crimes) आदि के बारे में जागरुकता पैदा करने की आवश्यकता है ताकि लोग इन्हें रोकने एवं socially responsible और healthy society तैयार करने के बारे में विचार करें और आवश्यक कदम उठाएँ।
- Reproductive health को प्राप्त करने के लिए विभिन्न action plans के सफलतापूर्वक लागू करने के लिए मजबूत infrastructural facilities professional expertise तथा material support की आवयश्कता होती है।
- लोगों को reproduction सम्बन्धी समस्याओं, जैसे– pregnancy, delivery, STDs, abortions, contraception, menstrual problems, infertility, आदि के बारे में चिकित्सा सहायता एवं देखभाल उपलब्ध कराना आवश्यक है।
- समय-समय पर बेहतर techniques और नई strategies को लागू करने की भी आवश्यकता है, ताकि ज्यादा efficient रूप से लोगों की देखभाल और सहायता की जा सके।
- बढ़ती female foeticide को रोकने के लिए aminocentesis जाँच पर **statutory ban** लगाना तथा massive child immunisation, आदि कुछ-कुछ महत्त्वपूर्ण programmes को भी शामिल किया गया है।
- Amniocentesis में developing foetus का कुछ amniotic fluid लेकर foetal cells तथा घुले हुए substance को देखते हैं।
- इस procedure के द्वारा genetic disorder का पता लगाते हैं, जैसे–Down syndrome, haemophilia, sickle-cell anaemia, etc.
- Foetus की surviability को निर्धारित करते हैं।
- Reproduction सम्बन्धी विभिन्न क्षेत्रों पर research को बढ़ावा दिया गया है और government तथा non-government agencies ने new methods देखें हैं या जो पहले से उपस्थित थे उन्हें और बेहतर बनाने का काम कर रहे हैं।
- ***Saheli नामक एक नई oral contraceptive pill की खोज भारत में Lucknow के Central Drug Research Institute (CDRI) ने की है।***
  - Sex सम्बन्धी मामलों में जागरूकता, medical सुविधा बढ़ने तथा post natal care से मातृ तथा शिशु मृत्यु दर में गिरावट आई है।
  - Small families वाले couples की संख्या बढ़ी है।
  - STDs (Sexually Transmitted Disease) का detection और cure अच्छा हुआ है।

यह सभी society के reproductive health के improvement को indicate करते हैं।

4.2 Population Explosion and Birth Control

- पिछली शताब्दी में विभिन्न क्षेत्रों में all-round development से लोगों की quality of life में सुधार हुआ है।
- हालाँकि बेहतर health facilities, बेहतर living conditions से जनसंख्या वृद्धि तेजी से हुई है।
- सन् 1900 में पूरे विश्व की संख्या 2 billion थी जो सन् 2000 में 6 billion तथा 2011 में बढ़कर 7.2 billion हो गई।
- हमारी जनसंख्या जो देश की आजादी के समय लगभग 350 million थी, वह May 2000 में 1 billion से ऊपर पहुँची तथा may 2011 में 1.2 billion को cross कर चुकी हैं।
- इसका अभिप्राय है कि आज दुनिया का हर छठा आदमी भारतीय है।
- इस सबका सम्भवतया क्या कारण है—death rate, Maternal Mortality Rate (MMR) और Infrant Mortality Rate (IMR) का घटना तथा साथ ही reproductive age group के लोगों की संख्या में वृद्धि।
- हालाँकि हमने अपने RCH programme के माध्यम से इस जनसंख्या वृद्धि दर में कमी तो कि लेकिन यह कमी नाममात्र की हुई।
- 2011 की जनगणना (census) के अनुसार population growth rate, less than 2% थी i.e. 20/1000/year.
- यद्यपि इस growth rate से हमारी जनसंख्या बहुत तेजी से बढ़ सकती है।
- इस प्रकार की alarming growth rate से basic requirement की भी absolute scarcity (अभाव) हो सकती है, जैसे—food, shelter तथा clothing, आदि। भले ही इन क्षेत्रों में हमने महत्त्वपूर्ण प्रगति की हो।
- इसलिए सरकार पर यह दबाव था कि इस प्रकार, की population growth rate को नियन्त्रित किया जाए।
- इस प्रकार की समस्या से निपटने के लिए एक महत्त्वपूर्ण उपाय यह था कि small family को बढ़ावा देने के लिए contraceptive methods अपनाने के लिए प्रेरित किया जाए।
- आपने media/posters/bills में advertisement देखा होगा जहाँ happy couple के साथ दो बच्चे होते हैं तथा एक slogan **'Hum do Hamare do'** लिखा रहता है।
- कई couples; जैसे— mostly young, urban, working one, आदि ने 'one child norm' को adopt किया है।
- विवाह की statutory age स्त्री के लिए 18 वर्ष तथा पुरुष के लिए 21 वर्ष सुनिश्चित है।
- इस समस्या से निपटने हेतु couples को small family अपनाने के लिए incentive दिया जाता है।
- ***आइए! यहाँ पर कुछ सामान्य तौर पर प्रयोग होने वाले contraceptive methods की चर्चा करें।***

Contraceptive

- एक ideal contraceptive को user-friendly, easily available, effective और reversible होना चाहिए तथा side effect न हो या बहुत कम होना चाहिए।
- इसके साथ ही साथ इससे user की sexual drive, desire और sexual act में कोई बाधा नहीं होनी चाहिए।

Contraceptive Methods

- आजकल काफी सारे contraceptive methods आसानी से उपलब्ध हैं, उन्हें मोटे तौर पर निम्न categories में रखा गया है—Natural/Traditional, Barrier, IUDs, Oral contraceptives, Injectables, Implants तथा Surgical methods.

(A) Natural Methods

- इसमें ovum तथा sperm को मिलने से रोकने के सिद्धान्त पर कार्य करती हैं।

(i) Periodic Abstinence

- जिसमें couples को menstural cycle के 10वें से 17वें दिन के बीच coitus नहीं करना चाहिए जिसे ovulation का excepted period माना जाता है।
- इस period के दौरान fertilisation के अवसर अधिक होने के कारण इसे fertile period भी कहा जाता है।
- इस तरह से इस दौरान coitus न करने से, conception (गर्भाधान) से बचा जा सकता है।

(ii) Withdrawl या Coitus Interrupts

– जिसमें पुरुष साथी coitus के दौरान ejaculation से ठीक पहले vagina से अपना penis बाहर निकाल कर insemination से बच सकता है।

(iii) Lactational Amenorrhea (Absence of menstruation)

– Parturition के बाद female द्वारा शिशु को complete breast feeding कराने के दौरान ovulation और menstrual cycle शुरू नहीं होती है।

– इसलिए जितने दिनों तक माँ शिशु को पूरी तरह से breast feed कराना जारी रखती है, conception की chances लगभग शून्य होते हैं।

– यह विधि parturition के बाद ज्यादा से ज्यादा 6 महीनों तक ही effective मानी गई है।

- ऊपर दिए गए methods में किसी medicine या device का प्रयोग नहीं होता है इसलिए इनके side effect लगभग शून्य के बराबर होते हैं।
- हालाँकि इसके असफल रहने की chances भी काफी अधिक हैं।

(B) Barrier Methods

- इसमें barrier के माध्यम से ovum और sperm को physically मिलने से रोका जाता है।
- इस प्रकार के उपाय पुरुष एवं स्त्री दोनों के लिए उपलब्ध हैं।

(i) **Condoms** ये thin rubber/latex sheath से बनाया जाता है। (Fig. 4.1 a,b)

– इसका उपयोग coitus से पहले penis, vagina तथा cervix को ढकने के लिए किया जाता है ताकि ejaculated semen, female genital tract में न जा पाए।

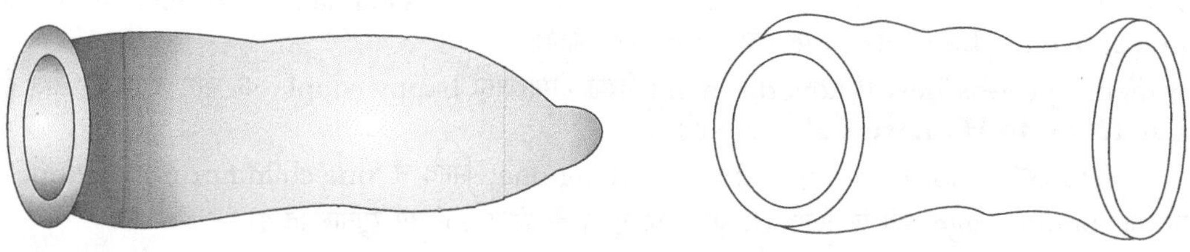

(a) (b)

Figure 4.1 : (a) Condom for male (b) Condom for female

– यह conception ये बचा सकता है।

– पुरुषों के लिए condom का ब्रांड – 'Nirodh' काफी लोकप्रिय है।

– हाल ही में condom के उपयोग में तेजी से वृद्धि हुई है, क्योंकि इससे conception से अलावा STDs और AIDS से भी बचा जा सकता है।

– Male और female दोनों के ही condom **disposable** होते हैं।

– इन्हें स्वयं ही लगाया जा सकता है और इस तरह user को privacy मिल जाती है।

(ii) **Diaphragms, cervical caps and vaults** ये rubber के बने barrier हैं जिसे coitus से पहले cervix को ढकने के लिए female reproductive tract के अन्दर लगाया जाता है।

– ये reuseable होते हैं।

– इन barrier methods के साथ spermicial creams, jellies और foams को use किया जाता है ताकि इनकी contraceptive efficiency बढ़ जाए।

(C) Intra Uterine Devices (IUDs)

– ये भी प्रभावी और लोकप्रिय विधि है।

– ये device doctors या अनुभवी nurses द्वारा uterus में vagina के through लगायी जाती हैं।

– आजकल विभिन्न प्रकार की IUDs उपलब्ध है जैसे कि **non-medicated** IUDs (e.g. Lippes loop), **hormone releasing** IUDs, (Progestasert, LNG-20), **copper releasing** IUDs (Cu-T, Cu-7, Multiload 375).

– IUDs, uterus में sperm की phagocytosis को बढ़ा देते हैं।
– Cu ions, sperm की motility और fertilising capacity को कम कर देते हैं।
– Hormone releasing IUDs, uterus को implantation के लिए unsuitable तथा cervix को sperm के लिए hostile बना देती है।
– जो स्त्री pregnancy में देरी या बच्चों के जन्म में अन्तराल चाहती हैं, उनके लिए IUDs ideal contraceptive हैं।
– भारत में contraception की यह विधि most widely accepted हैं।

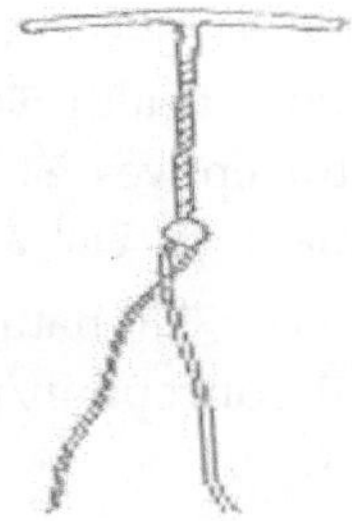
Figure 4.2 Copper T (Cu T)

(D) Oral Contraceptive

– ये महिलाओं के द्वारा खाया जाने वाला एक contraceptive है, इसमें progestogens या progestogen estrogen के combination का small dose, oraly लिया जाता है।
– ये मुहँ से tablet के रूप में ली जाती हैं इसलिए pills के नाम से popular हैं।
– ये pills 21 दिन तक प्रतिदिन ली जाती हैं और इन्हें menstrual cycle के प्रथम पाँच दिनों मुख्यतया पहले दिन से ही शुरू कर देना चाहिए।
– गोलियाँ समाप्त होने के 7 दिनों बाद (इस दौरान mensturation होता है), इसे फिर से वैसे ही लिया जाता है और यह क्रम तब तक जारी रहता है जब तक contraception की आवश्यकता है।
– ये **ovulation** और **implantation** को inhibit करने के साथ-साथ cervical mucus की quality को भी alter कर देती है ताकि sperm की entry retard हो जाए।
– **Saheli** एक नई female oral contraceptive है, जो कि एक non-steroidal prepartion हैं।
– यह गोली हफ्ते में एक बार ली जाती है। इसके side effect कम हैं और contraceptive value अधिक हैं।

(E) Injectable

– Female में injection, implant (skin के नीचे) के रूप में progestogen या progestogen-estrogen का combination प्रयोग करते हैं। (Fig. 4.3)
– इसका mode of action pills की तरह होता है तथा effective period काफी लम्बा होता है।

- Progestogen या progestogen-estrogen combination तथा IUDs का उपयोग coitus के बाद 72 घंटों में emergency contraceptive की तरह होता है तथा ये rape या casual unprotected intercourse के कारण उत्पन्न pregnancy keâes avoid करते हैं।

(F) Surgical methods

- इन्हें sterilisation भी कहते हैं। यह प्राय: उन लोगों के लिए सुझाई जाती हैं, जिन्हें आगे pregnancy नहीं चाहिए तथा वे इसे terminal method के रूप में अपनाना चाहते हैं।
- Surgical intervention से gametes का transport block हो जाता है, जिससे conception रुक जाता है।
- Male के sterilisation procedure को 'vasectomy' तथा female के sterilisation procedure को 'tubectomy' कहते हैं।
- **Vasectomy** इसमें **scrotum** में चीरा लगाकर vas deferens का छोटा-सा हिस्सा निकाला या बाँध दिया जाता है।

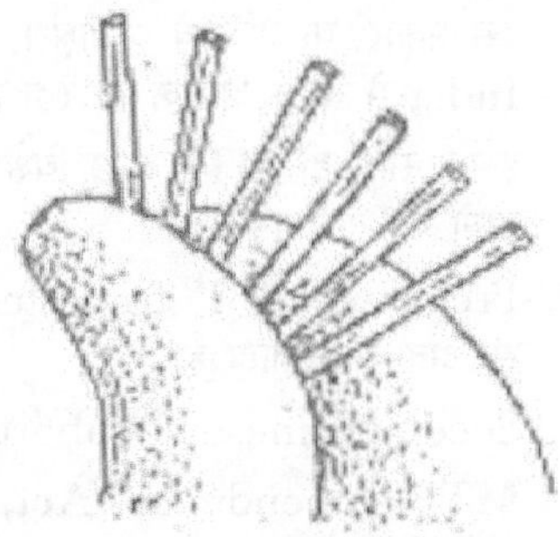
Figure 4.3 Implants

- **Tubectomy** इसमें abdomen में चीरा लगाकर या vagina के द्वारा जाकर Fallopian tube का एक छोटा-सा हिस्सा निकाला या बाँध दिया जाता है।

यह techniques बहुत प्रभावशाली होती हैं पर इनकी reversibility poor है।

- यहाँ पर इस बात पर जोर देने की आवश्यकता है कि उपयुक्त contraceptive method का चुनाव किसी qualified medical professionals के परामर्श द्वारा ही किया जाना चाहिए।

- प्रत्येक व्यक्ति को अवश्य ध्यान में रखना चाहिए कि reproductive health को maintain करने के लिए contraceptives की regular requirement नहीं होती है।
- वास्तव में इनका प्रयोग natural reproductive event जैसे conception/pregnancy के against हैं।
- इसके अलावा व्यक्ति को इन विधियों को उपयोग करने के लिए विवश होना पड़ता है फिर चाहे pregnancy को रोकना या delay करने दो या pregnancy के बीच space रखने जैसा कोई personal reason हो।

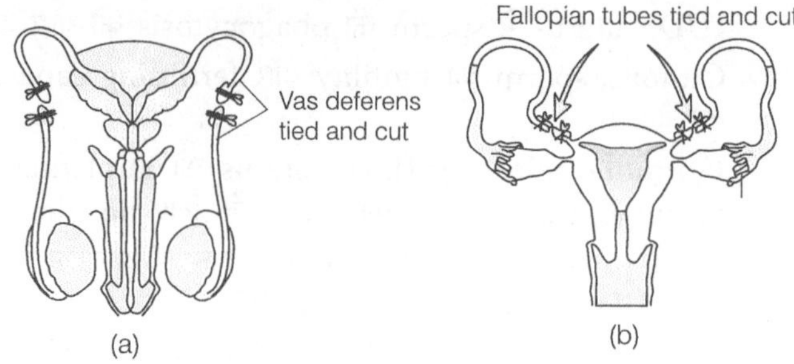

Figure 4.4 (a) Vasectomy (b) Tubectomy

Side Effect of Contraceptive

- Nausea, abdominal pain, बीच-बीच में रुधिर स्राव (breakthrough bleeding), irregular menstrual bleeding यहाँ तक breast cancer भी हो सकता है।
- यद्यपि यह बहुत significant नहीं हैं, लेकिन इन्हें पूर्णतया avoid भी नहीं किया जा सकता है।

4.3 Medical Termination of Pregnancy (MTP)

- Full term pregnancy से पहले intensional या voluntary, pregnancy के समापन को **induced abortion** या **medical termination of pregnancy** कहते हैं।
- सम्पूर्ण विश्व में हर साल लगभग 45-50 million MTPs perform कराए जाते हैं, जो कि world की कुल pregnancies का $1/5^{th}$ है।
- निश्चित रूप से जनसंख्या को घटाने में MTP का significant role है, फिर भी इसका उद्देश्य जनसंख्या घटाना नहीं है।
- Emotional, ethical, religious तथा social issues के कारण बहुत से देशों में यह बहस जारी है कि MTP को accept/legalise किया जाए या नहीं।
- Government of India ने इसके misuse को रोकने के लिए 1971 में MTP को कड़ी शर्तों के साथ legalise कर दिया।
- इस प्रकार, के प्रतिबंध अंधाधुंध और गैर-कानूनी female foeticides तथा भेदभाव को रोकने के लिए बनाए गए जो India में बहुत अधिक हो रहा है।
- इसके साथ ही MTP कुछ विशेष मामलों में होती है, जहाँ continuation of pregnancy से माँ अथवा foetus या दोनों को नुकसान हो।
- Pregnancy के 1st trimester में 12 weeks तक की अवधि में कराया जाने वाला MTP comparitively काफी सुरक्षित माना जाता है।
- Second trimester में abortion अधिक खतरनाक होता है।
- **MTP** (Amendment) **Act, 2017** में भारत सरकार का इरादा illegal abortion तथा इसके परिणामस्वरूप होने वाली परेशानी; जैसे—maternal mortality एवं morbidity जैसी घटनाओं को कम करना है।
- इस act के अनुसार MTP जब प्रथम 12 weeks तक की pragnancy में करते हैं तो एक registered medical practitioner की राय लेनी पड़ती है।
- अगर pragnancy 12 weeks से ऊपर लेकिन 24 weeks से कम है तो MTP के लिए दो registered medical practitioner की राय जरूरी है।
- **Grounds for MTP** 1. Pregnancy से माँ की life को खतरा हो या physical एवं mental health को नुकसान हो। 2. जन्म लेने वाले बच्चे को physical या mental abnormality तथा handicapped होने का खतरा हो।

Problems

- इस बारे में एक सबसे अधिक परेशान करने वाली बात देखने में आई है कि अधिकतर MTP, illegally unquaks (नीम-हकीमों) से कराए जाते हैं, जो कि न केवल असुरक्षित होते हैं, बल्कि जानलेवा भी सिद्ध हो सकते हैं।
- दूसरी समस्या foetus के sex-determination के लिए amniocentesis का misuse होना है, जिसमें female sex वाले foetus की MTP द्वारा foeticide करा लेते हैं, जो पूर्णतया गैर-कानूनी है।
- इस प्रकार की practice को avoid करना चाहिए, क्योंकि यह young mother और foetus दोनों के लिए dangerous हैं।
- Unprotected coitus से बचाव के लिए जानकारी देने के साथ-साथ illegal abortion में जान के खतरे की भी जानकारी देनी चाहिए।

Why MTP?

Ans.
- Unwanted pregnancy से छुटकारा पाना।
- Contraceptive failure के कारण से pregnancy
- Rape से pregnancy
- Casual unprotected sexual intercourse से pregnancy

4.4 Sexually Transmitted Infection (STIs)

- Sexual intercourse द्वारा फैलने वाली बीमारियों को सामूहिक रूप से **sexually transmitted Infection (STI) या venereal disease** (VD) या **reproductive tract infectious** कहते हैं।
- **Common sexually transmitted diseases** Gonorrhoea, syphilis, genital herpes, chlamydiasis, genital worts, trichomoniasis, hepatitis-B, AIDS.
- AIDS हाल ही में सबसे अधिक चर्चित तथा most dangerous infection है।
- Hepatitis-B तथा HIV का infection निम्न के द्वारा भी फैल सकता है
  - Infected needles
  - Surgical instrument
  - Blood transfusion
  - Infected mother से foetus में
- Hepatitis-B, genital herpes तथा HIV infection को छोड़कर बाकी सभी STDs, पूरी तरह curable है। बशर्ते इन्हें शुरूआती अवस्था में पहचानना एवं properly treat किया जाए।
- इन सभी रोगों के early symptoms बहुत ही मामूली होते हैं; जैसे—genital region में itching, fluid discharge, हल्का pain तथा सूजन (swelling), etc.
- Infected females प्राय: asymptomatic रहती है तथा लम्बे समय तक उनका पता नहीं चल पाता है।
- Infected person का समय पर पता तथा proper treatment न मिलने के निम्न कारण है।
  - Infection की शुरूआती अवस्था में symptoms का absent या less significant होना।
  - STIs से जुड़े सामाजिक कलंक (social stigma) का डर।
- इसके फलस्वरूप आगे चलकर निम्न complication हो सकती है; जैसे— Pelvic Inflammatory Diseases (PID), abortion, still birth, ectopic pregnancy, infertility तथा cancer of the reproductive tract.
- STIs, एक healthy society के लिए खतरा (threat) है इसलिए reproductive health-care programmes के अंतर्गत इन बीमारियों के prevention या early detection तथा cure को प्राथमिकता दी गई है।
- वैसे तो सभी लोग इन infections के प्रति vulnerable (अतिसंवेदनशील) होते हैं, लेकिन 15-24 वर्ष (जिसमें आप भी आते हैं) में ये रोग बहुत अधिक संख्या में report किए गए हैं।
- घबराने (panic) की बात नहीं है क्योंकि इसका prevention सम्भव है।
- आप इन infections से पूरी तरह free रह सकते हैं बशर्ते आपको निम्न simple principles का पालन करना पड़ेगा।

(i) किसी unknown partner या multiple partners के साथ sex न करें।
(ii) Coitus (मैथुन) के समय सदैव condoms का उपयोग करें।
(iii) यदि doubt (संदेह) हो तो तुरन्त early delection के लिए योग्य doctor से मिलें तथा disease diagnose होने पर पूरा treatment कराएँ।

4.5 Infertility

- भारत सहित पूरे विश्व में couples, infertile है अर्थात् unprotected sexual co-habitation (असुरक्षित यौन सम्बन्ध) के अलावा वे बच्चे पैदा करने में असमर्थ हैं।
- इसके कई कारण हो सकते हैं, जैसे– **physical, congenital, disease, drugs, immunological, psychological**.
- India में प्राय: बच्चा पैदा न होने में female को दोष (blame) दिया जाता है, जबकि प्राय: ऐसा नहीं होता, यह समस्या पुरुष (male partner) में भी हो सकती है।
- Specialised health care units (infertility clinics, etc.) के द्वारा diagnosis में सहायता मिल सकती है तथा कुछ disorders को treat करके couples को बच्चे पैदा करने में सहायता करते हैं। अगर ये disorder को ठीक करना possible न हो तो कुछ special techniques [Assisted Reproductive Technologies (ART)] द्वारा बच्चे पैदा किए जा सकते हैं।
- ***In vitro* Fertilisation (IVF)** Body के बाहर लगभग शरीर के अन्दर जैसी similar conditions में fertilisation कराने के फलस्वरूप Embryo Transfer (ET) करते हैं। इस method को test tube baby programme के नाम से जानते हैं।
- इसमें wife/donor (female) से ova तथा husbands/donor (male) से sperms को एकत्र कर lab में simulated condition में zygote बनने को induce किया जाता है।
- **ZIFTor Zygote Intra Fallopian Transfer** इसमें zygote या early embryo (8 blastomere तक) को Fallopian tubes में transfer करते हैं।
- 8 से अधिक blastomere वाले embryo को uterus में transfer करते हैं, जो IUT or Intra Uterine Transfer कहलाता है।
- ऐसी female जो conceive (गर्भ धारण) नहीं कर सकती है उनमें *in vivo* fertilisation द्वारा बने embryo को भी transfer के लिए use किया जा सकता है।
- Female के अन्दर gametes के fusion को *in vivo* fertilisation कहते हैं।
- **GIFT** (Gamete Intra Fallopian Transfer) इसका प्रयोग ऐसी female में करते हैं, जो ovum नहीं produce कर सकती, लेकिन fertilisation तथा embryo development के लिए suitable वातावरण प्रदान कर सकती है।
- GIFT में donor female से ovum को निकालकर इच्छुक female के Fallopian tube में transfer करते हैं।
- Intra cytoplasmic sperm injection **(ICSI)** Lab में embryo बनाने का यह भी एक specialised procedure है। इसमें sperm को directly ovum में inject किया जाता है।

Artificial Insemination (AI) Techniques

- इसका उपयोग ऐसे infertile case में करते हैं जहाँ male partner, female को inseminate नहीं कर सकते या ejaculate में sperm की संख्या बहुत कम होती है।
  - AI में husband या healthy donor से sperm एकत्र कर female की vagina या uterus (IUI-Intra Uterine Insemination) में artificially introduce किया जाता है।
- यद्यपि कई options उपस्थित हैं, किन्तु इन सभी techniques में specialised professionals द्वारा extremely high precision (परिशुद्धता) handling की आवश्यकता होती है तथा ये बहुत महंगी (expensive) भी होती है।
- ये सुविधाएँ कुछ cities में ही उपलब्ध है तथा इनका लाभ केवल सीमित लोग ही afford कर सकते हैं।
- इन methods को अपनाने में emotional, religious तथा social factors भी काफी निर्धारक (deterrent) होते हैं।
- इन सभी procedures का ultimate aim सन्तान प्राप्ति है।
- भारत में कई अनाथ (orphan) तथा दीन हीन (destitute) बच्चे है, जिनकी यदि care न की जाए तो वे जीवित नहीं रहेंगे।
- हमारे देश का कानून शिशु को legal adopt (गोद लेना) की permission देता है तथा जो couple बच्चे के इच्छुक हैं उनके लिए सन्तान प्राप्ति (parent hood) का यह best method है।

UNIT–VII

GENETICS AND EVOLUTION

JAMES WATSON AND FRANCIS CRICK

- James Dewey Watson का जन्म Chikago में 6 April 1928 को हुआ था।
- 1947 में इन्होंने Zoology से B.Sc की degree प्राप्त की।
- इस वर्ष के दौरान इनकी रूचि पक्षियों को देखते रहना था इसी interest ने इन्हें genetics पढ़ने की इच्छा बढ़ा दी।
- यह तभी सम्भव हो सकता जब इन्हें Bloomington में Indiana University ने Zoology में graduation study के लिए fellowship दी।
- इस University से ही इन्हें bacteriophage multiplication पर hard X-rays के प्रभाव पर कार्य करने के लिए 1950 में Ph.D की उपाधि दी गई।
- आप Crick से मिले तथा DNA structure की solving में अपने common interest को खोज निकाला।
- आपका पहला serious effort सन्तोषजनक नहीं था।
- इनका दूसरा effort (प्रयास) experimental evidence पर अधिक आधारित था तथा इसे nucleic acid literature का भली प्रकार से सम्मान प्राप्त हुआ।
- इसके फलस्वरूप March 1953 को complementary double-helical configurations का प्रस्ताव सामने आया।
- Francis Harry Compton Crick का जन्म 8 June 1916 में Northamptom, England में हुआ था।
- इन्होंने London के university college में Physics का अध्ययन किया तथा 1937 में B.Sc की उपाधि प्राप्त की।
- 1954 में इन्होंने Ph.D का कार्य समाप्त किया। इनकी thesis का title X-ray diffraction : polypeptides and proteins था।
- Crick के Career में यदि किसी प्रकार का प्रभाव उन पर पड़ा तो वह J.D. Watson से उनकी मित्रता थी।
- Young man (उम्र 23) Watson ने 1953 में DNA तथा replication scheme के लिए double-helical structure का proposal दिया था।
- Crick को 1959 में F.R.S से सम्मानित किया गया।
- Watson तथा Crick के honours में शामिल है
  - 1959 में Massachusetts का John Collins Warren Prize.
  - 1960 में Lasker Award.
  - 1962 में The Research Corporation prize.
  - 1962 में Nobel Prize.

Chapter Five

PRINCIPLES OF INHERITANCE AND VARIATION

*आपने कभी सोचा है कि **elephant** हमेशा **baby elephant** को ही जन्म देता है किसी अन्य **animal** को क्यों नहीं? **Mango** के **seed** से केवल **mango plant** ही उगता है कोई अन्य क्यों नहीं?*

***Offsprings** (सन्तानें) अपने **parents** से मिलती-जुलती होती हैं पर क्या ये अपने **parents** से बिल्कुल **identical** होती हैं या उनके गुणों में कुछ अन्तर दिखते हैं?*

*आपने कभी आश्चर्य किया है कि **siblings** कभी एक जैसे या फिर कभी अलग-अलग क्यों दिखते हैं?*

Genetics में ऐसे अनेक questions का अध्ययन करते हैं।

- Genetics में inheritance तथा variation का अध्ययन करते हैं।
- Inheritance वह process है जिसके द्वारा characters माता-पिता से सन्तानों (offspring = progeny) में जाते हैं। यह heredity का आधार है।
- **Variation** माता-पिता तथा सन्तानों के characters में अन्तर variation कहलाता है।
- मनुष्य को 800-1000 B.C. पूर्व यह पता चल चुका था कि variation का कारण sexual reproduction में छुपा है।
- मनुष्य ने plants तथा animals की wild population में पाई जाने वाली natural variation को exploit किया तथा लाभदायक characters वाले organism को select कर breeding कराई और उनसे **desirable** character को प्राप्त किया।

  Example ancestral wild cow से हमने artificial selection तथा domestication द्वारा अच्छी Indian breed प्राप्त कर ली है (Sahiwal cow in Punjab)।
- हमारे पूर्वजों (ancestors) को characters के inheritance तथा variation के बारे में पता था लेकिन उनको इन phenomena (घटनाओं) के scientific आधार के बारे में बहुत कम जानकारी थी।

5.1 Mendel's Laws of Inheritance

- Mid-nineteenth century में inheritance को समझने के सम्बन्ध में प्रगति आई।
- **Gregor Mendel** ने garden pea पर 7 साल (1856-1863) तक hybridisation experiments किए तथा living organism में **laws of inheritance** को प्रस्तावित (propose) किया।
- Statistical analysis तथा mathematical logic का biology की समस्याओं के समाधान हेतु सबसे पहले Mendel ने प्रयोग किया।
- Mendel के experiments में large sampling size ने उनके collected data को विश्वसनीयता प्रदान की।
- Mendel द्वारा test plant के successive generation पर किए गए experiments तथा उनके सफल results ने prove किया कि Mendel के inheritance rules में व्यापकता थी और वे केवल unsubstantiated ideas (अनुष्ट विचार) नहीं थे।
- Mendel ने pea plant के उन characters पर विचार किया, जो opposite trait वाले थे, *e.g.* tall या dwarf plant, yellow या green seeds. इसके कारण Mendel को inheritance governing rules के लिए एक basic framework तैयार करने में सहायता मिली।
- बाद में वैज्ञानिकों ने इसे expand किया जिससे सभी diverse natural observation तथा उनकी complexity का स्पष्टीकरण किया जा सका।
- Mendel ने कई true breeding pea lines को लेकर artificial pollination/cross-pollination जैसे experiments किए।
- True breeding line वह है, जो कई पीढ़ियों तक self-pollination के फलस्वरूप stable trait inheritance को दर्शाता है।
- Mendel ने 14 pure-breeding pea plant varieties को select किया अर्थात् 7 pair contrasting characters को लिया।
- Mendel द्वारा कुछ selected contrasting traits **table 5.1** में दिए गए हैं

Table 5.1 : Contrasting Traits Studied by Mendel in Pea

S.No.	Characters	Contrasting Traits
1.	Stem height	Tall/dwarf
2.	Flower colour	Violet/white
3.	Flower position	Axial/terminal
4.	Pod shape	Inflated/constricted
5.	Pod colour	Green/yellow
6.	Seed shape	Round/wrinkled
7.	Seed colour	Yellow/green

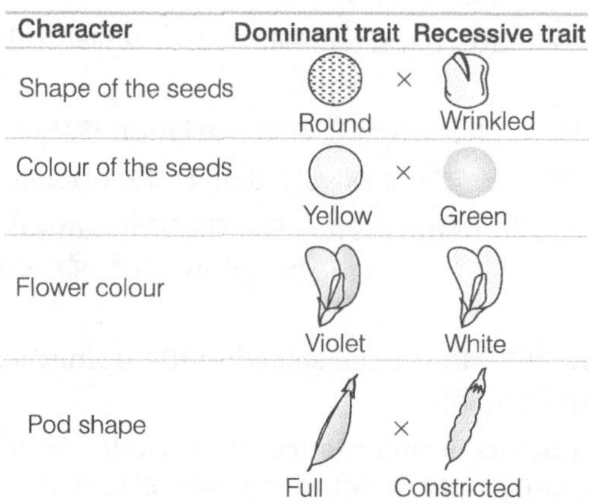

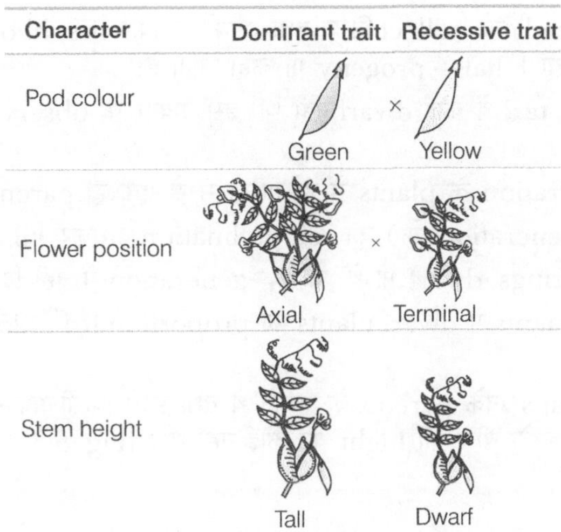

Figure 5.1 Seven pairs of contrasting traits in pea plant studied by Mendel

5.2 Inheritance of One Gene

- Inheritance of one gene की study के लिए Mendel ने tall तथा dwarf plants का cross कराया।

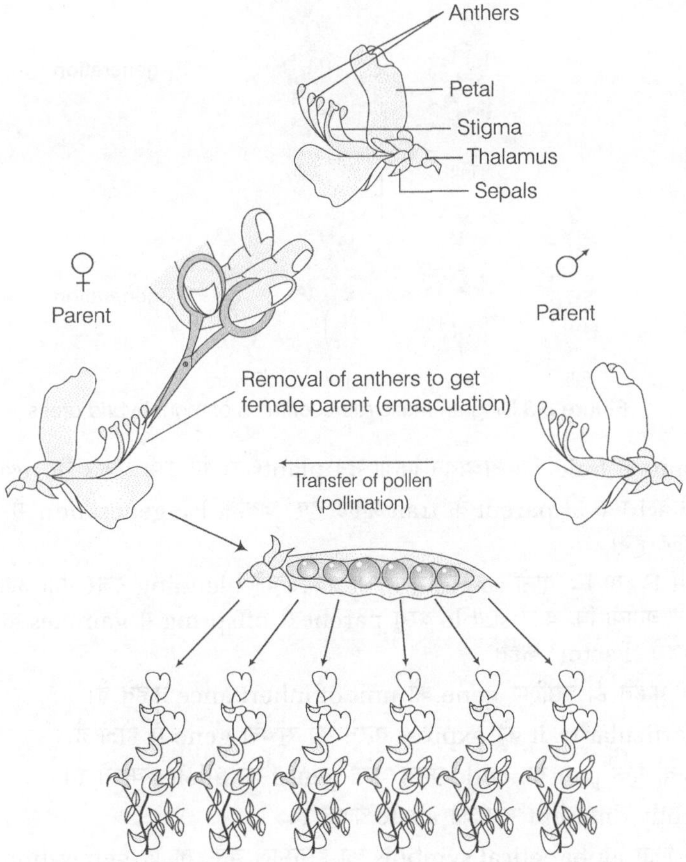

Figure 5.2 Steps in making a cross in pea

- इस cross के फलस्वरूप बने seeds को collect किया तथा उनको उगाकर first hybrid generation के plants प्राप्त किए। इस generation को F_1 या $Filial_1$ – progeny भी कहा जाता है।
- F_1 – progeny के सारे plants, **tall** थे कोई dwarf नहीं था। इसी प्रकार के observation दूसरे traits के pair में भी पाए गए।
- Mendel ने देखा कि F_1-generation के plants में हमेशा दो में से एक ही parent के trait प्रकट होते हैं।
- Mendel ने tall plants (F_1-generation के) का self-pollination कराकर $Filial_2/F_2$-generation प्राप्त की।
- F_2-generation में कुछ offsprings, dwarf भी थे, जो F_1 –generation में नहीं दिखे थे।
- F_2 - generation के सभी F_2 plants में dwarf plants का proportion $1/4^{th}$ (25%) था, जबकि $3/4^{th}$ (75%) plants, tall थे।
- Plants में Tall तथा dwarf traits इनके parents के समान थे तथा इनमें किसी प्रकार की blending नहीं थी अर्थात् सभी या तो tall थे या dwarf (इनके बीच की hight का कोई नहीं था) (Fig. 5.3)

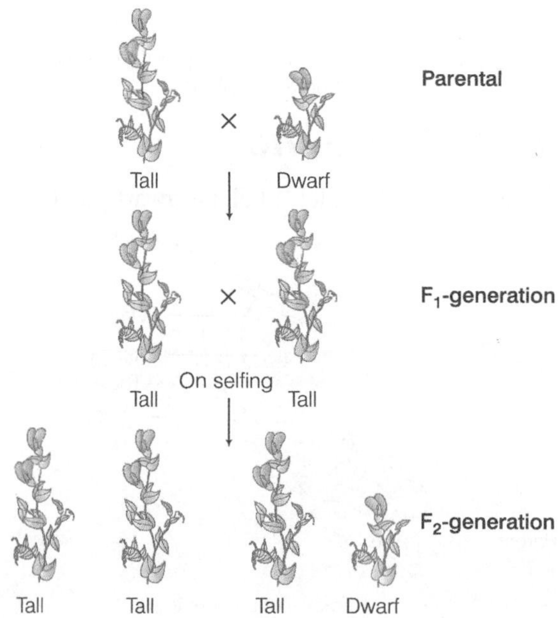

Figure 5.3 Diagrammatic representaion of monohybrid cross

- Mendel ने अन्य plants मे traits का अध्ययन किया उन plants से भी इसी प्रकार के results प्राप्त हुए।
- F_1-generation में केवल एक ही parent के trait प्रकट हुए, जबकि F_2–generation में दोनों parents के trait 3 : 1 proportion में प्रकट हुए।
- Contrasting trait में F_1 या F_2 दोनों stages में किसी प्रकार की blending नजर नहीं आई। इन observation के आधार पर Mendel ने बताया कि कोई stable वस्तु parent से offspring में gametes के माध्यम से पीढ़ी दर पीढ़ी जाती हैं। Mendel ने इसे 'Factor' कहा।
- आज हम इन्हें 'Gene' कहते हैं। इसलिए gene को unit of inheritance कहते हैं।
- एक organism में particular trait को express करने की सूचना gene में होती है।
- Contrasting traits के एक pair को code करने वाले genes को alleles कहते हैं।
- Same gene के slightly different रूप को allele कहते हैं।
- अगर प्रत्येक gene के लिए alphabetical symbols का इस्तेमाल करें, तो F_1-generation में expressed trait के लिए capital letter तथा अन्य trait लिए small letter का इस्तेमाल किया जाता है।

  e.g. Hight के character में T का इस्तेमाल tall trait के लिए तथा t का इस्तेमाल dwarf trait के लिए होता है।
- T तथा t एक-दूसरे के विपरीत लक्षण वाले alleles हैं।

- Plants में hight के लिए TT, Tt या tt alleles हो सकते हैं।
- Mendel ने बताया कि true breeding में hight के gene के allelic pair, identical या homozygous होते हैं। (TT–tall तथा tt–dwarf)
- TT तथा tt पौधे के genotype कहलाते हैं, जबकि tall एवं dwarf, phenotype है।
- ***Tt genotype वाले plant का phenotype क्या होगा?***
  Ans-Tall
- Mendel ने देखा कि F_1-generation के heterozygote (Tt) का phenotype बिल्कुल parent (TT) के समान होता है।
- Mendel ने propose किया कि dissimilar factors के pair में एक factor दूसरे factor पर dominate हो जाता है (जैसा कि F_1-generation में होता है) और इसे dominant factor कहते हैं, जबकि दूसरे वाले को recessive factor कहते हैं।
- इस case में T (tallness), t (dwarfness), पर dominant हो जाता है।
- Mendel ने अन्य characters/trait pairs की study में भी यही identical behaviour पाया।
- Dominant तथा recessive traits को याद रखने के लिए alphabet के capital और small letter का उपयोग सुविधाजनक तथा logical होता है।
- Tall के लिए T तथा dwarf के लिए d का प्रयोग ना करें क्योंकि यह याद करना कठिन होगा कि T और d एक ही gene/character के allele है या नहीं ।
- Homozygotes के case में alleles समान होते हैं। (TT and tt)
- Heterozygotes के case में alleles असमान होते हैं। (Tt)
- एक character hight को control करने वाले gene के लिए Tt पौधा heterozygous है। अत: इसे monohybrid कहा जाता है तथा TT और tt के बीच cross को monohybrid cross कहते हैं।
- इस observation से कि recessive parental trait का expression बिना किसी blending के F_2-generation में हो जाता है। हम यह पता कर सकते हैं कि जब meiosis के समय tall तथा dwarf plants, gametes को बनाते हैं, तो parental pair के allele एक-दूसरे से अलग (segregate) हो जाते हैं तथा gamete में केवल एक ही allele transfer होता है।
- Alleles का यह segregation एक random प्रक्रिया है तथा इस प्रकार gamete में कोई एक allele होने की सम्भावना 50% होती है। ऐसा crossing के results से सत्यापित हो चुका है।
- इस प्रकार Tall (TT) plant के gamete में T allele तथा dwarf (tt) plant के gamete में t allele होता है।
- Fertilisation में एक parent के 'T' allele, (pollen grain के द्वारा) तथा दूसरे parent के t allele, (egg के द्वारा) मिलकर fertilisation द्वारा zygote बनाते हैं।
- Zygote में एक allele T and दूसरा allele t होता है दूसरे शब्दों में hybrid में Tt allele होते हैं।
- इन hybrid में contrasting trait वाले allele हैं, इसलिए ये plant heterozygous कहलाते हैं।
- Gamete का production, zygote का formation, F_1 तथा F_2 plants, इन सभी को एक diagram से समझा जा सकता है जिसे **Punnett square** कहते हैं। (Fig. 5.4)
- इसे एक British geneticist, Reginald C Punnett द्वारा विकसित किया गया था।
- यह एक graphical representation है, जिसमें एक genetic cross में offspring के सभी possible genotypes की probability को calculate करते हैं।
- Possible gametes को दो sides प्राय: top row तथा left column में लिखते हैं।
- सभी possible combinations का representation, squares में नीचे दिए boxes में किया जाता है, जिससे एक square का रूप बनता है।

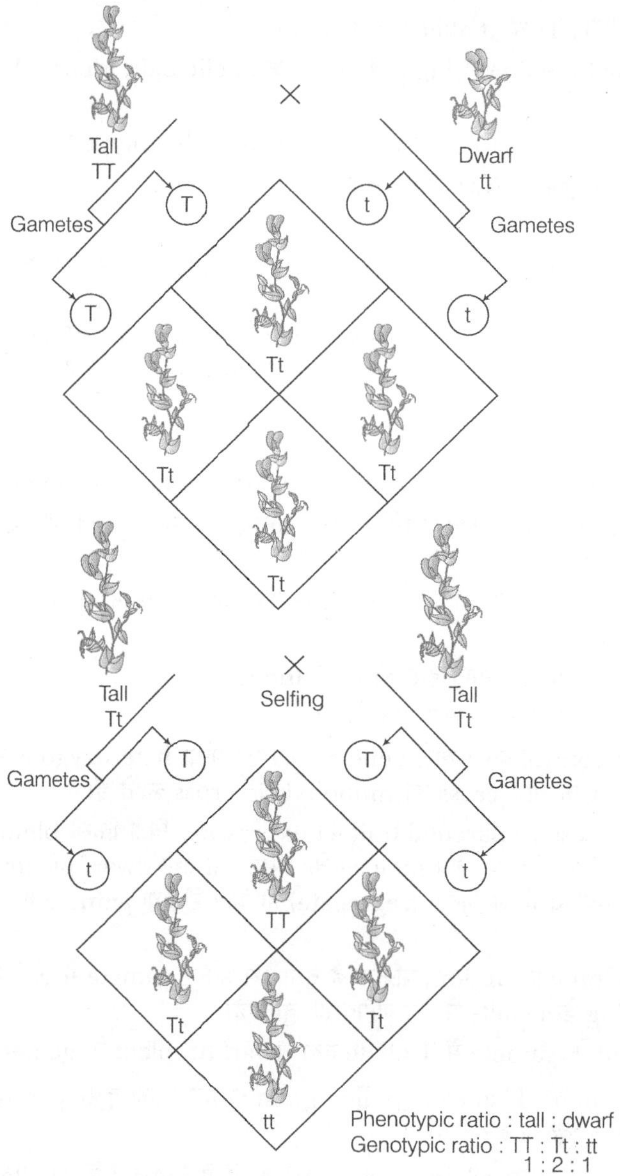

Figure 5.4 A Punnett square used to undrstand a typical monohybrid cross conducted by Mendel between true-breeding tall plants and true-breeding dwarf plants

- Punnett square में parental tall (TT) male तथा dwarf (tt) female plants, इनसे बने gametes तथा F_1 (Tt) progeny दर्शाए गए है।
- F_1(Tt) plants जब self-pollination करते हैं, तो genotype T तथा t के gametes को equally produce करते हैं।
- जब fertilisation होता है, तो genotype T के pollen grain द्वारा genotype T के egg को pollinate करने का chance 50% रहता है।
- साथ ही genotype t के pollen grain द्वारा genotype T एवं t के egg को pollinate करने का chance 50% रहता है।
- Random fertilisation के कारण zygote TT, Tt या tt genotype वाले हो सकते हैं।
- Punnett square से आसानी से देखा जा सकता है कि random fertilisation के फलस्वरूप 1/4 th TT, 1/2 nd Tt तथा 1/4th tt genotype बनते हैं।
- F_1-generation में genotype Tt होता है लेकिन यह केवल tall phenotype दर्शाता है।

- F_2-generation में $3/4^{th}$ plants tall होते हैं, जिनमें कुछ TT तथा कुछ Tt होते हैं।
- बाहर से देखने पर TT तथा Tt में अन्तर नहीं बताया जा सकता है।
- Genotype pair Tt में character T (Tall) ही express होता है। इसलिए कहा जाता है कि T (tall character), t (dwarf character) पर dominant है।
- एक character की दूसरे पर dominance की वजह से ही सभी F_1-generation के plants tall होते हैं (भले ही genotype Tt हो) तथा F_2-generation में $3/4^{th}$ plants tall होते हैं (1/2 Tt तथा $1/4^{th}$ TT genotype वाले)।
- F_2-generation के plants का phenotypic ratio 3 (Tall) : 1 (dwarf)
- F_2-generation के plants का genotypic ratio 1 (TT) : 2 (Tt) :1 (tt)
- TT : Tt : tt के 1/4 : 1/2 : 1/4 ratio को mathematics के binomial expression $(ax + by)^2$ में express किया जा सकता है, जिसमें T एवं t gene वाले gametes, 1/2 की समान frequency में रहते हैं।
- इस expression का expended रूप निम्न प्रकार हैं
  $(1/2T +| 1/2t)^2 = (1/2T + 1/2t) X (1/2T + 1/2t) = 1/4TT + 1/2Tt + 1/4tt$
- Mendel ने F_2-generation के plants का self- pollination कराया तथा पाया कि F_2-generation के dwarf plants से F_3 तथा F_4-generation में केवल dwarf plants ही उत्पन्न किए।
- Mendel ने निष्कर्ष निकाला कि dwarf plants का genotype, homozygous (tt) था।
- Mathematical probality के प्रयोग से genotype का calculation किया जा सकता है।
- Dominant trait के phenotype को देखने भर से genotype बताना सम्भव नहीं है।
  Example F_1 या F_2-generation में tall plant का genotype TT है या Tt यह नहीं बताया जा सकता है।
- F_2-generation में tall plant के genotype को ज्ञात करने के लिए Mendel ने F_2-generation के Tall plant को dwarf plant के साथ cross कराया तथा इसे test cross नाम दिया।
- एक typical test cross में dominant phenotype वाले organism (जिसका genotype पता करना है) का recessive parent से cross कराया जाता है ना कि self-crossing.
- Test organism के genotype जानने के लिए ऐसे cross की progeny की analysis की जा सकती है। (Fig 5.5)

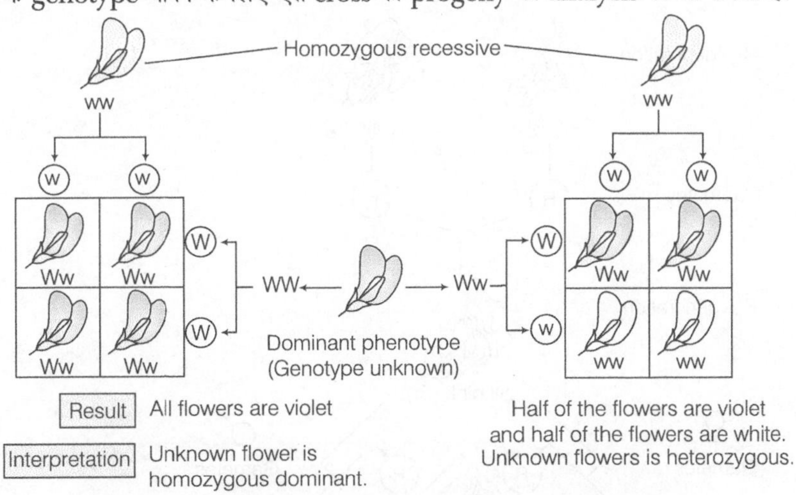

Figure 5.5 Diagrammatic representation of a test cross

- Monohybrid cross पर अपने observations को आधार बनाकर Mendel ने दो general rule प्रस्तावित किए। आज इन rules को principles या **Law of inheritance** कहते हैं।
- First law को **Law of Dominance** कहते हैं तथा second law को **Law of Segregation** कहते हैं।

5.2.1 Law of Dominance

(i) Characters, discrete units द्वारा control होते हैं, जिन्हें factors कहते हैं।

(ii) Factors, pair में होते हैं।

(iii) Factors के dissimilar pair में एक dominate करता है तथा दूसरा recessive रहता है।

- Law of dominance के monohybrid cross से F_1-generation में केवल एक parental character का expression तथा F_2-generation में दोनों parental characters के expression को समझा जा सकता है।
- यह F_2-generation में प्राप्त 3:1 ratio को भी explain करता है।

5.2.2 Law of Segregation

- यह law इस fact पर आधारित है कि allele आपस में blending नहीं show करते हैं तथा F_2– generation में दोनों characters फिर से recover हो जाते हैं भले ही F_1– generation में इनमें से एक प्रकट न हुआ हो।
- Parent में दो alleles होते हैं, gamete formation के समय factor या allele का एक pair एक-दूसरे से इस प्रकार segregate होते हैं कि gamete को दो में से एक ही factor प्राप्त होता है।
- एक homozygous parent द्वारा उत्पन्न सभी gametes समान होते हैं।
- एक heterozygous parent दो प्रकार के gametes उत्पन्न करता है जिनमें equal proportion में प्रत्येक के पास एक-एक allele होता है।

5.2.2.1 Incomplete Dominance

- जब pea वाले experiment को दूसरे plants में अन्य traits को लेकर दोहराया गया, तो पता चला कि कभी-कभी F_1-generation में ऐसा phenotype आ जाता है, जो दोनों parents से नहीं मिलता तथा इन दोनों के बीच का होता है।
  - e.g. Dog Flower (snapdragon or *Antirrhinum* sp.) में flower का inheritance.
  - True-breeding, Red flower (RR) तथा true breeding, white flower (rr) पौधे के बीच cross से F_1- generation में pink flower (Rr) मिले। (Fig. 5.6)

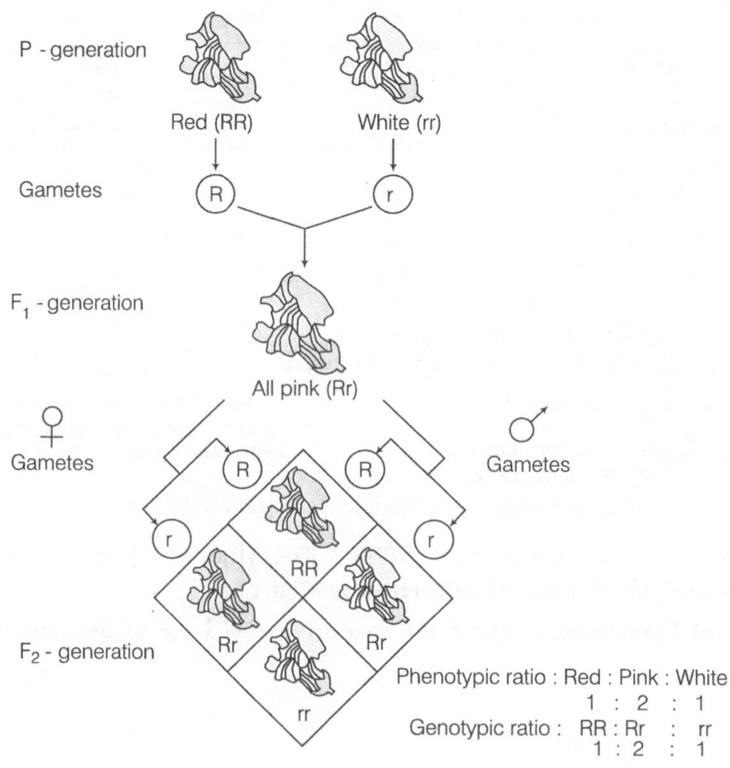

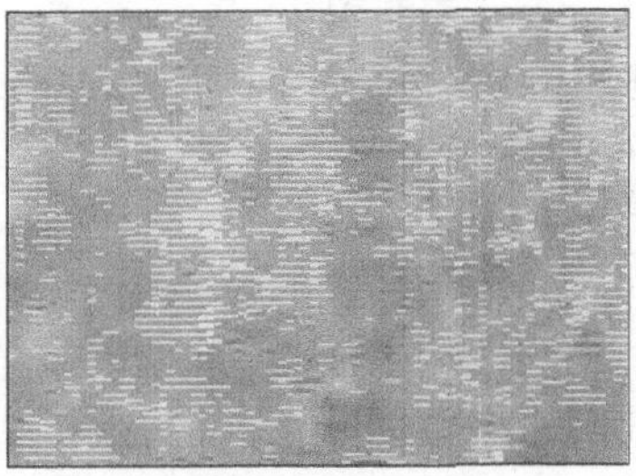

Figure 5.6 Results of monohybrid cross in the plant Snapdragon, where one allele is incompletely dominant over the other allele

- जब F_1-generation को self-pollinate किया गया तो F_2-generation के परिणाम मिले।
- 1 (**RR**) Red: 2 (**Rr**) Pink: 1 (**rr**) White.
- यहाँ Genotype का ratio, Mendelian monohybrid cross की तरह होता है, परन्तु phenotype ratio (3: 1) बदल जाता है।
- यहाँ R-factor, r-factor पर completely dominant नहीं है, जिस कारण Rr, pink बन गया।

Explanation of the concept of dominance:

वास्तव में dominance क्या है?
कुछ alleles dominant तथा कुछ recessive क्यों हैं?
इन प्रश्नों के answer को समझने के लिए gene का कार्य जानना आवश्यक है।

- प्रत्येक gene में एक particular trait को express करने की सूचना पाई जाती है।
- Diploid organisms में alleles के जोड़े के रूप में प्रत्येक gene की दो copy पाई जाती है।
- Heterozygote में दो alleles, identical नहीं होते हैं।
- एक allele की भिन्नता का कारण उसमें आया कोई परिवर्तन हो सकता है, जो particular allele में उपस्थित सूचना को modify कर देता है।
- आओ एक जैसे gene का example लिया जाए, जिसमें एक enzyme बनाने की सूचना है।
- इस gene की दोनों copies इसके दो allelic forms हैं।
- मान लेते हैं कि normal allele, normal enzyme को बनाता है, जो एक substrate 'S' के transformation के लिए आवश्यक है।

(i) normal/less efficient enzyme (ii) a normal-functional enzyme

(iii) no enzyme at all

- First case में modified allele, तो unmodified allele के equivalent है अर्थात् यह भी substrate 'S' के transformation के फलस्वरूप उसी पुराने phenotype/trait का उत्पादन करेंगे।
- ऐसे equivalent allele pair बहुत common होते हैं।
- अगर allele किसी भी enzyme या non-functional enzyme का उत्पादन करता है, तो phenotype प्रभावित हो सकता है।
- Phenotype/trait केवल unmodified allele की functioning पर depend करेगा।
- Unmodified (functioning) allele, dominant allele है, जो original phenotype को represent करता है तथा modified allele generally, recessive होता है।

इसलिए ऊपर दिए गए example में recessive trait दिखने से या तो enzyme बनता ही नहीं या non-functional बनता है।

5.2.2.2 Codominance

- अभी तक हम उन cross की चर्चा कर रहे थे जहाँ F_1- generation, दो parents में से किसी एक से मिलता था (dominance) या दोनों parents के मध्य लक्षणों वाला (incomplete dominance) था।
- **Codominance** में F_1- generation दोनों ही parents से मिलती-जुलती है। *e.g.* Human being में ABO blood group को determine करने वाली विभिन्न प्रकार की red blood cells.

- ABO blood group, I gene के द्वारा control होता है।
- Red blood cells की plasma membrane में सतह से उभरे (protrude) हुए sugar polymers होते हैं। ये sugar किस प्रकार के होंगे ये gene I पर निर्भर करता है।
- Gene I के तीन allele होते हैं– I^A, I^B तथा i.
- I^A तथा I^B कुछ भिन्न प्रकार की sugar का उत्पादन करते हैं, जबकि i किसी प्रकार का sugar नहीं बनाता है।
- मनुष्य diploid organism है इसलिए प्रत्येक व्यक्ति में तीन alleles में से कोई दो alleles होते हैं।
- I^A तथा I^B तो i के ऊपर completely dominant होते हैं अर्थात् I^A तथा i साथ हो, तो केवल I^A express होता है। (क्योंकि i कोई sugars नहीं बनाता)
- I^B तथा i के साथ होने पर केवल I^B express होता है।
- I^A तथा I^B के साथ होने पर ये दोनों अपने-अपने sugar को express कर देते हैं। यह घटना **codominance** कहलाती है। इसी कारण red blood cells में A तथा B दोनों प्रकार की sugars होती हैं।
- तीन भिन्न प्रकार के alleles होने के कारण इनके **6 combination** सम्भव है इस प्रकार human ABO blood group के six विभिन्न genotype होंगे।

  कितने phenotype सम्भव हैं? Ans : 4
- ABO blood grouping, multiple alleles (दो से अधिक) का भी अच्छा example है।

Table 5.2 Table Showing the Genetic Basis of Blood Groups in Human Population

Allele from Parent 1	Allele from Parent 2	Genotype of Offspring	Blood Types of Offspring
I^A	I^A	I^AI^A	A
I^A	I^B	I^AI^B	AB
I^A	i	I^Ai	A
I^B	I^A	I^AI^B	AB
I^B	I^B	I^BI^B	B
I^B	i	I^Bi	B
i	i	ii	O

- यहाँ same character को तीन alleles नियन्त्रित करते हैं।
- याद रखे एक व्यक्ति में सिर्फ दो alleles रह सकते हैं अत: multiple allele केवल population studies में पाए जाते हैं।
- कभी-कभी single gene के products एक से ज्यादा effect छोड़ सकते हैं। e.g. Pea seed में starch synthesis का control एक gene करता है तथा इसके दो alleles (B एवं b) होते हैं।
- Starch की effective synthesis, **BB** homozygote द्वारा होती है और इस प्रकार large grain उत्पन्न हो जाते हैं।
- **bb** homozygote, starch synthesis के लिए कम efficient होते हैं तथा starch grains उत्पन्न करते हैं।
- Maturation के बाद 'BB' seeds, **round** होते हैं तथा bb seeds, **wrinkled** होते हैं।
- Heterozygote, round seeds को produce करते हैं इसलिए लगता है **B** allele, dominant है।
- Bb seed में उत्पन्न starch grains, intermediate size के होते हैं। यदि starch grain size को एक phenotype मान लिया जाए, तो इस दृष्टि से यह allele, incomplete dominance ही दर्शाता है।
- इसलिए dominance न तो किसी gene का या उसके product का autonomous feature है।
- Dominance उतने ही निर्भर gene product तथा product द्वारा उत्पन्न होने वाले phenotype पर होती है जितना कि हमारे द्वारा चुने गए genotype पर (इस case में एक gene से एक से अधिक genotype प्रभावित होते हैं)।

5.3 Inheritance of Two Genes

- इनमें दो characters में भिन्न pea plants का cross कराते हैं; जैसे— yellow colour and round-shaped seed वाले pea plants को green and wrinkled-shaped seed वाले plants से cross कराते हैं।
- Mendel ने पाया कि इस cross से उत्पन्न seeds, yellow colour तथा round shape वाले थे।
  यहाँ yellow colour, green के ऊपर dominant है तथा round shape, wrinkled के ऊपर dominant है।
- Genotypic symbol 'Y' का इस्तेमाल dominant yellow seed colour के लिए तथा 'y' का इस्तेमाल recessive green seed colour के लिए करते हैं।
- Symbol R का इस्तेमाल dominant round-shaped seed के लिए तथा *r* का इस्तेमाल recessive wrinkled-shaped seed के लिए करते हैं।
- Gamete Ry तथा ry के fertilisation से F_1 hybrid, **(RrYy)** plants उत्पन्न होते हैं।
- Mendel ने इन F_1-generation के plants को जब self-hybridise किया, तो पाया कि F_2-generation में $3/4^{th}$ plants के seeds पीले थे तथा $1/4^{th}$ seeds हरे थे।
  Yellow तथा green colour के seeds 3 : 1 के ratio में segregate हुए।
- Round तथा wrinkled seed के shape भी 3 : 1 के ratio में segregate हुए जैसा monohybrid cross में हुआ था।

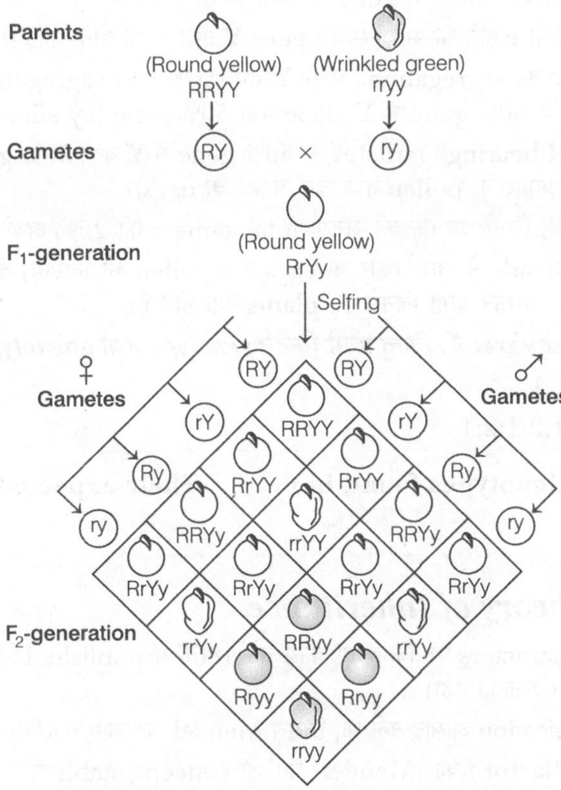

Phenotypic ratio
Round yellow : Round green : Wrinkled yellow : Wrinkled green
9 : 3 : 3 : 1
Genotypic ratio 1 : 2 : 2 : 4 : 1 : 2 : 1 : 2 :1

Figure 5.7 Results of a dihybrid cross where the two parents differed in two pairs of contrasting traits: seed colour and seed shape

5.3.1 Law of Independent Assortment

- Dihybrid cross के उपरान्त F_2- generation में उत्पन्न phenotype 9 : 3: 3 : 1 में प्रकट हुए।
  9 (Round yellow) : 3 (Wrinkled yellow) : 3 (Round green) : 1 (Wrinkled green)
- Mendel द्वारा studied कई characters में ऐसा ही ratio प्राप्त हुआ।
- 9:3:3:1 ratio को 3 yellow : 1 green तथा 3 round : 1 wrinkled के गुणनफल से derive कर सकते हैं।
- इस derivation को इस प्रकार भी लिखा जा सकता है
  (3 round : 1 wrinkled) (3 yellow : 1 green) = 9 round yellow : 3 wrinkled yellow : 3 round green : 1 wrinkled green
- Dihybrid cross (two traits में भिन्न plants के बीच cross) के observation के आधार पर Mendel ने एक second set of generalisation प्रस्तुत किया, जिसे हम Mendel's of Law of Independent Assortment कहते हैं।
- इस law के अनुसार hybrid में trait के दो pairs combine होते हैं, तो characters के one pair का segregation दूसरे pair से independent होता है।
- F_1-generation RyYy plant में meiosis के दौरान genes के दो pairs के independent segregation तथा egg एवं pollen के production को समझने के लिए Punnett square का प्रयोग किया जा सकता है।
- Gene के one pair, **R** तथा **r** के segregation पर विचार करें।
  50% gametes में gene **'R'** तथा अन्य 50% में gene **'r'** होता है।
- प्रत्येक gametes में **genes R** तथा **r** होने के साथ-साथ genes **Y** तथा **y** भी होने चाहिएँ।
- याद रखें कि 50% **R** तथा 50% **r** का segregation, 50% **Y** तथा 50% **y** के segregation से independent है। इसलिए **r** gene वाले gametes के 50% gene में **Y** allele तथा 50% gene में **y** allele होते हैं।
- ठीक इसी प्रकार **R** gene वाले (R bearing) gametes के 50% gene में **Y** तथा 50% gene में **y** होते हैं। Gametes के 4 genotype बन जाते हैं (4 प्रकार के pollen तथा चार प्रकार के eggs)।
- ये 4 types, **RY, Ry** तथा **ry** हैं, जिनमें प्रत्येक की संख्या total gamete की 25% अर्थात् 1/4th होती है।
- जब आप Punnett square के दो side में चार प्रकार के eggs तथा pollen को लिखेंगे, तो zygote के composition को derive करना आसान होगा जिनसे F_2 plants पैदा होते हैं।

यद्यपि Punnett square में 16 squares हैं, किन्तु इनमें कितने genotype तथा phenotype बनते हैं?

Phenotype ratio = 9 : 3 : 3 : 1

Genotype ratio = 1: 2:2:4:1:2:1:2:1

S. No.	Genotypes found in F_2	Their expected phenotypes

5.3.2 Chromosomal Theory of Inheritance

- Mendel ने inheritance of characters पर किए गए कार्य को 1865 में published किया, लेकिन कई कारणों से 1900 तक यह unrecognised (अज्ञात) रहा।
- उस समय आज की तरह communication आसान नहीं था, जिससे Mendel का काम widely published नहीं हो सका।
- 'Genes' (Mendel के शब्दों में 'factor') का (Mendel) का जो concept, stable तथा discrete units के रूप में था, वो accepted नहीं था।
- Mendel continuous variation को समझा नहीं पा रहे थे।
- Mendel की mathematical approach उस समय के कई वैज्ञानिकों के लिए नई तथा मानने योग्य नहीं थी।
- अन्त में भले ही Mendel का work यह इंगित करना था कि factors (genes) descrete unit होती है फिर भी वह factor की presence का कोई physical proof नहीं दे पाए तथा factors किससे बने हैं यह भी नहीं बता पाए।
- 1900 में तीन वैज्ञानिक (**de Vries, Correns** तथा **Von Tschermak**) ने स्वतन्त्रतापूर्वक Mendel के inheritance of characters के results को rediscover किया।

- इस समय microscopy के क्षेत्र में प्रगति के कारण वैज्ञानिक cell division को देखने में समर्थ हो चुके थे।
- इससे nucleus में एक structure की discovery हुई, जो प्रत्येक cell division से ठीक पहले double तथा divide हो जाता है, इन्हें chromosomes कहा गया।
- Chromosome, staining (रंग) द्वारा दिखाई देते थे, इसलिए इन्हें **coloured bodies** कहा गया।
- 1902 तक meiosis के दौरान chromosome movement का ज्ञान हो चुका था।
- Walter Sutton तथा Theodor Boveri ने देखा कि chromosome का behaviour तो gene के behaviour जैसा (Parallel) था तथा इन्होंने chromosome movement का इस्तेमाल Mendel's laws को explain करने में किया।

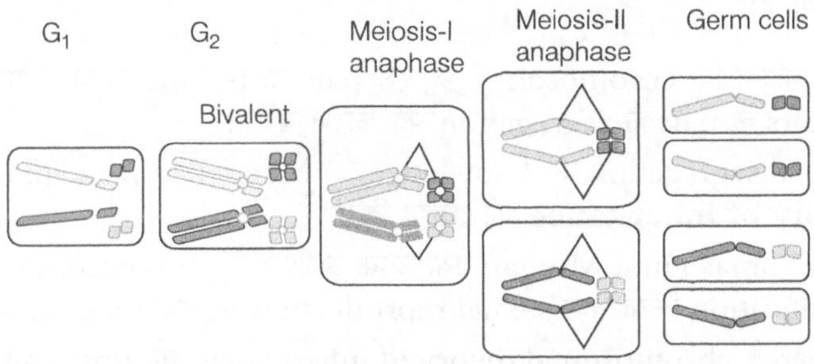

Figure 5.8 Meiosis and germ cell formation in a cell with four chromosomes. Can you see how chromosomes segregate when cells are formed?

- याद रखिए, gene के समान chromosomes भी pair में पाए जाते हैं।
- एक gene pair के दो alleles, homologous chromosome के homologous site पर स्थित होते हैं।
- Meiosis-I के anaphase के दौरान chromosome के दो pairs, metaphase plate पर एक-दूसरे से independently align हो सकते हैं।

इसे समझने के लिए left तथा right column में दिए 4 different colour के chromosomes की तुलना करो।

Left column में (possibility I) orange तथा green एकसाथ segregate हो रहे हैं।

Right column (possibility II) में orange chromosome तो red chromosome के साथ segregate हो रहा है। (Fig. 5.9)

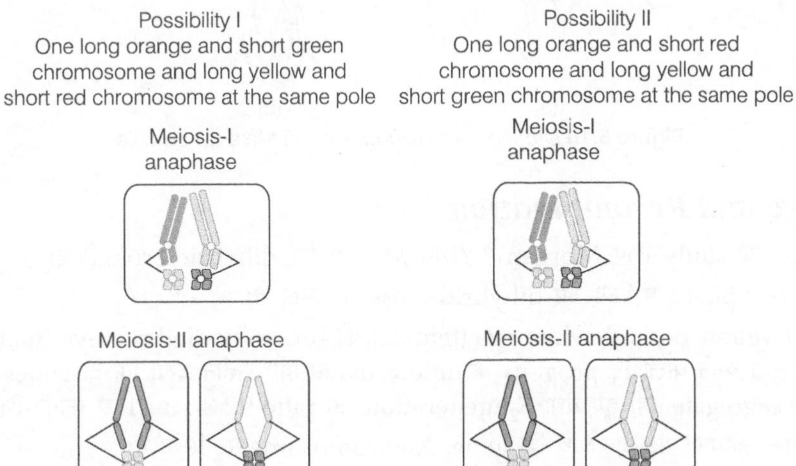

Figure 5.9 Independent assortment of chromosomes

Chromosomes तथा **Genes** के **behaviour** में तुलना

Chromosomes	Genes
ये pair में उपस्थित होते हैं।	ये pair में उपस्थित होते हैं।
Gamete formation के समय इस प्रकार segregate होते हैं कि pair में से केवल एक ही gamete में जा सकें।	Gamete formation के समय segregate होते हैं तथा प्रत्येक pair से केवल एक ही gamete को प्राप्त होता है।
Independent pair (अलग-अलग जोड़े) एक-दूसरे से independently segregate होते हैं।	एक pair दूसरे pair से independently segregate होता है।

- Sutton और Boveri ने बताया कि chromosomes के एक pair की pairing हो जाना या separation होना, अपने साथ ले जाए जा रहे factors के pair के segregation का कारण बनेगा।
- Sutton ने chromosomal segregation की knowledge को Mendelian principles के साथ जोड़कर **chromosomal theory of inheritance** को प्रस्तुत किया।
- इस idea को मानते हुए Thomas Hunt Morgan तथा उनके साथियों ने chromosomal theory of inheritance का experimental verification किया तथा sexual reproduction से उत्पन्न variation की खोज की नींव डाली।
- Thomas Hunt Morgan ने chromosomal theory of inheritance को tiny fruit flies (*Drosophila melanogaster*) का इस्तेमाल करके prove किया। (Fig. 5.10)

Drosophila suitable material था क्योंकि
- ये lab में simple synthetic medium में grow कर सकते हैं।
- ये अपनी life cycle को लगभग 2 weeks में पूरा कर लेते हैं।
- एक single mating से बड़ी संख्या में सन्तानें पैदा कर सकते हैं।
- Male तथा female flies को आसानी से पहचाना जा सकता है।
- इनमें कई तरह के hereditary variation होते हैं, जो low power microscopes से देखें जा सकते हैं।

(a) (b)

Figure 5.10 *Drosophila melanogaster* (a) Male (b) Female

5.3.3 Linkage and Recombination

- Sex-linked gene की study लिए Morgan ने *Drosophila* में कई dihybrid cross किए।
- ये Mendel द्वारा pea plants में किए गए dihybrid cross के समान थे।
- e.g., Morgan ने yellow bodied, white eye (female) को brown bodied red eye (male) के साथ hybridise किया तथा बनने वाली F_1 progeny को intercross कराया। इन्होंने देखा कि दो genes एक-दूसरे से independently segregate नहीं हुए तथा F_2-generation का ratio 9 : 3 : 3 : 1 से काफी भिन्न मिला।
- Morgan और इनके सहयोगी यह जानते थे कि gene, X-chromosome पर स्थित हैं।
- इन्होंने जाना कि जब दो genes एक ही chromosome पर होते हैं, तो parental gene combination का proportion, non-parental से ज्यादा होता है। Morgan ने इसका कारण दो genes का physical association या जुड़ा होना (Linkage) बताया।
- Morgan ने chromosome पर gene के physical association के लिए 'Linkage' term दिया, साथ ही non-parental gene combination के उत्पादन के लिए **recombination** term दिया गया।

- Morgan तथा उनके सहयोगियों ने यह भी पता किया कि एक ही chromosome में स्थित होने पर भी कुछ gene-pair, tightly linked रहते हैं, जो very low recombination दर्शाते थे। (Fig. 5. 11, Cross-A) जबकि दूसरे gene pairs, जो loosely linked हैं वे higher recombination दर्शाते थे। (Fig. 5. 11, Cross-B) e.g., इन्होंने पाया कि white तथा yellow wings genes, tightly linked होते हैं और केवल 1.3% recombination दिखाते हैं, जबकि white तथा miniature wing वाले gene, 37.2% recombination दर्शाते हैं।
- Morgan के student, **Sturtevant** ने same chromosome पर पाए जाने वाले gene pairs के बीच frequency of recombination का इस्तेमाल genes के बीच दूरी मापने तथा chromosome पर उनकी position का चित्र (maps) बनाने में किया था।
- Genetic maps का इस्तेमाल whole genome की sequencing में starting point की तरह होता है जैसा कि human genome sequencing project में किया गया था।

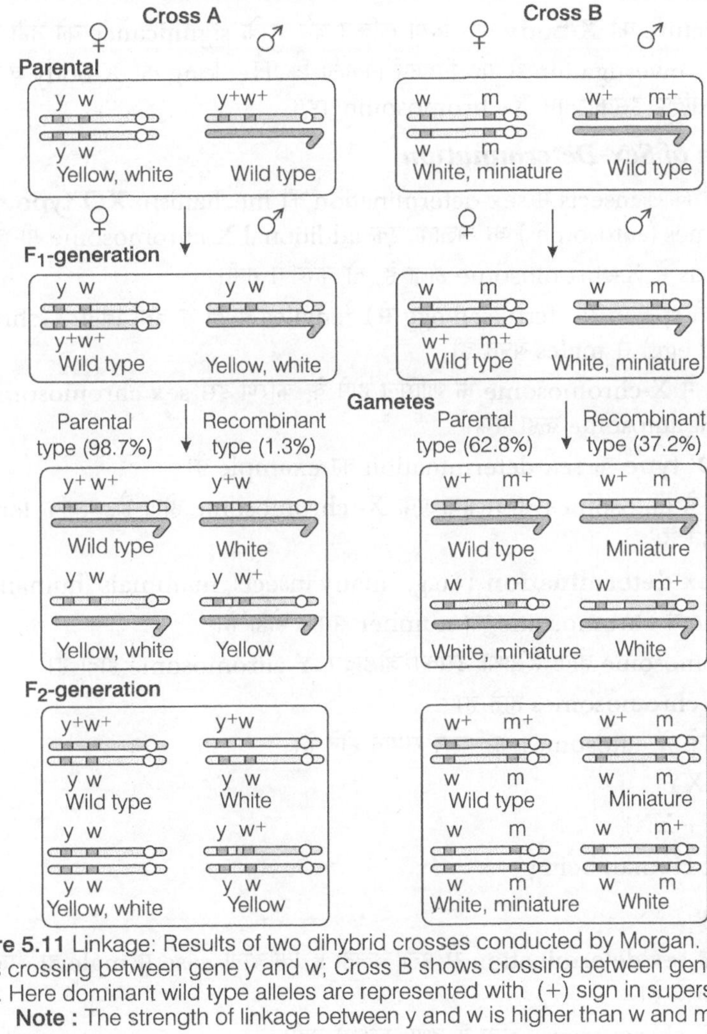

Figure 5.11 Linkage: Results of two dihybrid crosses conducted by Morgan. Cross A shows crossing between gene y and w; Cross B shows crossing between genes w and m. Here dominant wild type alleles are represented with (+) sign in superscript
Note : The strength of linkage between y and w is higher than w and m.

5.4 Sex-Determination

- Geneticists से पहले sex-determination की mechanism हमेशा पहेली (Puzzle) बनी रही।
- Genetic/Chromosomal mechanism के द्वारा sex-determination के initial clue (प्रारम्भिक संकेत) बहुत पहले insects पर किए गए experiments से प्राप्त हुए।
- कई insects में cytological observations ने sex-determination के genetic chromosomal concept को विकसित किया।
- **Henking** (1891) ने कुछ insects के spermatogenesis की विभिन्न अवस्थाओं में एक specific nuclear structure का पता लगाया।

  Henking ने देखा कि 50% sperm में spermatogenesis के बाद specific nuclear structure प्राप्त होता है जबकि शेष 50% को नहीं मिलती है।
- Henking ने इस structure को **X-body** नाम दिया लेकिन वह इसके significance को नहीं बता पाए।
- अन्य वैज्ञानिकों द्वारा पुन: investigation से यह निष्कर्ष निकला कि Henking की X-body वास्तव में एक chromosome थी। इसलिए इसका नाम X-chromosome पड़ा।

XX-XO Mechanism of Sex-Determination

- यह भी देखा गया कि अधिकांश insects में sex-determination की mechanism **XO type** थी अर्थात् सभी eggs के पास अन्य chromosomes (autosomes) के अलावा एक additional X-chromosome भी होता है।
- दूसरी तरफ कुछ sperms में X-chromosome होता है, तो कुछ में नहीं।
- X-chromosome वाले sperm से (fertilised egg से) females बनती है तथा बिना X-chromosome वाले sperm से (fertilised egg) से males बनते हैं।
- Sex-determination में X-chromosome के शामिल होने के कारण इसे sex chromosome नाम दिया गया तथा शेष chromosome को autosome कहा गया।
- **Grasshopper-'XO' type** के sex-determination का example है।
- Grasshopper male में autosomes के अलावा एक X- chromosome होता है, जबकि female में 1 pair X-chromosomes होते हैं।

  XX-XY type of sex-determination : e.g. many insects, mammals (human).
- यहाँ male तथा female में chromosome का number समान होता है।
- Male में एक X-chromosome होता है तथा उसका जोड़ीदार Y-chromosome होता है।
- Female में 1 pair X-chromosomes होते हैं।
- Male तथा female दोनों में autosomes के नम्बर समान होते हैं।
- Male (autosome + XY)
- Female (autosome + XX)

  e.g., *Drosophila* and Human being

Male Heterogamety

XO तथा XY-type के sex-determination से पता चलता है कि दोनों case में male दो अलग-अलग प्रकार के gametes produce करते हैं।

(a) कुछ sperms में X- chromosome होता है तथा कुछ में नहीं।

(b) कुछ sperms में X-chromosome तथा कुछ में Y -chromosome।

Female Heterogamety : e.g., Birds

- Birds में ZZ-ZW type mechanisms का sex-determination देखने को मिलता है।
- Female bird द्वारा दो प्रकार के gametes बनते हैं। एक gamete Z-chromosome वाला तथा दूसरा gamete W-chromosome वाला होता है।
- Male में autosomes के अलावा 1 pair Z- chromosomes होते हैं।

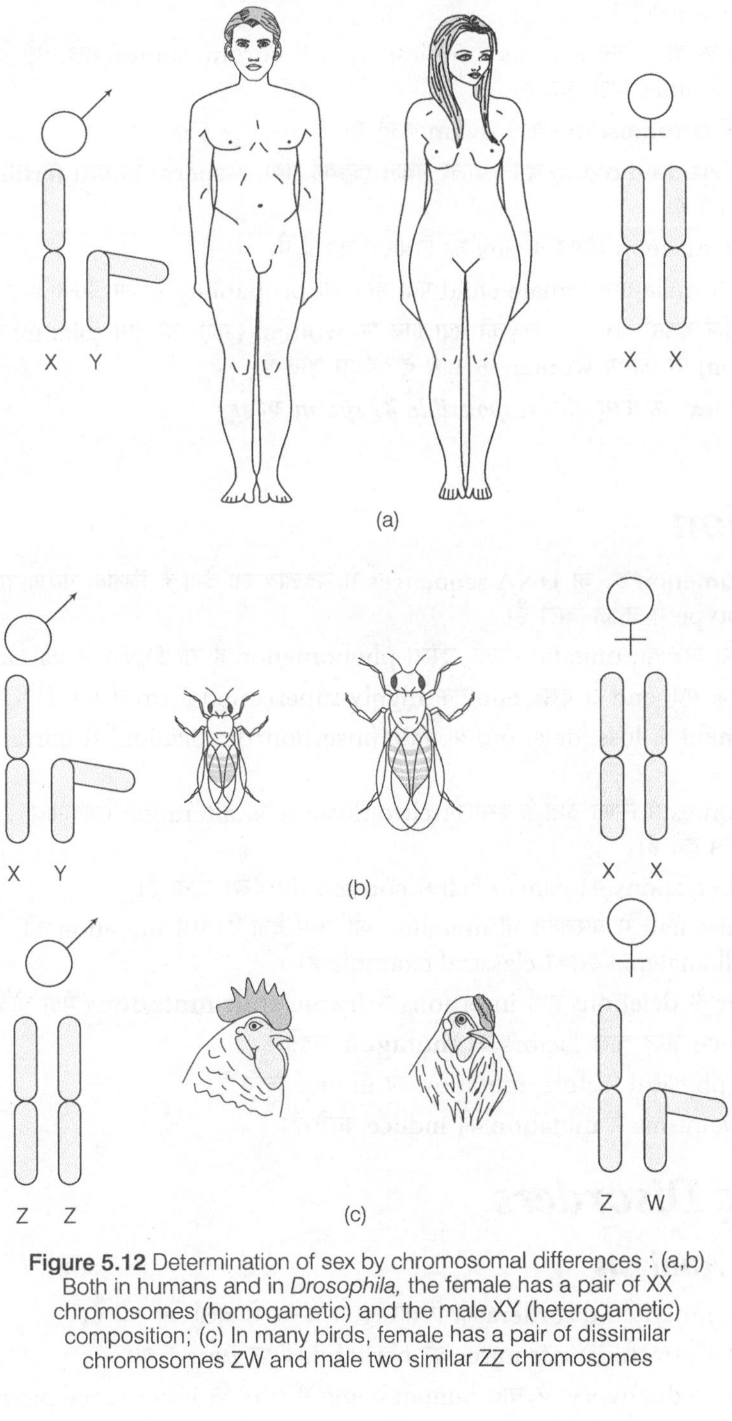

Figure 5.12 Determination of sex by chromosomal differences : (a,b) Both in humans and in *Drosophila,* the female has a pair of XX chromosomes (homogametic) and the male XY (heterogametic) composition; (c) In many birds, female has a pair of dissimilar chromosomes ZW and male two similar ZZ chromosomes

5.4.1 Sex-Determination in Humans

- यह XX-XY type mechanism दर्शाता है।
- Humans में 23 pair chromosomes पाए जाते हैं (22 pair autosomes + 1 pair sex chromosomes)।
- Male तथा female में 22 pair autosomes समान होते हैं।
- Male (autosomes + XY)
- Female (autosomes + XX)
- Spermatogenesis के दौरान बने sperms में 50% sperms X-chromosomes वाले होते हैं तथा 50% sperms Y-chromosomes वाले होते हैं।
- Female में केवल X-chromosome वाले ovum बनते हैं।
- **X-sperm** के द्वारा fertilised ovum बनने वाली संतान लड़की तथा Y-sperm के द्वारा fertilised ovum से बनने वाली संतान लड़का होता है।
- Sperm का genetic makeup संतान के sex का निर्धारण करता है।
- प्रत्येक pregnancy में male तथा female child पैदा होने की probability हमेशा 50% होती है।
- यह हमारा दुर्भाग्य है कि हमारी society लड़की पैदा होने पर woman (माँ) को दोष (blame) देती है और इस गलत धारणा (False notion) के कारण woman के साथ दुर्व्यवहार होते हैं।

Chicks (चूजा) के sex के लिए कौन responsible है? sperm या egg

***Ans**-egg*

5.5 Mutation

- यह एक ऐसा phenomenon है, जो DNA sequences में बदलाव ला देता है जिसके परिणामस्वरूप organism का genotype, phenotype में बदल जाता है।
- Recombination के अलावा, mutation एक, दूसरा phenomenon है जो DNA में variation लाता है।
- प्रत्येक chromatid के एक end से दूसरे end तक highly supercoiled form में एक DNA helix पाया जाता है।
- DNA के एक segment के loss (deletion) या gain (insertion/duplication) से chromosomes में बदलाव आ जाता है।
- Genes, chromosomes में स्थित होते हैं इसलिए chromosome के alteration (बदलाव), abnormalities या aberrations को जन्म देते हैं।
- Chromosomal aberrations को cancer cell में commonly देखा जाता है।
- DNA के single base pair में परिवर्तन भी mutation को जन्म देता है। ऐसे mutation को **point mutation** कहते हैं। Sickle-cell anaemia इसका classical example है।
- DNA के base pair के deletions तथा insertions से **frame-shift mutations** पैदा होते हैं।
- Mutation को induce करने वाले factors को **mutagen** कहते हैं।
- कई chemical तथा physical factors, mutation को induce करते हैं।
- UV radiation, organisms में mutation को induce करते हैं।

5.6 Genetic Disorders

5.6.1 Pedigree Analysis

- Human society में inherited disorders का विचार पुराने समय से चला आ रहा है।
- यह families में कुछ characteristic features की heritability पर based था।
- Mendel's work की rediscovery के बाद human being में trait के inheritance pattern की analysis की बात हुई।

- Pea तथा अन्य organisms में किए गए controlled cross, मनुष्य में सम्भव नहीं हैं।
- मनुष्यों में particular trait की inheritance के लिए family history ज्ञात करना इसका एक विकल्प (alternative) है।
- इस प्रकार एक परिवार में कई generations तक traits के inheritance की analysis करना **pedigree analysis** कहलाता है।
- Pedigree analysis में family trait में एक particular trait के पीढ़ी-दर-पीढ़ी होने वाले inheritance को दर्शाया जाता है।
- Human genetics में pedigree study एक strong tool प्रदान करती है। जिसका उपयोग specific trait, abnormoalities या disease के inheritance का पता लगाने में किया जाता है।
- किसी organism का प्रत्येक लक्षण (feature) chromosome में उपस्थित DNA पर स्थित genes द्वारा control होता है।
- DNA, genetic information का वाहक (carrier) है।
- DNA बिना किसी change या alteration के एक पीढ़ी से दूसरी पीढ़ी में transfer हो जाता है।
- यदा-कदा (occasionally) DNA में changes या alteration होते रहते हैं।
- Genetic material में इस प्रकार के changes alterations को **mutation** कहते हैं।
- Change (gens या chromosome) के inheritance की वजह से मनुष्यों में अनेक disorders होते हैं।

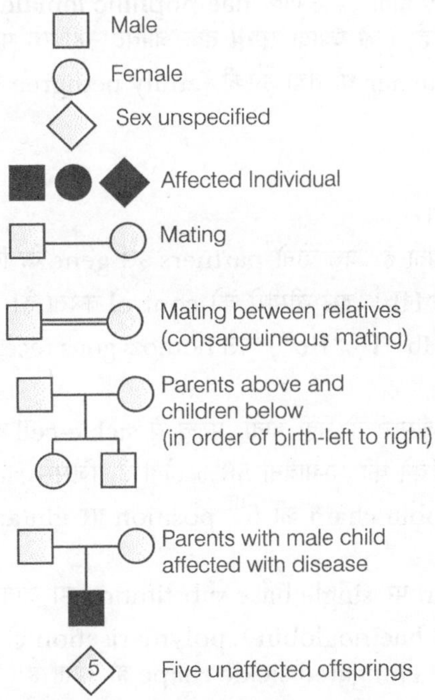

Figure 5.13 Symbols used in the human pedigree analysis

5.6.2 Mendelian Disorders

- Broadly, genetic disorder को दो categories में रखा जा सकता हैं– Mendelian disorders तथा chromosomal disorders.
- Mendelian disorders, single gene में alteration या mutation के कारण होते हैं।
- ये disorders सन्तानों में principle of inheritance के अनुसार transmit होते हैं।
- Pedigree analysis के द्वारा एक परिवार में Mendelian disorders के inheritance का order, खोजा (trace) जा सकता है।

- Examples of Mendelian disorder–Haemophilia, Cystic fibrosis, Sickle-cell anaemia, Colour bindness, Phenylketonuria, Thalassemia, etc.
- Mendelian disorders, dominant या recessive हो सकते हैं।
- Pedigree analysis से हम समझ सकते है कि trait, dominant है या recessive.
- Trait, sex chromosome से भी जुड़ा हो सकता है e.g. -Haemophilia.
- हम जान चुके हैं कि X-linked recessive trait, carrier female से male progeny को प्राप्त होता है।

Haemophilia

- यह sex linked recessive disease है।
- इसमें unaffected carrier female से male progeny को रोग प्राप्त होता है।
- इस बीमारी को widely study किया जा चुका है।
- इसमें blood clotting में involve होने वाली एक single protein, affected (प्रभावित) होती है।
- इसमें simple cut से non-stop bleeding होती रहती है।
- Heterozygous female (carrier) के द्वारा यह बीमारी sons में जा सकती हैं।
- महिलाओं को haemophilia, rarely होता है, क्योंकि haemophilic female होने के लिए इसकी माँ का carrier तथा पिता का haemophilic होना जरूरी है, (जो ज्यादा समय तक जीवित नहीं रह पाता)।
- Queen Victoria इस बीमारी की carrier थी तथा इनकी family pedigree ने अनेक haemophilic descendants दिखाए।

Sickle-Cell Anaemia

- यह autosomal recessive trait है।
- यह रोग parents से संतानों में तब जाता है, जब दोनों partners इस gene के लिए carrier (heterozygous) हों।
- Allele का single pair Hb^A तथा Hb^S इस बीमारी को control करता है।
- तीन possible genotype में से केवल Hb^S ($Hb^S Hb^S$) वाले homozygous recessive individuals में यह रोग दिखता है।
- $Hb^A Hb^A \rightarrow$ normal
- $Hb^A Hb^S$ (Heterozygous) इनमें बीमारी तो नहीं होती, परन्तु ये sickle-cell के लिए carrier होते हैं।
- Mutant gene की progeny में पहुँचने की सम्भावना 50% होती है, जिससे sickle-cell trait प्रदर्शित होता है।
- इस defect में हीमोग्लोबिन की β-globin chain की 6th position पर glutamic acid (Glu) का substitution valine (Val) द्वारा हो जाता है।
- इसमें β-globin gene के 6th codon पर single base substitution हो जाता है (From GAG to GUG)।
- Low oxygen tension में mutant haemoglobin में polymarisation हो जाता है, जिसके कारण RBC का आकार biconcave disc से बदलकर elongated sickle shape हो जाता है।

Phenylketonuria

- यह inborn (जन्मजात) metabolism का error है।
- यह autosomal recessive trait की तरह inherit होता है।
- Affected individuals में phenylalanine को tyrosine में बदलने वाला enzme (phenylalanine hydroxylase) नहीं पाया जाता है। जिसके कारण phenylalanine जमा हो जाता है और phenyl pyruvic acid तथा other derivatives में बदल जाता है।
- Brain में इनके जमा होने से mental retardation हो जाता है।
- Kidney द्वारा poor absorption के कारण ये urine में excrete होते हैं।

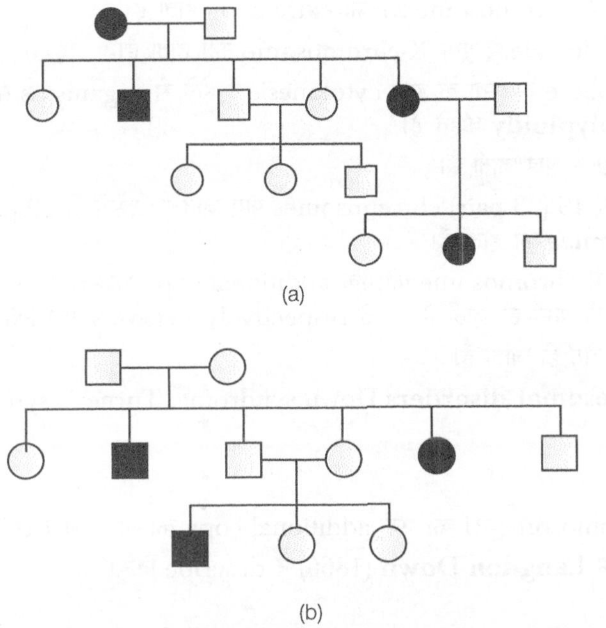

Figure 5.14 Representative pedigree analysis of (a) Autosomal dominant trait (for example): Myotonic dystrophy (b) Autosomal recessive trait (for example): Sickle-cell

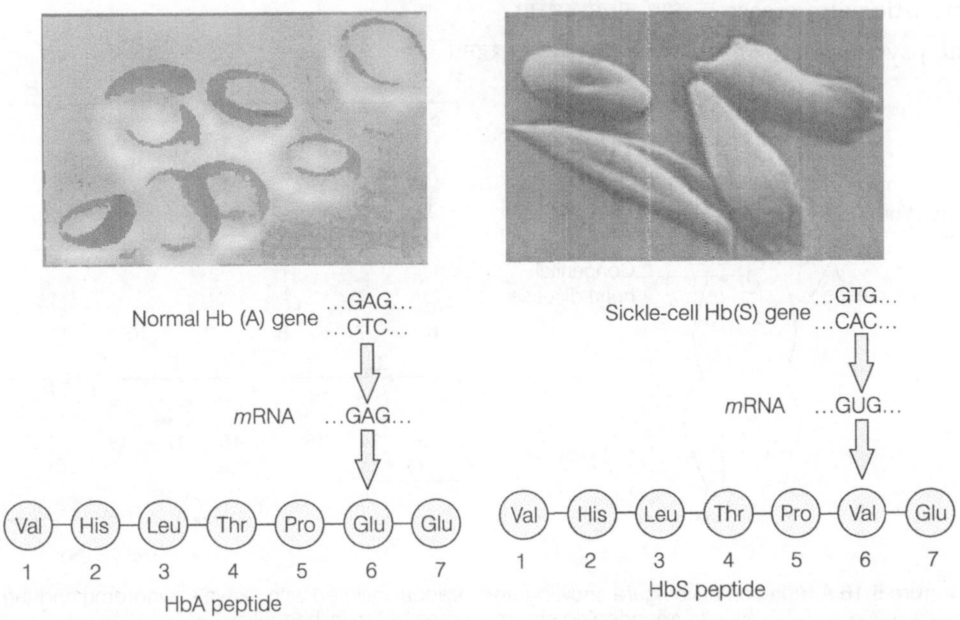

Figure 5.15 Micrograph of the red blood cells and the amino acid composition of the relevant portion of β-chain of haemoglobin: (a) From a normal individual; (b) From an individual with sickle-cell anaemia

5.6.3 Chromosomal Disorders

- एक या एक से अधिक chromosomes की अनुपस्थिति, अधिकता या abnormal arrangement की वजह से chromosomal disorders होते हैं।
- **Aneuploidy** Cell division के दौरान chromatid का segregation fail होने के कारण एक chromosome अधिक या कम् हो जाता है, जिसे aneuploidy कहते हैं।

e.g. Down syndrome में chromosome 21 की extra copy होती है।

Turner's syndrome में female में एक X-chromosome नहीं होता है।

- Cell division की telophase अवस्था के बाद cytokinesis न होने से organisms में chromosome का पूरा एक set बढ़ जाता है, जिसे **polyploidy** कहते हैं।
- Polyploidy प्राय: plants में पाई जाती हैं।
- Normal human cell में 46 (23 pair) chromosomes पाए जाते हैं। इसमें से 22 pair **autosomes** होते हैं और 1 pair **sex chromosomes** का होता है।
- कभी-कभी rarely व्यक्ति में chromosome की एक additional copy शामिल हो जाती है या कभी chromosome की कई अथवा एक pair की कमी हो जाती है, जिन्हें respectively **Trisomy** एवं **Monosomy** कहते हैं।

  इस कारण लोगों में गम्भीर रोग हो जाता है।
- **Example of chromosomal disorders** Down syndrome, Turner's syndrome, Klinefelter syndrome.

Down's Syndrome

- (Trisomy of 21) Chromosome 21 की एक additional copy का पाया जाना इस syndrome का कारण है।
- इस disorder को सर्वप्रथम **Langdon Down** (1866) ने describe किया था।

Feature

Small round head के साथ छोटा कद।

Furrowed tongue (जीभ में खांच) और partialy खुला मुँह।

Characteristic palm crease के साथ चौड़ी हथेली।

Physical, psychomotor तथा mental विकास रुका रहना।

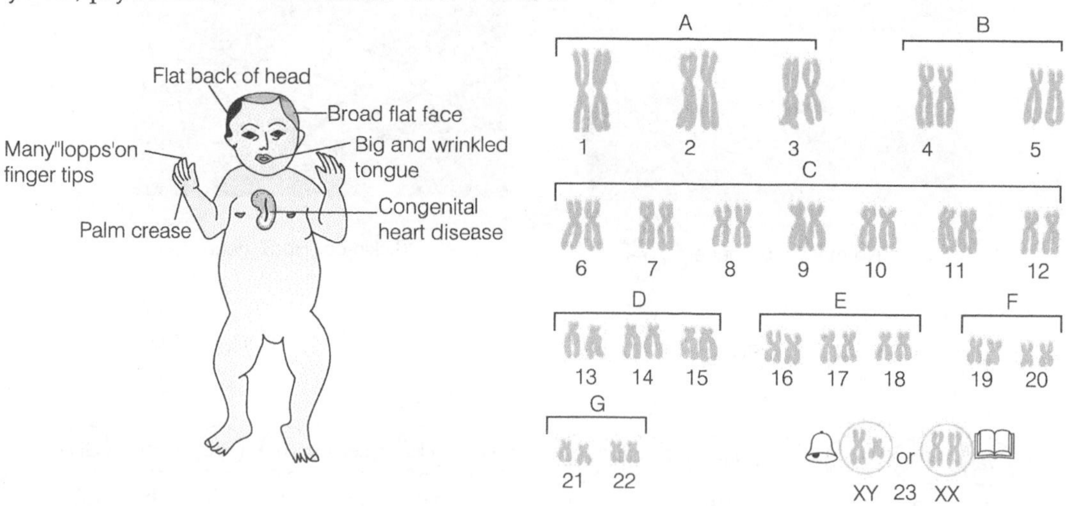

Figure 5.16 A representative figure showing an individual inflicted with Down's syndrome and the corresponding chromosomes of the individual

Klinefelter's Syndrome

- 44 + XXY (47 chromosomes) पाए जाते हैं।
- इस syndrome में male में X- chromosome की additional copy पाई जाती है।

  Features

  इसमें syndrome में व्यक्ति overall तो **masculine** होते हैं किन्तु feminine characters भी express हो जाते हैं; जैसे– Gynaecomastia (Development of breast).
- ऐसे व्यक्ति sterile होते हैं।

Turner's Syndrome : (44 + X0)

- इसका कारण females में एक X-chromosome की कमी होना है।

Features

ऐसी female sterile होती हैं, क्योंकि ovaries, rudimentary होती है।

Secondary sexual characters नहीं पाए जाते हैं।

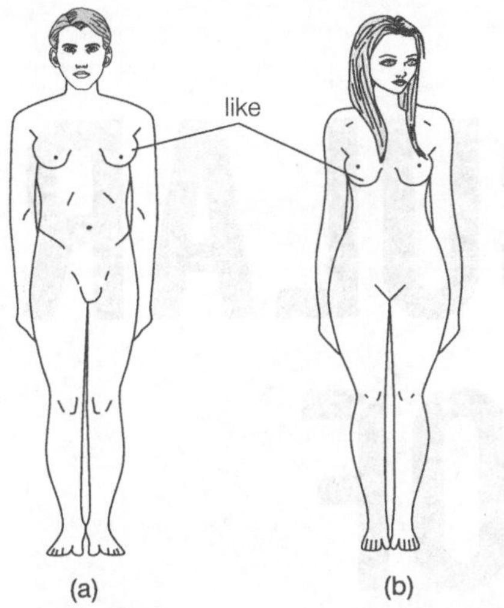

Figure 5.17 Diagrammatic representation of genetic disorders due to sex chromosome composition in humans: (a) Klinefelter Syndrome; (b) Turner's Syndrome

Chapter Six

MOLECULAR BASIS OF INHERITANCE

- पिछले chapter में आपने inheritance patterns तथा उस pattern के genetic आधार के बारे में पढ़ा।
- Mendel के समय तक वे 'factors' जो inheritance के pattern को regulate करते हैं, उनके बारे में कोई जानकारी नहीं थी। अगले 100 वर्षों बाद अनुमानित (putative) genetic material के nature के बारे में पता चल पाया।
- अधिकतर organisms में genetic material, Deoxyribonucleic Acid (DNA) था।
- आप पढ़ चुके है कि nucleic acid, nucleotides के polymer होते हैं।
- Living system में दो प्रकार के nucleic acid मिलते हैं—Deoxyribonucleic Acid (DNA) तथा Ribonucleic Acid (RNA)।
- अधिकतर प्राणियों में genetic material, DNA होता है।
- कुछ viruses में RNA भी genetic material के रूप में कार्य करता है, परन्तु mostly RNA messenger की तरह कार्य करता है।
- RNA के अन्य और भी additional role होते हैं। यह adapter, structural तथा कुछ cases में catalytic molecules की तरह कार्य करता है।
- आप nucleotide के structure तथा किस प्रकार इनकी monomer unit, linked होकर nucleic acid polymer बनाती है, के बारे में already पढ़ चुके हैं।

- इस chapter में DNA के structure, इसके replication, DNA से RNA बनने के process (transcription), genetic code, जो proteins में amino acids के sequence को निर्धारित करते हैं, protein synthesis के process (translation) तथा इनके regulation के प्रारम्भिक आधार के बारे में पढ़ेंगे।
- पिछले दशक में human genome में स्थित nucleotide के complete sequence के निर्धारण से genomics के new era का प्रारम्भ हुआ।
- इस chapter के last section में human genome sequencing के आवश्यक पहलुओं एवं इसके परिणामों के बारे में वर्णन किया गया है।
- अपनी चर्चा की शुरुआत सबसे पहले living system में मिलने वाले most interesting molecule-'DNA' के structure के अध्ययन से करेंगे।

आगे के sections में इस बात को समझने का प्रयास करेंगे कि क्यों DNA ही most abundant genetic material है तथा इसका RNA के साथ क्या सम्बन्ध है?

6.1 The DNA

- DNA, deoxyribonucleotide का एक long polymer है।
- DNA की length usually इसमें present nucleotides के number द्वारा defined की जाती है (एक pair nucleotide का सम्बन्ध base pair से है)।
- यह एक organism का भी characteristic है।
- For example, एक bacteriophage जिसे $\phi \times 174$ कहते हैं, इसमें 5386 nucleotides मिलते हैं।
- Bacteriophage lambda में 48502 base pairs (bp) होते हैं।
- *Escherichia coli* में 4.6×10^6 bp होते हैं।
- Human DNA के haploid content में 3.3×10^9 bp हैं।

अब इस long polymer के structure का वर्णन करेंगे।

6.1.1 Structure of Polynucleotide Chain

- आइए, polynucleotide chain (DNA या RNA) के chemical structure का संक्षेप में वर्णन करें।
- एक nucleotide के तीन component होते हैं
  - Nitrogenous base
  - Pentose sugar (RNA के case में ribose तथा DNA के लिए deoxyribose)।
  - Phosphate group
- Nitrogenous base दो प्रकार के होते हैं
  - Purines (adenine तथा guanine)
  - Pyrimidines (cytosine, uracil तथा thymine)
- Cytosine DNA तथा RNA दोनों में common होता है जबकि thymine, DNA में मिलता है।
- RNA में thymine के स्थान पर uracil present होता है।
- एक nitrogenous base, N-glycosidic linkage द्वारा pentose sugar से जुड़कर nucleoside बनाता है। जैसे कि adenosine या deoxyadenosine, guanosine या deoxyguanosine, cytidine या deoxycytidine तथा uridine या deoxythymidine.
- जब एक phosphate group, phosphodiester linkage द्वारा nucleoside के 5C के OH group से जुड़ता है, तब corresponding nucleotide (या deoxynucleotide, उपस्थित sugar के प्रकार पर निर्भर है) का निर्माण होता है।
- दो nucleotides, 3′-5′ phosphodiester linkage द्वारा जुड़कर एक dinucleotide बनाते हैं। ठीक इसी प्रकार से और भी nucleotide आपस में जुड़कर polynucleotide chain बनाते हैं।
- इस प्रकार से निर्मित polymer के ribose sugar के 5′-end पर free phosphate समूह मिलता है, जिसे polynucleotide chain का 5′-end कहा जाता है।

- ठीक इसी प्रकार से polymer के दूसरे end पर sugar में एक free 3′-OH group होता है, जिसे polynucleotide chain का 3′-end कहा जाता है।
- Polynucleotide chain में backbone का निर्माण sugar तथा phosphate के कारण होता है।
- Nitrogenous base, sugar moiety से जुड़ा होता है, जो backbone से projected रहते हैं।
- RNA में प्रत्येक nucleotide residue (अवशेष) के ribose की 2′-position पर एक additional '–OH' group present होता है।
- RNA में thymine के स्थान पर uracil पाया जाता है (5-methyl uracil, thymine का दूसरा chemical name होता है)।
- DNA, nucleus में present acidic substance होता है, जिसको 1869 में Friedrich Miescher ने identified किया था। इन्होंने इसका नाम **'nuclein'** रखा।
- इतने लम्बे polymer को technical limitation के कारण intact isolate करना कठिन था, इस कारण से बहुत लम्बे समय तक DNA के structure के बारे में स्पष्ट जानकारी नहीं थी।
- 1953 में **James Watson** तथा **Francis Crick** ने **Maurice Wilkins** तथा **Rosalind Franklin** के द्वारा produced, X-ray diffraction data के आधार पर DNA के structure के लिए बहुत ही simple परन्तु famous double-helix model proposed किया। Polynucleotide chains के दो strands के बीच की base-pairing, इनके प्रस्ताव का **Hallmark** था। इनका यह proposition **Erwin Chargaff** के double-stranded DNA के observation पर भी based था।
- Erwin Chargaff ने double-stranded DNA में observe किया तथा बताया कि adenine तथा thymine और guanine तथा cytosine के मध्य ratio, constant तथा equal होता है।
- Base pairing, polynucleotide chain की एक बहुत ही unique property है। ये एक-दूसरे के complementary होती है तथा इसलिए यदि एक strands के base-sequences के बारे में जानकारी हो, तो दूसरे strand के base-sequence को predict कर सकते हैं।
- यदि DNA का प्रत्येक strand (इसे parental DNA कहें तो) new strand की synthesis के लिए template का कार्य करें, तो जो दो double -stranded DNA बनेंगें (इन्हें daughter DNA कह सकते हैं) वह parental DNA molecule के identical होंगे।
- इस कारण genetic DNA के structure के बारे में बहुत स्पष्ट जानकारी मिल पाई।

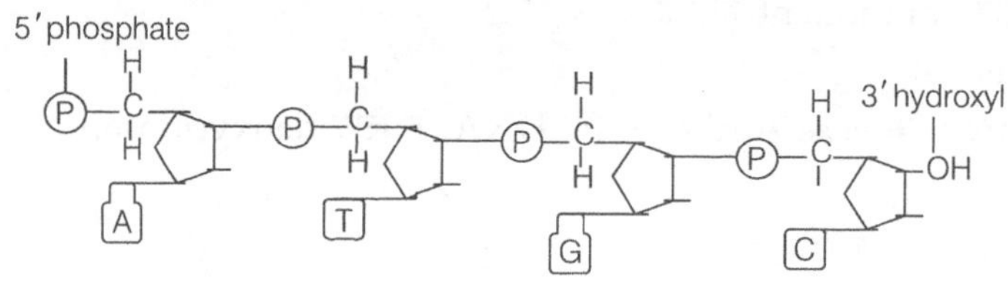

Figure 6.1 A polynucleotide chain

- Double-helix DNA के structure के salient features निम्न हैं
  - (i) यह दो polynucleotides chains के बने होते हैं जिनका backbone, sugar-phosphate का बना होता है तथा base भीतर की ओर project होता है।
  - (ii) दोनों chains की polarity anti-parallel होती है इसका मतलब है यदि एक chain की polarity $5' \rightarrow 3'$ हैं तो, दूसरे की polarity $3' \rightarrow 5'$ होगी।
  - (iii) दोनों strand में bases आपस में hydrogen bond (H-bonds) के द्वारा paired होकर base pair (bp) बनाते हैं।
  - – Adenine, opposite strand के thymine के साथ दो hydrogen bond द्वारा जुड़ा होता है।
  - – ठीक इसी प्रकार से guanine, cytosine से three hydrogen bond द्वारा bonded रहता है।
  - – जिसके फलस्वरूप, purine के opposite हमेशा pyrimidine ही आता है।
  - – इस कारण helix के दोनों strands के बीच लगभग समान distance बना रहता है। (Fig. 6.2)

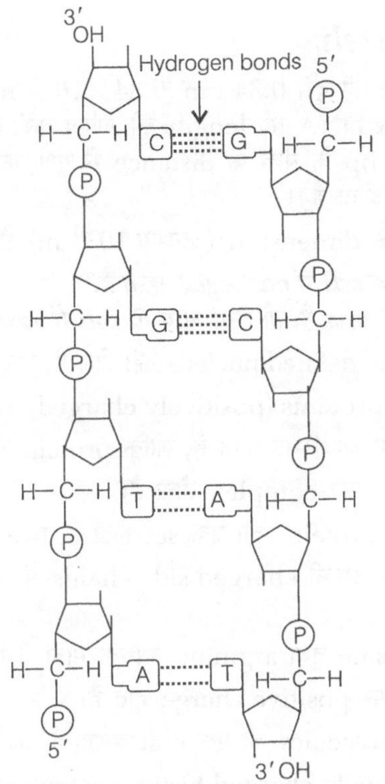

Figure 6.2 Double helix polynucleotide chain

(iv) दोनों chains, right-handed fashion में coiled रहती हैं।
- Helix की pitch, 3.4 nm होती है (एक nanometre एक metre का 10 करोड़ वाँ भाग होता है अर्थात् 10^{-9} m) तथा प्रत्येक turn में लगभग 10 bp होते हैं।
- परिणामस्वरूप, एक helix में दो bp के बीच लगभग 0.34 nm की distance होता है।

(v) Double helix में एक base pair की सतह दूसरे पर स्थित होती है।
- इसके अतिरिक्त H-bonds, helical structure को stability प्रदान करता है। (Fig. 6.3)

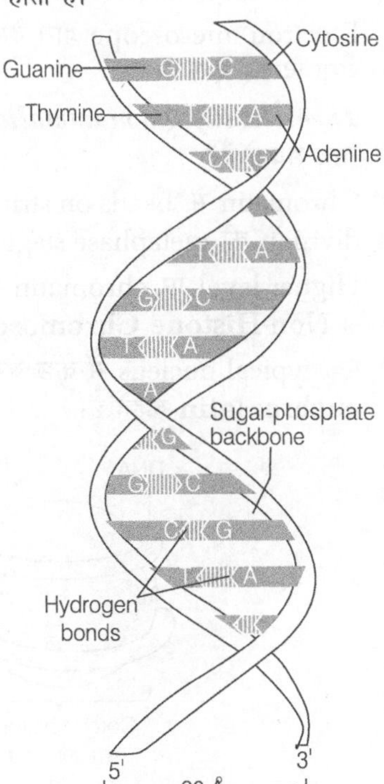

Figure 6.3 DNA double helix

Purine तथा pyrimidine के structure को compare करें? क्या आप बता सकते हैं कि DNA में दो polynucleotide chains के बीच की दूरी लगभग समान क्यों रहती है?

- DNA के double helix structure का प्रस्ताव genetic implication (उलझाव) की सरल तरीकें से व्याख्या करने में सक्षम है।
- शीघ्र ही Francis Crick ने molecular biology में central dogma का विचार प्रस्तुत किया, जो बताता है कि genetic information का बहाव DNA → RNA → protein की तरफ होता है।

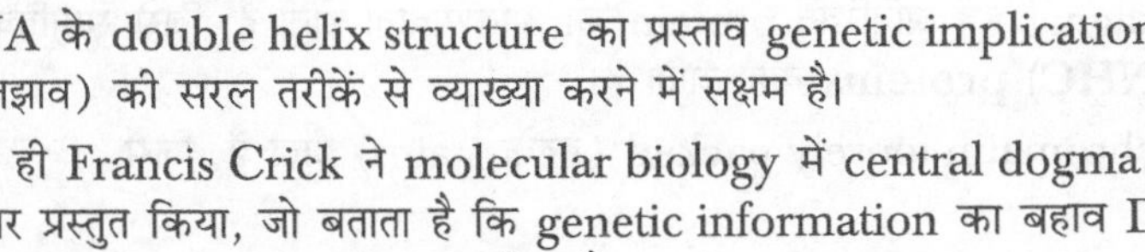

Central dogma

- कुछ viruses में information का बहाव विपरीत दिशा RNA से DNA की तरफ होता है।

क्या आप इस process के लिए एक simple name का सुझाव कर सकते हैं?

6.1.2 Packaging of DNA Helix

- दो consecutive base pairs के बीच की दूरी 0.34 nm (0.34×10^{-9} m) मान कर यदि एक typical mammalian cell के double helix DNA की length की गणना करें, तो यह लगभग 2.2 metres होगी (bp के total number को दो consecutive bp के बीच के distance से गुणा करने पर, i.e., 6.6×10^9 bp $\times 0.34 \times 10^{-9}$ m/bp, यह 2.2 m आता है)।
- यह length, एक typical nucleus के dimension (लगभग 10^{-6} m) से बहुत अधिक है।

किस प्रकार से इतना लम्बा polymer एक cell में packaged रहता है?
यदि E. coli के DNA की length 1.36 mm है, तो क्या आप E. coli में base pair की संख्या की गणना कर सकते हैं?

- Prokaryotes; जैसे–*E. coli* जिसमें well- defined nucleus नहीं होता है, फिर भी DNA सम्पूर्ण cell में फैला नहीं होता है।
- DNA (negatively charged) कुछ proteins (positively charged) से nucleoid region में बंधा रहता है।
- Nucleoid में DNA बड़े से loops में व्यवस्थित होता है, जोकि protein से जुड़ा रहता है।
- Eukaryotes में, यह organisation काफी complex होता है।
- यहाँ पर positively charged, basic proteins का एक set होता है, जिसे histones कहते हैं।
- किसी proteins पर acquire charge उसकी charged side chains में स्थित amino acid के abundance पर निर्भर करता है।
- Histones में basic amino acid lysine तथा arginine अधिक मात्रा में मिलते हैं।
- दोनों amino acid की side chains पर positive charge होते हैं।
- Histones organised होकर eight molecules की एक unit बनाता है, जिसे **histone octamer** कहते हैं।
- Negatively charged DNA, positively charged histone octamer के चारों तरफ लिपटकर एक संरचना बनाता है, जिसे **nucleosome** कहते है (Fig. 6.4a)।
- एक typical nucleosome में DNA double-helix के 200 bp होते हैं।
- Nucleosome, nucleus में 'chromatin' नामक structure की repeating unit को बनाता है, जो nucleus में thread-like stained (coloured) bodies की तरह दिखता है।
- Electron microscope द्वारा देखने पर, chromatin में nucleosomes, **'Beads on string'** के structure जैसा दिखाई देता है।

Theoretically एक mammalian cell में ऐसे beads (nucleosome) की तरह की रचना की संख्या को क्या आप बता सकते हैं?

- Chromatin में 'beads on string' संरचना packaged होकर chromatin fibres का निर्माण करती हैं, जोकि cell division की metaphase stage में पुन: condensed होकर chromosomes का निर्माण करती हैं।
- Higher level पर chromatin के packaging हेतु अतिरिक्त protein की आवश्यकता होती है, जिसे सामूहिक रूप से **Non-Histone Chromosomal (NHC) proteins** कहा जाता हैं।
- एक typical nucleus में कुछ जगहों पर chromatin loosely packed (हल्के stains) होता है, जिसे **euchromatin** कहते हैं।

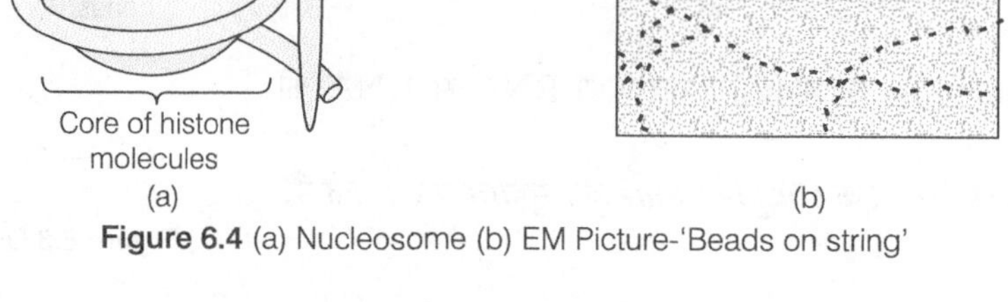

Figure 6.4 (a) Nucleosome (b) EM Picture-'Beads on string'

- Chromatin, जो काफी densely packed तथा dark stains के होते हैं, उन्हें **heterochromatin** कहते हैं।
- Euchromatin को transcriptionally active chromatin कहते हैं, जबकि heterochromatin, inactive होता है।

6.2 The Search for Genetic Material

- यद्यपि Miescher द्वारा 'nuclein' की खोज तथा Mendel द्वारा principles of inheritance का प्रस्ताव लगभग एक ही समय पर आया, परन्तु DNA एक genetic material की तरह कार्य करता है, यह खोजने तथा सिद्ध करने में लम्बा समय लगा।
- 1926 तक genetic inheritance के mechanism की खोज molecular level तक पहुँच चुकी थी।
- Gregor Mendel, Walter Sutton, Thomas Hunt Morgan तथा अन्य कई scientist की पूर्व खोजों के आधार पर स्पष्ट हो गया कि chromosome अधिकतर cell के nucleus में मिलता है।
- परन्तु इस प्रश्न का उत्तर नहीं मिल सका कि कौन-सा molecule वास्तव में genetic material है।

Transforming Principle

- 1928 में, Frederick Griffith ने *Streptococcus pneumoniae* (वह bacterium, जो pneumonia cause करता है) पर बहुत-से experiments करके transformation की अच्छे ढंग से व्याख्या की।
- इनके experiments के दौरान living organism (bacteria) का physical form में परिवर्तन हो गया।
- जब *Streptococcus pneumoniae* (pneumococcus) bacteria को culture plate पर grow करते हैं, तो कुछ ने smooth shiny colonies (S) produce की, जबकि कुछ अन्य ने rough colonies (R) produce की।
- ऐसा इसलिए होता है, क्योंकि 'S'-strain bacteria में mucus (polysaccharide) की coating होती है, जबकि 'R'-strain में यह नहीं पाया जाता।
- 'S'-strain (virulent) से infected mice, तो pneumonia के infection से मर जाते हैं परन्तु 'R'-strains से infected mice में pneumonia नहीं होता है।

$$\text{S - strain} \rightarrow \text{inject into mice} \rightarrow \text{mice die}$$

$$\text{R - strain} \rightarrow \text{inject into mice} \rightarrow \text{mice live}$$

- Griffith ने bacteria को गर्म करने पर उन्हें मृत पाया। इन्होंने observe किया कि heat-killed S-strain bacteria को mice में inject कराने पर उनकी मृत्यु नहीं होती। जब इन्होंने heat-killed S तथा live R- bacteria के mixture को inject किया, तो mice की मृत्यु हो गई।
- इस dead mice से उन्होंने living 'S'- bacteria को recover किया।

- Griffith ने निष्कर्ष निकाला कि R-strain bacteria किसी प्रकार से heat-killed S-strain bacteria द्वारा transformed हो जाते हैं।
- कुछ 'transforming principle', heat-killed S-strain से transfer हो जाते हैं, जिससे R-strain bacteria, smooth polysaccharide coat को synthesis करते हैं तथा virulent हो जाते हैं।
- निश्चित ही ऐसा genetic material के transfer के कारण हो पाता है।
- अपने experiments से वे genetic material के biochemical nature को defined नहीं कर पाए।

S-strain (heat-killed) ⟶ Inject into mice ⟶ Mice live

S-strain (heat-killed) + R-strain (live) ⟶ Inject into mice ⟶ Mice die

Biochemical Characterisation of Transforming Principle

- Oswald Avery, Colin MacLeod तथा Maclyn McCarty (1933-44) के work से पहले protein को genetic material समझा जाता था।
- इन्होंने, Griffith के experiment में transforming principle के biochemical nature को determine करने का कार्य किया।
- इन्होंने heat-killed S-cells से biochemicals (proteins, DNA, RNA, etc.) को purified कर देखा कि इनमें से कौन live R-cells को S-cells में transform करने में सहायक होता है।
- इन्होंने इस बात का पता लगाया कि S-bacteria का केवल DNA ही R-bacteria को transformed कर देता है।
- इन्होंने इस बात का भी पता लगाया कि protein digesting enzyme (proteases) तथा RNA digesting enzyme (RNAses) ने transformation को प्रभावित नहीं किया इसलिए transforming substance, protein या RNA नहीं थे।
- DNAse से digestion कराने पर transformation inhibit हो जाता है।
- इससे स्पष्ट है कि DNA ही transformation के लिए जिम्मेदार है।
- इन्होंने निष्कर्ष निकाला कि DNA ही hereditary material है, परन्तु सभी biologist इस बात से सहमत नहीं थे।
  DNAs तथा DNAse के बीच क्या difference हैं?

6.2.1 The Genetic Material is DNA

- DNA genetic material है इसका unequivocal (सुस्पष्ट) proof, **Alfred Hershey** तथा **Martha Chase** (1952) के experiments से मिला। इन्होंने उन viruses पर कार्य किया, जो bacteria को infect करते हैं जिन्हें **Bacteriophage** कहते हैं।
- Bacteriophage, bacteria से attach हो जाता तथा इनका genetic material bacterial cell में enter कर जाता है।
- Bacterial cell, virus के genetic material को अपना समझने लगता है जिसके परिणामस्वरूप जब cell divide होती है, तो अधिक virus particle का निर्माण होता है।
- Hershey व Chase ने इस बात की खोज कि DNA या protein में कौन virus से bacteria में enter करता है। इन्होंने कुछ viruses को ऐसे medium में grow किया, जिसमें radioactive phosphorus था तथा कुछ अन्य bacteria को ऐसे medium में grow किया जिसमें radioactive sulphur था।
- जिन virus को radioactive phosphorus की उपस्थिति में grow कराया गया उनमें DNA तो radioactive मिला, परन्तु radioactive protein नहीं मिला क्योंकि phosphorus DNA में होता है protein में नहीं।
- ठीक इसी प्रकार से virus जिन्हें radioactive sulphur की उपस्थिति में grow कराया गया उनमें protein तो radioactive पाया गया, किन्तु उनमें radioactive DNA नहीं था क्योंकि DNA में sulphur नहीं होता है।
- Radioactive phages, *E. coli* bacteria से attach होने के लिए allow थे।
- उसके बाद जब infection आगे proceed करता है, तो bacteria को एक blender (मिक्सी) में हिलाने से viral coat separate हो जाता है।
- Bacteria के centrifuge में घुमाने से virus particle, bacteria से separate हो जाते हैं।
- ऐसे bacteria, जो radioactive DNA वाले viruses से infected थे वे radioactive बने रहे, इससे स्पष्ट है कि virus से bacteria में enter करने वाला material DNA था।
- ऐसे bacteria, जो radioactive protein वाले virus से infected थे वे radioactive नहीं हुए।
- इससे संकेत मिलता है कि virus से bacteria में protein enter नहीं करता है, इसलिए virus से bacteria में pass होने वाला genetic material DNA है। (Fig. 6.5)

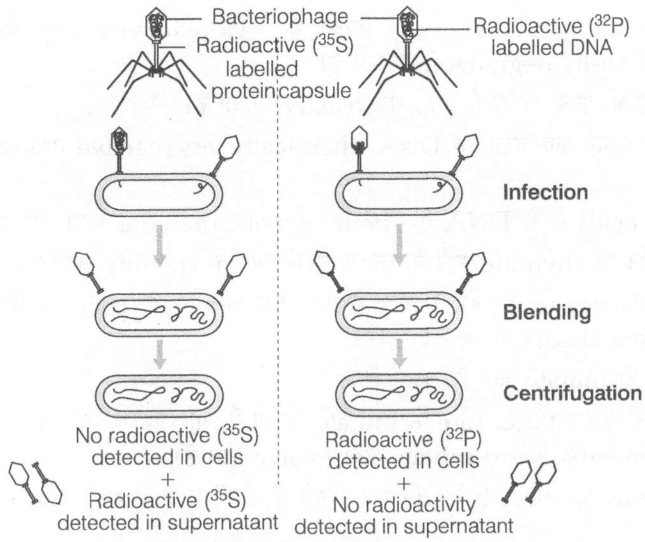

Figure 6.5 The Hershey-Chase experiment

6.2.2 Properties of Genetic Material (DNA versus RNA)

- पिछली चर्चाओं से यह स्पष्ट है कि protein तथा DNA के बीच genetic material को लेकर जो विवाद था वह अब Hershey-Chase के experiment से unequivocally resolve हो चुका है।
- अब यह established fact हो चुका है कि DNA ही genetic material के रूप में कार्य करता है।
- साथ ही यह भी स्पष्ट हो चुका है कि कुछ viruses में genetic material RNA होता है (*e.g.* Tobacco mosaic viruses, QB Bacteriophage, etc.)
- कुछ सवालों के जवाब दीजिए; जैसे—
  - ***DNA, ही क्यों प्रमुख genetic material है***, जबकि ***RNA, messenger तथा adapter जैसे dynamic कार्य करता है?***
  - ***दोनों nucleic acid molecules के chemical structure में अन्तर बताइए।***
  - ***क्या आप DNA तथा RNA के बीच दो chemical differences बता सकते हैं?***

  वह molecule जो genetic material के रूप में कार्य कर सकता है उसे निम्न criteria को अवश्य fulfill करना चाहिए

  (i) अपना replica generate करने में सक्षम होना चाहिए (Replication)।
  (ii) Chemically तथा structurally stable होना चाहिए।
  (iii) इनमें evolution के लिए आवश्यक slow changes (mutation) का scope होना चाहिए।
  (iv) इसे स्वयं 'Mendelian characters' के अनुरूप express होना चाहिए।
- यदि कोई base pairing तथा complementarity को ध्यान में रखते हुए परीक्षण करता है तब वह पाएगा कि दोनों nucleic acid (DNA तथा RNA) में duplication की क्षमता होती है।
- Living system के अन्य molecules; जैसे– protein, first criteria को fulfil करने में स्वयं ही fail है।
- Genetic material इतना stable होना चाहिए कि organism की life cycle के different stages, age या organism की physiology में change होने पर इसमें परिवर्तन नहीं होना चाहिए।
- Griffith's के transforming principle में स्पष्ट है कि genetic material की stability उसकी एक प्रमुख विशेषता है जो heat bacteria को तो killed कर देती थी परन्तु genetic material की कुछ property destroy नहीं होती थी।
- DNA की सहायता से इस बात को और अच्छे ढंग से explain कर सकते हैं कि DNA के दोनों strands complementary होने के कारण यदि गर्म करने पर अलग भी हो जाते हैं, तो भी उचित condition provide करने पर पुनः एक-दूसरे से जुड़ जाते हैं।

- RNA के प्रत्येक nucleotide पर 2′-OH group मिलता है, जोकि reactive group होता है तथा यह RNA को labile (बदलने वाला) व easily degradable बनाता है।
- RNA catalyst की तरह भी कार्य करता है अत: यह reactive होता है।
- RNA से compare करने पर पता चला कि DNA, chemically less reactive तथा structurally अधिक stable होता है।
- इस कारण दोनों nucleic acids में से DNA एक better genetic material माना गया है।
- DNA में uracil के स्थान पर thymine होने के कारण उसमें अधिक stability होती है।
- इसके बारे में detailed discussion हेतु हमें DNA में होने वाले repair के process को समझना होगा और आप इस process के बारे में higher classes में study करेंगे।
- DNA तथा RNA दोनों ही mutate होने में सक्षम हैं।
- RNA, unstable होने के कारण faster rate से mutate करता है, परिणामस्वरूप viruses, RNA genome तथा shorter lifespan होने के कारण तेजी से mutate तथा evolve होते हैं।
- RNA, protein synthesis को directly code कर सकते हैं, इसलिए ये आसानी से characters को express करते हैं।
- DNA, protein synthesis के लिए RNA पर dependent होता है।
- Protein synthesis की सारी mechanism RNA से विकसित हुई।
- उपरोक्त चर्चाओं से स्पष्ट है कि DNA तथा RNA दोनों ही genetic material के रूप में कार्य करते हैं, परन्तु **DNA** के अधिक stable होने के कारण यह genetic information के **storage** के लिए सबसे बेहतर है।
- Genetic information के **transmission** हेतु **RNA** better होता है।

6.3 RNA World

पिछली चर्चाओं से immediately एक प्रश्न उठता है कि first genetic material कौन-सा है? Chemical evolution में इसके बारे में विस्तृत रूप से वर्णन किया जाएगा, परन्तु संक्षेप में कुछ facts तथा points को हम अवश्य highlight करेंगे।

- पहला genetic material, RNA था।
- इस बात के अब बहुत पर्याप्त evidences हैं कि essential life processes (जैसे– metabolism, translation, splicing, आदि) RNA के around evolved हुए।
- RNA, genetic material के साथ-साथ catalyst की तरह कार्य करता है।
- Living system में कुछ important biochemical reactions होती हैं, जो protein enzyme के द्वारा नहीं बल्कि RNA catalyst के द्वारा catalyse होती हैं, परन्तु catalyst होने की वजह से RNA reactive होता है तथा इसलिए unstable होता है।
- Chemical modification के साथ DNA, RNA से evolve हुआ जिसके कारण यह ज्यादा stable है।
- DNA के double-stranded तथा complementary strand होने के कारण तथा इनमें repair के process के विकास से DNA स्वयं में होने वाले changes के प्रति resistant होते हैं।

6.4 Replication

- DNA के double helical structure के प्रस्ताव के साथ ही Watson तथा Crick ने तत्काल DNA के replication की scheme प्रस्तुत की।
- उनके original statement को quote किया जाए तो वह इस प्रकार है
  "specific pairing की जानकारी के बाद genetic material के नए रूप की mechanism के बारे में immediate postulate करने से बचा नहीं जा सकता है। (Watson and Crick, 1953)
- उपरोक्त scheme से स्पष्ट है कि दोनों strand separate होकर new complementary strand की synthesis के लिए template का कार्य करेंगे।

- Replication के पूरा होने के बाद, प्रत्येक DNA molecule के पास एक parental तथा एक newly synthesised strand होता है।
- इस scheme को **semiconservative** DNA replication कहते हैं। (Fig. 6.6)

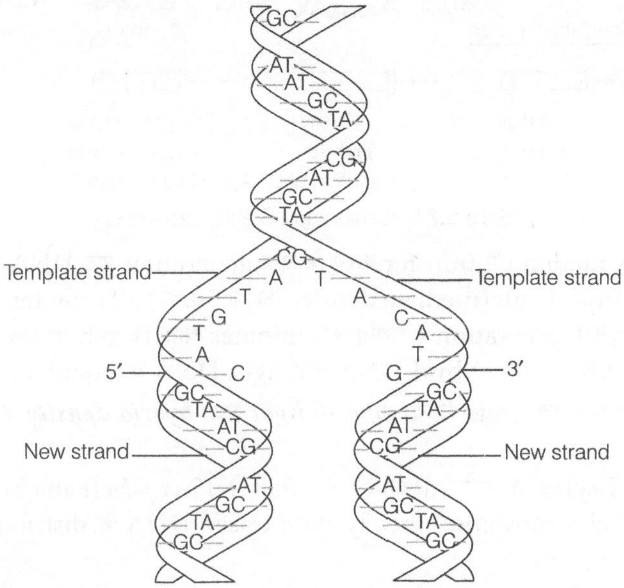

Figure 6.6 Watson-Crick model of semiconservative DNA replication

6.4.1 The Experimental Proof

- अब यह सिद्ध हो चुका है कि DNA, semiconservatively replicate करता है।
- यह सर्वप्रथम *Escherichia coli* में देखा गया तथा बाद में higher organisms जैसे कि plants एवं human cells में भी देखा गया।
- Matthew Meselson तथा Franklin Stahl ने 1958 में निम्न experiments को perform किया
  (i) इन्होंने *E. coli* को $^{15}NH_4Cl$ वाले medium में grow किया, जोकि कई generation तक nitrogen का एक मात्र स्रोत था। ^{15}N nitrogen का भारी isotope है।
  - परिणामस्वरूप ^{15}N, newly synthesised DNA (साथ-ही-साथ अन्य nitrogen वाले compounds में भी) में व्यवस्थित हो जाता है।
  - इस heavy DNA molecules को normal DNA से cesium chloride (CsCl) density gradient में centrifugation के द्वारा अलग किया जा सकता है (^{15}N radioactive isotope नहीं होता है, इसे ^{14}N से केवल densities के आधार पर अलग किया जा सकता है)।

  (ii) इसके बाद Meselson तथा Stanl cell को normal $^{14}NH_4Cl$ वाले medium में transfer किया तथा एक निश्चित time interval में multiplied cells के samples को लिया तथा इनके DNA को extract करके पाया कि इनका DNA double-stranded helices जैसा बना रहा।
  - DNA की density को measure करने के लिए CsCl gradient पर विभिन्न sample को independently separate किया गया।

    क्या आप centrifugal force को याद कर सकते हो?
    और सोचों क्यों higher mass/density का molecule तेजी से sediment होता है?

परिणामों को figure 6.7 में दर्शाया गया है।

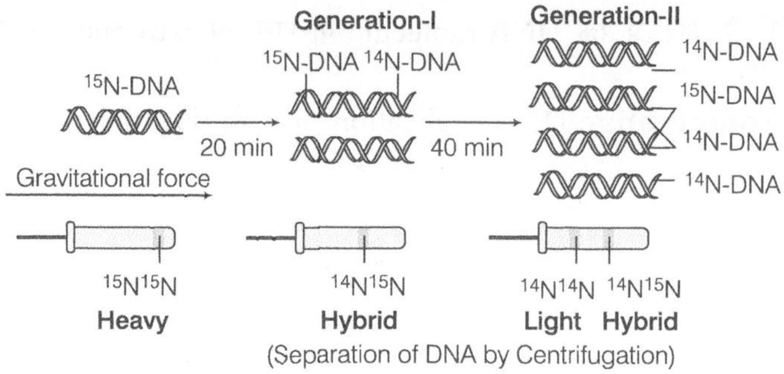

Figure 6.7 Meselson and Stahl's Experiment

(iii) इस प्रकार, ^{15}N से ^{14}N medium में transfer करने के एक generation बाद DNA को culture से extract करने पर पाया गया कि यह hybrid या intermediate density का था (अर्थात् 20 minutes के बाद, *E. coli* 20 minutes में divide करता है)। दूसरी generation (अर्थात् 40 minutes बाद II generation) के culture से DNA को extract करने पर पाया गया कि यह hybrid DNA तथा light DNA के equal amount से मिलकर बना था।

यदि E. coli को 80 minutes तक grow किया जाए, तो light तथा hybrid density के DNA molecule का अनुपात क्या होगा?

- ठीक इसी प्रकार का प्रयोग **Taylor** व उनके सहयोगियों ने 1958 में *Vicia faba* (Faba beans) पर radioactive thymidine का प्रयोग कर chromosome में newly synthesised DNA के distribution का पता लगाने के लिए किया।
- इस प्रयोग से यह सिद्ध हो गया कि chromosome में DNA, semiconservatively, replicate करता है।

6.4.2 The Machinery and the Enzymes

- Living cells जैसे कि *E. coli* में replication के process हेतु catalysts (enzymes) के एक set की आवश्यकता होती है।
- DNA-dependent DNA-polymerase main enzyme होता है, क्योंकि यह deoxynucleotides के polymerisation को catalyse करने के लिए DNA template का use करता है।
- यह काफी efficient enzyme है, क्योंकि बहुत ही कम समय में यह बहुत ज्यादा संख्या में nucleotide के polymerisation को catalyse करता है।
- *E. coli* जिसके पास मात्र 4.6×10^6 bp होते हैं, इनमें replication process 18 minute के अन्दर पूरा होता है (human से इनकी तुलना करो जिनका diploid content, 6.6×10^9 bp का है)।
- इसका अर्थ है polymerisation का average rate लगभग 2000 bp प्रति second है।
- ये केवल polymerisation को तेज नहीं करते, बल्कि high degree of accuracy के साथ reaction को catalyse भी करते हैं।
- Replication के समय किसी भी प्रकार की mistake के परिणामस्वरूप mutation हो जाता है।
- इसके अतिरिक्त, replication, energetically एक बहुत expensive process है।
- Deoxyribonucleoside triphosphate दोहरे उद्देश्य की पूर्ति करता है।
- Substrate की तरह कार्य करने के अतिरिक्त यह polymerisation reaction के लिए energy भी provide कराते हैं (ATP की तरह deoxynucleoside triphosphate में दो terminal high energy वाले phosphate होते हैं)।
- High degree of accuracy से replication के process को पूरा करने में DNA-dependent DNA polymerase के साथ-साथ कई अन्य enzymes की भी आवश्यकता होती है।
- बहुत लम्बे DNA molecules के दोनों strands एकसाथ अपनी सम्पूर्ण लम्बाई में separate (बहुत अधिक energy की आवश्यकता के कारण) नहीं हो सकते हैं।
  Replication, DNA helix की small opening में होता है, जिसे **"replication fork"** कहते हैं।

- DNA-dependent DNA polymerase, polymerisation को केवल एक दिशा में catalyse करता है। i.e., $5' \rightarrow 3'$.

  जिस कारण replicating fork में कुछ additional complication create हो जाते हैं।
- फलस्वरूप, एक strand पर ($3' \rightarrow 5'$ polarity वाला template) replication तो **continuous** होता है जबकि दूसरे पर ($5' \rightarrow 3'$ polarity वाला template) **discontinuous** होता है।
- Discontinuously synthesised fragment बाद में DNA **ligase** enzyme द्वारा आपस में जुड़ जाते हैं। (Fig. 6.8)

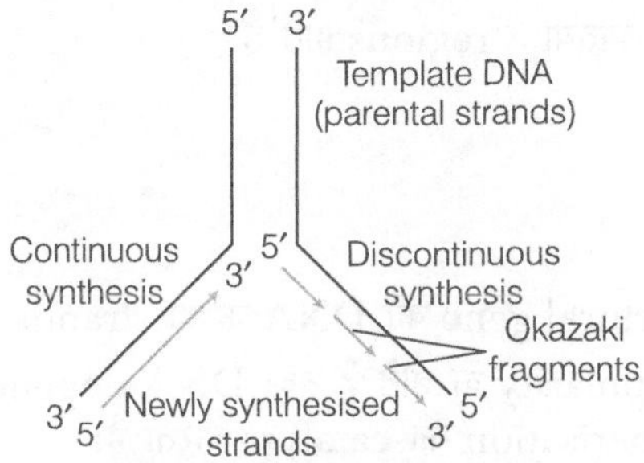

Figure 6.8 Replicating Fork

- DNA polymerase स्वयं replication process की शुरुआत नहीं कर सकता है।
- Replication, DNA के किसी भी स्थान पर randomly initiate नहीं होता है।
- *E. coli* के DNA के कुछ definite region होते हैं, जहाँ replication originate होता है।
- इस स्थान को **'Origin of replication'** कहते हैं।
- इसी origin of replication की आवश्यकता के कारण, recombinant DNA procedure के समय DNA के एक piece के propagation के लिए vector की आवश्यकता होती है। Origin of replication को vector provide कराता है।
- Replication के बारे में अभी भी पूर्ण जानकारी नहीं है।
- Eukaryotes में, DNA का replication, cell cycle के S-phase में होता है।
- DNA का replication तथा cell की division cycle काफी coordinated होनी चाहिए।
- DNA का replication तथा cell division न होने के कारण polyploidy की स्थिति उत्पन्न होती है (एक chromosomal anomaly)।

  – ***इनमें से कुछ प्रक्रमों के बारे में विस्तृत रूप से आप higher classes में पढ़ेंगे।***

6.5 Transcription

- DNA के एक strand से genetic information को RNA में copy करने के process को transcription कहते हैं।
- यहाँ भी transcription के process को complementarity principle नियन्त्रित करता है परन्तु अब adenosine Complements, thymine के स्थान पर uracil के साथ base pair बनाता है।
- Replication के process के विपरीत जहाँ किसी organism में total DNA duplicate होता है, transcription में DNA का मात्र एक segment तथा केवल एक strand ही RNA में copied होता है।
- इसलिए DNA के किस strand का और किस region का transcription होना है यह सीमा रेखा (boundaries) चिन्हित (demarcated) होनी जरूरी है।

Transcription के दौरान DNA के दोनों strands की copy क्यों नहीं होती? इसका simple answer है

- **First**–यदि दोनों strands template की तरह कार्य करते हैं, तो वे different sequence वाले RNA molecules को code करेंगे (याद रखें) complementarity का मतलब identical नहीं होता है, जिसके कारण यदि वे protein को code करते हैं, तो protein में amino acid का sequence different होगा। इसलिए DNA का एक segment

दो different proteins की coding करेगा। जिसके कारण genetic information transfer machinery, complicated हो जाती है।

- **Second**–यदि RNA के दो molecules simultaneously produced होते हैं, तो वे एक-दूसरे के complementary हो जाएँगे जिससे double-stranded RNA का निर्माण होगा।
- इससे RNA का protein में translation नहीं हो पाता तथा transcription की पूरी प्रक्रिया व्यर्थ चली जाती है।

6.5.1 Transcription Unit

- DNA में transcription unit के मुख्यतया 3 regions होते हैं
  (i) A promoter
  (ii) The structural gene
  (iii) A terminator
- एक transcriptional unit के structural gene को DNA के दो strands में define करने की प्रथा रही हैं।
- DNA के दोनों strands opposite polarity के होते हैं तथा DNA-dependent RNA polymerase सिर्फ एक direction *i.e.* **5′ → 3′** में polymerisation को catalyse करता है।
- 3′ → 5′ वाला strand template की तरह कार्य करता है तथा इसको template strand भी कहते हैं।
- दूसरा जिसमें polarity 5′ → 3′ होती है तथा sequence RNA जैसा होता है (Thymine के स्थान पर uracil को छोड़कर) transcription के दौरान displaced हो जाता है।
- Strangely इस strand को (जो किसी भी चीज को code नहीं करता है) coding strand कहते हैं। जब transcription unit को define करते हैं, तो सारे reference point, coding strand से लेते हैं।
- Reference point को explain करने के लिए एक transcription unit का hypothetical sequence नीचे दिया गया है–

  3'-ATGCATGCATGCATGCATGCATGC-5' Template Strand

  5'-TACGTACGTACGTACGTACGTACG-3' Coding Strand

क्या अब आप उपरोक्त DNA से transcribed RNA का sequence लिख सकते हैं?

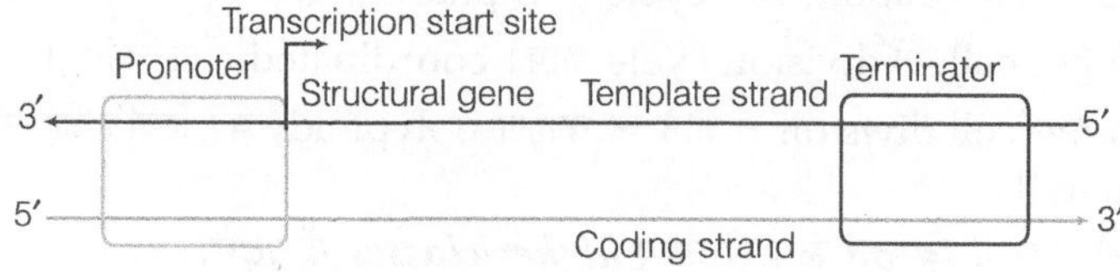

Figure 6.9 Schematic structure of a transcription unit

- Transcription unit में structural gene के किनारों पर promoter तथा terminator स्थित होते हैं।
- Promoter, structural gene के 5'-end (upstream) पर स्थित होता है (coding strand की polarity के आधार पर reference point लेते हैं)।
- यह DNA का sequence होता है, जो RNA polymerase के लिए binding site provide कराता है तथा transcription unit में स्थित promoter, template तथा coding strand को भी define करता है।
- Terminator के साथ इसकी position बदलने पर coding तथा template strand की definition भी reversed हो जाती है।
- Terminator, coding strand के 3'-end (down stream) पर स्थित होता है तथा transcription के process की समाप्ति का निर्धारण करता है।
- इसके अतिरिक्त promoter के upstream या downstream की तरह कुछ additional regulatory sequence भी present होते हैं।
- इन sequences कि कुछ properties के बारे में gene expression के regulation के समय जानकारी दी जाएगी।

6.5.2 Transcription Unit and the Gene

- Gene को inheritance की functional unit कहते हैं।
- इसमें कोई संदेह नहीं है कि gene, DNA पर स्थित होते हैं।
- Gene को DNA sequence के शब्दों में literally (साहित्यिक) define करना कठिन है।
- *t*RNA या *r*RNA के लिए DNA का coding sequence भी gene को define करता है।
- परिभाषा के अनुसार cistron, DNA का वह segment है जो polypetide की coding करता है।
- एक transcriptional unit में structural gene, **monocistronic** (अधिकतर **eukaryotes** में) या polycistronic (अधिकतर bacteria या **prokaryotes** में) होता है।
- Eukaryotes में monocistronic structural gene का coding sequence interrupted होता है।
- Eukaryotes में gene split होते हैं।
- Coding sequence या expressed sequence को **exons** कहते हैं।
- Exons उन sequences को कहा जाता है, जो mature या processed RNA में appear होते हैं।
- Exons, introns द्वारा interrupted होते हैं।
- Intron या intervening sequences, mature या processed RNA में नहीं मिलते हैं।
- Character का inheritance structural gene के promoter तथा regulatory sequence के द्वारा भी प्रभावित होता है।
- इसलिए कभी-कभी regulatory sequences को regulatory gene के द्वारा भी defined करते हैं।
- ये sequences किसी RNA या protein को code नहीं करते हैं।

6.5.3 Types of RNA and the Process of Transcription

- Bacteria में मुख्यतया तीन प्रकार के RNA पाए जाते हैं, *m*RNA (messenger RNA), *t*RNA (transfer RNA) तथा *r*RNA (ribosomal RNA)।
- तीनों RNAs cell, protein synthesis के लिए आवश्यक हैं।
- *m*RNA template provide कराता है, *t*RNA amino acid को लाने तथा genetic code को read करने का कार्य करता है तथा *r*RNA translation के समय structural और catalytic role play करता है।
- Bacteria में एक single DNA-dependent RNA polymerase होता है, जो सभी RNA के transcription को catalyse करता है।
- RNA polymerase, promoter से जुड़ जाता है तथा transcription को initiate करता है **(Initiation)** यह nucleoside triphosphate को substrate के रूप में use करता है तथा complementary के rule को follow करते हुए template dependent fashion में polymerise हो जाता है। यह helix की opening तथा continuous elongation में भी मदद करता है।
- केवल RNA को छोटा-सा stretch ही enzyme से जुड़ता है।
- जब RNA polymerase terminator region में पहुँचता है, तो nascent RNA तथा RNA polymerase गिर जाते हैं।
- इसके परिणामस्वरूप transcription का termination (समापन) हो जाता है।
- यह एक जिज्ञासापूर्ण प्रश्न है कि RNA polymerase कैसे तीनों steps, initiation, elongation तथा termination को catalyse करते हैं।
- RNA polymerase सिर्फ elongation के process को catalyse करने में capable है।
- यह transcription को initiate तथा terminate करने के लिए अस्थायी रूप से **initiation factor** (σ) तथा **termination factor** (ρ) से जुड़ जाता है।

- इन factors के साथ जुड़ने से RNA polymerase की specificity बदल जाती है जिससे या तो initiation होता है या termination.
- Bacteria के RNA को active होने के लिए किसी processing की आवश्यकता नहीं होती है।
- Bacteria में transcription तथा translation same compartment में होते हैं (bacteria में cytosol तथा nucleus separate नहीं होते हैं)।
- कई बार *m*RNA के fully transcribed होने से पहले ही translation प्रारम्भ हो जाता है।
- फलस्वरूप bacteria में transcription तथा translation साथ-साथ सम्पन्न हो जाता है।

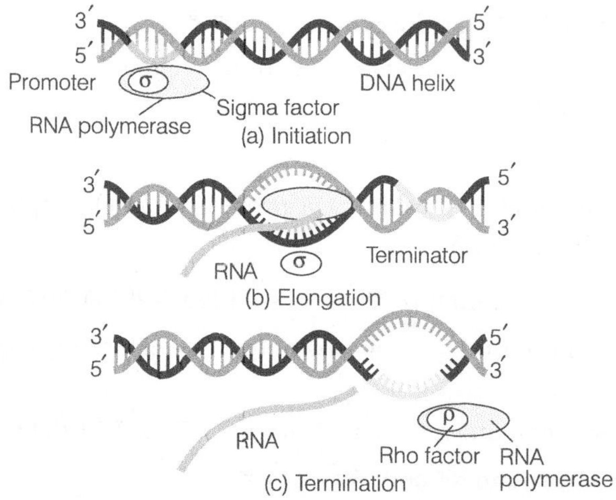

Figure 6.10 Process of Transcription in Bacteria

- Eukaryotes में दो additional complexities मिलती हैं।
  (i) Nucleus में कम से कम तीन RNA polymerase मिलते हैं (Organelles में मिलने वाले RNA polymerase के अतिरिक्त)।
  - इनके कार्यों का clear cut division होता है।
  - RNA polymerase-I *r*RNAs (28S, 18S तथा 5.8S) को transcribe करता है।
  - जबकि RNA polymerase-III ***t*RNA, 5*sr*RNA** तथा ***snr*RNAs** (small nuclear RNAs) के transcription के लिए responsible है।
  - RNA polymerase-II, *m*RNA के precursor, **heterogeneous nuclear RNA (*hn*RNA)** को transcribe करता है।

  (ii) दूसरी **complexity** यह है कि primary transcript में exon तथा introns दोनों होते हैं तथा non- functional होते हैं।
  - क्योंकि यह एक process से गुजरता है, जिसे splicing कहते हैं जहाँ एक defined order में intron removed होते हैं तथा exons जुड़ते हैं।
  - *hn*RNA दो additional processing से गुजरता है, जिसे capping तथा tailing कहते हैं।
  - Capping में *hn*RNA के 5'-end से एक unusual nucleotide (methyl guanosine triphosphate) जुड़ जाता है।
  - Tailing में independent manner में template 3'-end पर adenylate residue (200-300) जुड़ जाता है।
  - इस fully processed *hn*RNA को अब *m*RNA कहते हैं, जोकि translation के लिए nucleus में transport हो जाता है।

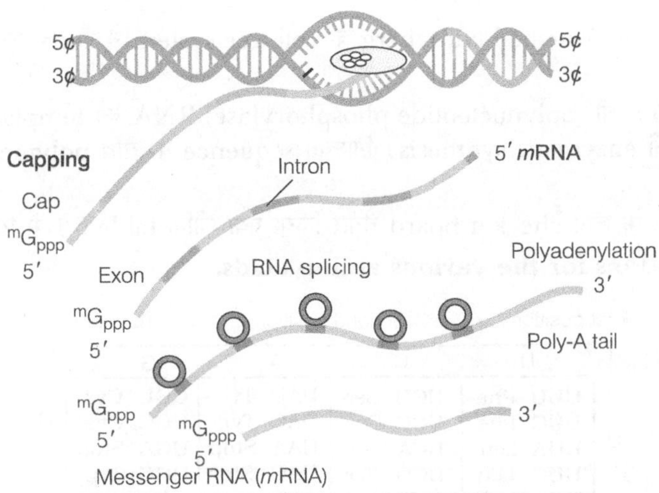

Figure 6.11 Process of Transcription in Eukaryotes

- उपरोक्त complexities के महत्त्व को अब समझने की आवश्यकता है।
- Split-gene arrangement, genome के ancient feature को represent करता है।
- Intron की presence पुराने समय की याद दिलाता है तथा splicing की प्रक्रिया में RNA world के dominance को represent करता है।
- वर्तमान समय में RNA तथा RNA dependent processes के बारे में समझने की अधिक आवश्यकता है।

6.6 Genetic Code

- Replication तथा transcription के समय एक nucleic acid copy होकर दूसरा nucleic acid बनाता था। इसलिए इस process को complementarity के आधार पर समझना आसान है।
- Translation की प्रक्रिया में nucleotide के polymer से genetic information के transfer की आवश्यकता होती है जिससे amino acid का polymer बनता है।
- Nucleotide तथा amino acid के मध्य न तो कोई complementarity exist करती है और न ही सैद्धान्तिक रूप से इसके बारे में हम सोच सकते हैं।
- इस विचार के समर्थन में पर्याप्त evidences हैं कि nucleic acid (genetic material) में होने वाला change, protein के amino acid में change के लिए भी responsible है।
- इससे genetic code की परिकल्पना का प्रतिपादन हुआ, जोकि protein synthesis के दौरान amino acid के sequence को direct करती है।
- DNA के structure और genetic material के biochemical nature को determine करना जितना exciting था उससे अधिक कठिन genetic code का अर्थ निकालना तथा proposition करना था।
- सही अर्थों में इसके लिए विभिन्न क्षेत्रों के वैज्ञानिकों physicist, organic chemist, biochemist तथा geneticist के सहयोग की आवश्यकता थी।
- George Gamow एक physicist (भौतिकविद) थे जिनका विचार था यदि सिर्फ 4 base है तथा यदि वे 20 amino acid को code करते हैं, तो code bases के combination से बने होने चाहिए। इन्होंने suggest किया कि सभी 20 amino acid को code करने के लिए code, 3 nucleotides से मिलकर बने होने चाहिए।
- यदि एक बहुत अधिक ठोस विचार था जिससे 4^3 $(4 \times 4 \times 4)$ के प्रति उत्परिवर्तन (Permutation) combination से 64 codon का निर्माण हुआ इनसे बनने वाले codon आवश्यकता से अधिक थे।
- Codon triplet होते हैं, यह प्रमाण देना अत्यधिक कठिन कार्य था।
- Har Gobind Khorana ने निश्चित bases (homopolymers तथा copolymer) के combination के साथ RNA molecule की synthesis के chemical method का विकास किया।

- Protein synthesis के लिए Marshall Nirenberg के cell free system ने code का अर्थ निकालने में काफी मदद की।
- Severo ochoa enzyme भी (polynucleotide phosphorylase) RNA को template independent manner में (RNA की enzymatic synthesis) निश्चित sequence के साथ polymerise होने में सहायता प्रदान करता है।
- Finally genetic code के लिए checker board तैयार किया गया जोकि table 6.1 में दिया गया है।

Table 6.1 : The codons for the various amino acids.

First position	Second position: U	C	A	G	Third position
U	UUU Phe	UCU Ser	UAU Tyr	UGU Cys	U
	UUC Phe	UCC Ser	UAC Tyr	UGC Cys	C
	UUA Leu	UCA Ser	UAA Stop	UGA Stop	A
	UUG Leu	UCG Ser	UAG Stop	UGG Trp	G
C	CUU Leu	CCU Pro	CAU His	CGU Arg	U
	CUC Leu	CCC Pro	CAC His	CGC Arg	C
	CUA Leu	CCA Pro	CAA Gln	CGA Arg	A
	CUG Leu	CCG Pro	CAG Gln	CGG Arg	G
A	AUU Ile	ACU Thr	AAU Asn	AGU Ser	U
	AUC Ile	ACC Thr	AAC Asn	AGC Ser	C
	AUA Ile	ACA Thr	AAA Lys	AGA Arg	A
	AUG Met	ACG Thr	AAG Lys	AGG Arg	G
G	GUU Val	GCU Ala	GAU Asp	GGU Gly	U
	GUC Val	GCC Ala	GAC Asp	GGC Gly	C
	GUA Val	GCA Ala	GAA Glu	GGA Gly	A
	GUG Val	GCG Ala	GAG Glu	GGG Gly	G

Genetic code की प्रमुख विशेषताएँ निम्नलिखित हैं—

(i) Codon triplet होते हैं, 61 codon amino acid को code करते हैं तथा 3 codon किसी भी amino acid को code नहीं करते हैं, इसलिए ये stop codon के रूप में कार्य करते हैं।

(ii) कुछ amino acid एक से अधिक codon के द्वारा code किए जाते हैं इसलिए code degenerate होते हैं।

(iii) *m*RNA में codon, contiguous fashion में read किए जाते हैं बीच में कोई punctuations नहीं होता है।

(iv) Codon लगभग **universal** होते हैं।

Example Bacteria से human तक UUU phenylalanine (Phe) को code करता है, इस rule के कुछ exception mitochondrial codon तथा कुछ protozoan के codon में पाए जाते हैं।

(v) AUG का dual function होता है, यह methionine (met) को code करता है तथा **initiator codon** की तरह भी कार्य करता है।

(vi) UAA, UAG, UGA $\rightarrow$ stop terminator codons.

यदि *m*RNA में nucleotide का निम्नलिखित sequence है, तो इसके द्वारा coded amino acid के sequence को predict करो (**checker board** की सहायता लीजिए।)

-AUG UUU UUC UUC UUU UUU UUC-

अब इसके opposite के बारे में try करो। *m*RNA द्वारा coded amino acid का निम्नलिखित sequence है। RNA में इसके nucleotide के sequence को predict करो

Met-Phe-Phe-Phe-Phe-Phe-Phe

क्या अब आप genetic code की दो properties को correlate कर सकते हैं? जिसके बारे में आप पढ़ चुके हैं।

6.6.1. Mutations and Genetic Code

- Gene और DNA के मध्य relationship को mutation के द्वारा सबसे अच्छी तरह समझा जा सकता है।
- DNA के एक segment में large deletion तथा rearrangement के effect को आसानी से समझा जा सकता है।
- इसके परिणामस्वरूप gene का loss या gain होता है तथा वैसा ही function होता है।
- यहाँ point mutation के effect को explain किया जाएगा।
- Point mutation का एक classical example है, beta globin chain में एक single base में change हो जाने से glutamate नामक amino acid, valine में परिवर्तित हो जाता है जिसके परिणामस्वरूप **sickle-cell anaemia** नामक disease हो जाती है।
- Structural gene में point mutation के effect को एक single base pair के insertion या deletion द्वारा आसानी से समझा जा सकता है।

  निम्नलिखित words से बने हुए एक statement पर ध्यान दें जिसमें genetic code की तरह प्रत्येक word में तीन letter हैं।

  RAM HAS RED CAP

  यदि HAS व RED के मध्य एक letter B insert करें तथा statement को rearrange करें, तो इसे निम्नवत् पढ़ा जाएगा।

  RAM HAS BRE DCA P

  ठीक इसी प्रकार उसी जगह पर दो letter 'BI' insert करे, तो इसे निम्नवत पढ़ा जाएगा।

  RAM HAS BIR EDC AP

  अब हम एकसाथ तीन letter 'BIG' को insert करें, तो statement को निम्नवत् पढ़ा जाएगा

  RAM HAS BIG RED CAP

  Same exercise में R, E तथा D letter को एक के बाद एक delete करके repeat कर सकते हैं तथा triplet word का यह statement निम्नवत होगा

  RAM HAS EDC AP

  RAM HAS DCA P

  RAM HAS CAP

- उपर्युक्त exercise से conclusion बहुत स्पष्ट है।
- एक या दो bases के insertion या deletion से, insertion या deletion के point से reading frame बदल जाता है। इस प्रकार के mutation को frame shift insertion या deletion mutation कहते हैं।
- तीन या इसके multiple bases के insertion या deletion से एक या multiple codon insert या delete होते हैं।
- परिणामस्वरूप एक या multiple amino acid insert या delete होते हैं। इस point के आगे frame की reading में कोई परिवर्तन नहीं होता है।
- इस प्रकार के mutation को **frame-shift insertion** या deletion mutations कहते हैं।
- इस genetic आधार पर proof होता है कि codon triplet होते हैं तथा contiguous manner में read किए जाते हैं।

6.6.2 tRNA-The Adapter Molecule

- Code की परिकल्पना के बहुत पहले से Francis Crick को यह clear था कि code को पढ़ने तथा इसके amino acid से जुड़ने की कोई mechanism होती है, क्योंकि amino acid में ऐसी कोई structural विशिष्टता नहीं होती है, जिससे वह code को uniquely read कर सके।
- Crick ने एक adapter molecule की परिकल्पना की, जो एक ओर code को read करता है, तो दूसरी ओर specific amino acid से जुड़ता है।

- Genetic code से पहले *t*RNA, जिसे *s*RNA (soluble RNA) भी कहते हैं, के बारे में जानकारी थी।
- फिर भी adapter molecule के रूप में इसके role के बारे में जानकारी बाद में मिली।
- *t*RNA में एक anticodon loop होता है, जिसमें code के complementary base लगे होते हैं।
  -इसमें एक amino acid acceptor end भी होता है, जिससे यह amino acid से जुड़ता है।
- प्रत्येक amino acid के लिए specific *t*RNA होते हैं। (Fig. 6.12)।
- Initiation के लिए एक दूसरा specific *t*RNA होता है जिसे initiator *t*RNA कहते हैं।
- Stop codon के लिए कोई *t*RNA नहीं होता है।
- Figure 6.12 में *t*RNA के secondary structure को दर्शाया गया है, जोकि clover - leaf जैसा दिखता है।
- Actual strucutre में *t*RNA एक compact molecule होता है, जो inverted L जैसा दिखता है।

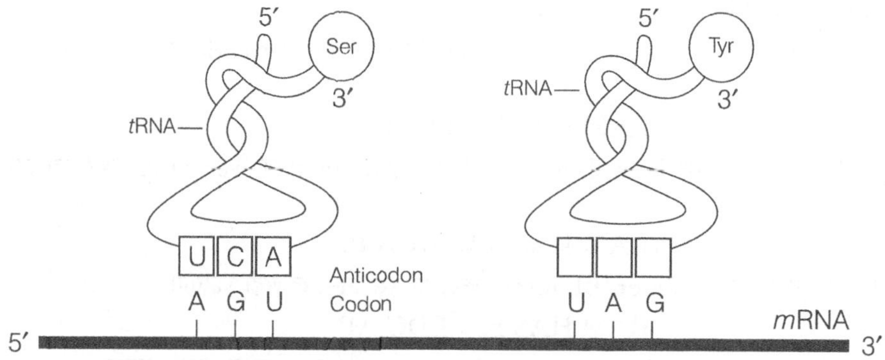

Figure 6.12 *t*RNA-the adapter molecule

6.7. Translation

- Amino acid के polymerisation से polypeptide बनने के process को **translation** कहते हैं।
- Amino acid के order तथा seqeunce को *m*RNA में base के sequence के द्वारा defined किया जाता है।
- Amino acids एक bond के द्वारा जुड़े होते हैं, जिसे peptide bond कहते हैं।
- Peptide bond के formation में energy की आवश्यकता होती है।
- इस कारण से first phase में ATP की presence में amino acid स्वयं activate हो जाते हैं तथा अपने cognate (सम्बन्धी) *t*RNA से जुड़ जाते हैं।
- इस प्रक्रिया को commonly *t*RNA की charging या और अधिक स्पष्ट रूप से *t*RNA का **aminoacylation** कहते हैं।
- इस प्रकार से यदि ऐसे दो charged *t*RNA काफी पास में आ जाते हैं, जो उनके मध्य peptide bond का formation energetically favoured होता है।
- Catalyst की presence में peptide bond के formation का rate बढ़ जाता है।
- Protein synthesis के लिए responsible cellular factory, ribosome है।
- Ribosome, structural RNA तथा लगभग 80 different protein से मिलकर बना होता है।
- अपनी inactive state में यह दो subunits के रूप में exist करता है-एक बड़ी subunit तथा एक छोटी subunit. जब छोटी subunit, *m*RNA से मिलती है, तब *m*RNA के protein में translation का process शुरू हो जाता है।
- Amino acid से जुड़ने के लिए large subunit में दो sites होती हैं, जिससे amino acid एक-दूसरे के बहुत पास आ जाते हैं व peptide bond का formation होता है।
- Ribosomes peptide bond के formation में catalyst (bacteria में 23 *s*RNA enzyme-ribozyme) का भी काम करते हैं।
- *m*RNA में translational unit RNA का sequence है, जिसके किनारों पर start codon (AUG) तथा stop codon मिलते हैं, जोकि polypeptide को code करता है।

- *m*RNA में कुछ additional sequence भी होते हैं, जो translate नहीं होते हैं इन्हें **Untranslated Region** (UTR) कहते हैं।
- UTRs दोनों 5' end (start codon से पहले) तथा 3' end (stop codon के बाद) सिरों पर present होते हैं। ये प्रभावी translation process के लिए आवयश्क है।
- Initiation के लिए start codon (AUG) पर ribosome *m*RNA से जुड़ जाते हैं जिसे केवल initiator *t*RNA के द्वारा recognise किया जाता है।
- Ribose, protein synthesis की elongation phase की ओर proceeds करता है।
- इस **stage** में amino acid, *t*RNA से जुड़कर complex structure बनाता है, जो आगे चलकर *t*RNA anticodon के साथ complementary base pair बनाकर *m*RNA में appropriate codon से जुड़ जाते हैं।
- Ribosome, *m*RNA के along एक cod एक के बाद एक amino acids के जुड़ने से polypeptide sequences का translation होता है, जो DNA द्वारा निर्देशित व *m*RNA द्वारा repersent किए जाते हैं। on से दूसरे codon की ओर move करता है।
- एक के बाद एक amino acids के जुड़ने से polypeptide sequences का translation होता है, जो DNA द्वारा निर्देशित व *m*RNA द्वारा repersent किए जाते हैं।
- अंत में एक release factor, stop codon से जुड़ जाता है, जिससे translation का समापन हो जाता है तथा ribosome से complete polypeptide release हो जाता है।

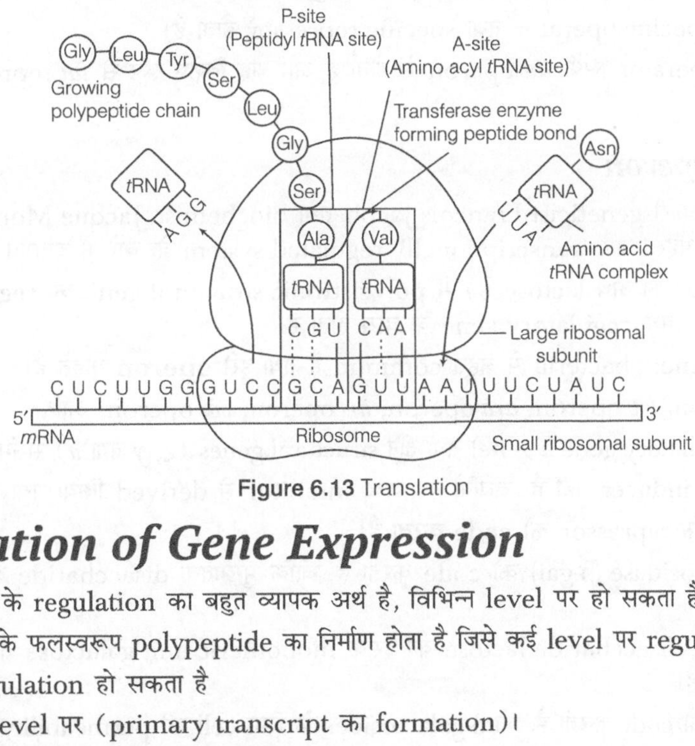

Figure 6.13 Translation

6.8 Regulation of Gene Expression

- Gene expression के regulation का बहुत व्यापक अर्थ है, विभिन्न level पर हो सकता है।
- Gene expression के फलस्वरूप polypeptide का निर्माण होता है जिसे कई level पर regulate कर सकते हैं।
- Eukaryotes में regulation हो सकता है

(i) Transcription level पर (primary transcript का formation)।

(ii) Processing level पर (splicing का regulation)।

(iii) *m*RNA का nucleus से cytoplasm में tranasport।

(iv) Translation level पर।

- Gene cell में express होकर एक particular कार्य या एक निश्चित कार्य को सम्पन्न करता है।

Example: Beta galactosidase नामक enzyme *E. coli* द्वारा synthesised होता है।

- यह enzyme एक disaccharide lactose को hydrolyse कर glucose तथा galactose का निर्माण करता है, जिसे bacteria energy के source के रूप में use करते हैं। इसलिए यदि energy source के लिए bacteria के चारों ओर lactose न हो, तो उन्हें beta galactosidase के synthesis की आवश्यकता नहीं होगी।
- इस कारण से यदि साधारण शब्दों में कहा जाए तो यह एक metabolic, physiological या environmental condition है, जो gene के expression को regulate करती है।
- Embryo का adult organism में development तथा differentiation भी gene के विभिन्न समूहों के expression के coordinated regulation का परिणाम है।
- Prokaryotes में gene expression के control के लिए कुछ ऐसी प्रभावी sites होती हैं, जो transcription के शुरुआत के rate को control करते हैं।
- Transcription unit में किसी promoter के साथ RNA polymerase की activity, accessory protein के साथ पारस्परिक activity द्वारा regulate होती है, जो इसका सहयोग start site की पहचान में करता है।
- ये regulatory protein, positively (activator) तथा negatively (repressors) दोनों तरह कार्य कर सकती हैं।
- Prokaryotic DNA में promoter region की उपलब्धता protein के विशेष sequences जिन्हें operators कहते हैं, के interaction के द्वारा regulate होते हैं।
- अधिकांश operons में operator region, promoter element के पास स्थित होता है और अधिकतर cases में operator के sequences, repressor protein के साथ जुड़ जाते हैं।
- प्रत्येक operon का specific operator तथा specific repressor होता है।

  Example : *Lac* operator सिर्फ *lac* operon में होता है और यह विशेष रूप से *lac* repressor से आपसी क्रिया करता है।

6.8.1 The Lac Operon

- *Lac* operon की जानकारी geneticist Francois Jacob तथा biochemist, Jacque Monod के आपसी प्रयास से प्राप्त हो पाई है। इन्होंने पहली बार transcriptionally regulated system के बारे में बताया।
- *Lac* operon (यहाँ *lac* का अर्थ lactose है) में polycistronic structural gene का regulation एक common promoter तथा regulatory gene के द्वारा होता है।
- इस तरह का arrangement bacteria में बहुत common है तथा इसे **operon** कहते हैं।
- Example-*lac* operon, *trp* operon, *ara* operon, *his* operon, *val* operon, आदि।
- *Lac* operon एक regulatory gene (*i* gene) तथा तीन structural genes (z, y तथा a) से मिलकर बना होता है।

  - *i* gene में *i* का अर्थ inducer नहीं है, जबकि यह शब्द inhibitor से derived किया गया है।
- *i* gene *lac* operon के repressor को code करता है।
- *z* gene, beta galactosidase (β-gal) को code करता है, जोकि मुख्यतया disaccharide के hydrolysis के लिए responsible है।
- Beta galactosidase, disaccharide lactose को इसके monomeric unit galactose तथा glucose में hydrolyse कर देता है।
- *y* gene, permease को code करता है, जो β-galactosides के लिए cell की permeability को बढ़ा देता है।
- *a* gene, transacetylase को code करता है।
- इस प्रकार *lac* operon के तीनों gene के products, **lactose metabolism** के लिए आवश्यक हैं।
- दूसरे अन्य operons में भी, operon में उपस्थित genes, same या related metabolic pathway में एक साथ कार्य करते हैं।

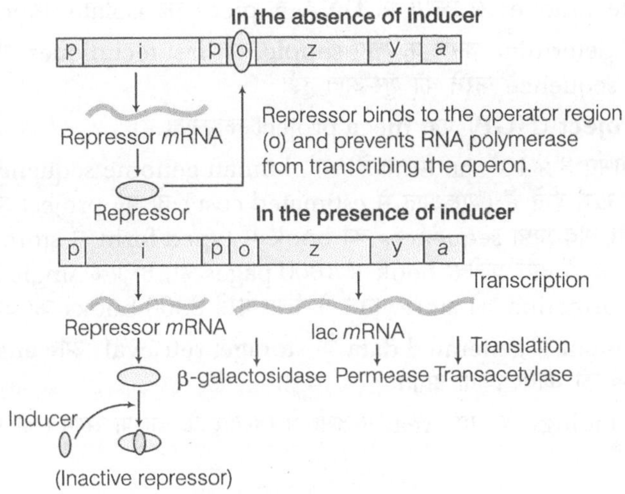

Figure 6.14 The *lac* Operon

- Beta galactosidase, enzyme के लिए lactose substrate का काम करता है तथा ये lactose, operon के switch on या off को regulate करते हैं इसलिए इसे **inducer** कहते हैं।
- सबसे उपयुक्त carbon source; जैसे– glucose की अनुपस्थिति में यदि bacteria के growth medium में lactose प्रदान किया जाता है, तो permease के action के कारण वह cell के अन्दर transport हो जाता है। (याद करो cell में *lac* operon का expression हमेशा ही बहुत low level पर होता रहता है otherwise lactose, cell के अन्दर enter नहीं कर सकता है) इसके बाद lactose, operon को following manner में induce करता है
- Operon का repressor, *i* gene (हमेशा उपस्थित रहता है) द्वारा synthesised होता है।
- Repressor protein, operon के operator region से जुड़कर RNA polymerase को निष्क्रिय कर देता है, जिससे operator transcribe नहीं हो पाता है।
- Inducer; जैसे– lactose या allolactose की उपस्थिति में repressor, inducer से क्रिया कर inactivate हो जाता है।
- इसके फलस्वरूप RNA polymerase, promoter से जुड़कर transcription की शुरुआत करता है।
- *Lac* operon के regulation को इसके substrate द्वारा enzyme synthesis के regulation के रूप में visualise किया जा सकता है।
- याद रखों *lac* operon के लिए glucose या galactose, inducer के रूप में कार्य नहीं कर सकते हैं।

क्या आप बता सकते हो lactose की presence में lac operon कब तक expressed हो सकता है?

- Repressor के द्वारा *lac* operon के regulation को negative regulation कहते हैं।
- *Lac* operon, positive regulation के control में भी होता है, परन्तु आपके level पर इसके बारे में चर्चा नहीं की जाएगी।

6.9 Human Genome Project

- आप पढ़ चुके हैं कि DNA में पाए जाने वाले bases के sequence, किसी भी organism के genetic information को determine करते हैं।
- दूसरे शब्दों में कहें तो किसी भी organism या individual का genetic make-up उसके DNA के sequence में होता है।
- यदि दो individuals भिन्न हैं, तो उनमें मिलने वाला DNA का sequence भी कम से कम कुछ स्थानों पर भिन्न होना चाहिए।
- ये कल्पनाएँ human genome में उपस्थित complete DNA sequence का पता लगाने के लिए हमें विवश करती हैं।

- Genetic engineering techniques से किसी भी DNA के piece को isolate तथा clone किया जा सकता है।
- DNA के sequence को determine करने के लिए simple तथा fast techniques उपलब्ध हैं, इस कारण 1990 में human genome को sequence करने की शुरूआत हुई।
- **Human Genome Project (HGP)** एक mega project कहलाता है।
- Human genome में लगभग 3×10^9 bp मिलते हैं। यदि human genome sequence को जानने के लिए प्रति base pair (bp) 3 US $ खर्च होते हैं (शुरूआत में estimated cost) तो पूरे project पर अनुमानित खर्च लगभग 9 billion US dollars होगा। यदि प्राप्त sequences को book में typed form में store किया जाए तथा book के प्रत्येक page में 100 letters हों और प्रत्येक book में 1000 pages हो, तो एक single human cell से प्राप्त DNA sequence की information को store करने के लिए ऐसी 3300 books की आवश्यकता होगी।
- इस प्रकार enormous amount में generated data के storage, retrieval और analysis के लिए high speed computational devices की आवश्यकता होगी।
- HGP के बारे में जानकारी biology के नए area के तेजी से विस्तार के कारण सम्भव हो पाई जिसे **bioinformatics** कहते हैं।

Goals of HGP

- HGP के कुछ important goal निम्नलिखित हैं
  - (i) Human DNA में लगभग सभी 20000-25000 genes को identify करना।
  - (ii) Human DNA को बनाने वाले 3 billion chemical base pair के sequence को determine करना।
  - (iii) उपरोक्त information के tools को improve करना।
  - (iv) Project द्वारा उठने वाले Ethical, Legal और Social Issues (**ELSI**) के बारे में विचार करना।
- Human genome project, 13 वर्षों का project था, जोकि US Department of Energy तथा National Institute of Health द्वारा coordinated था।
- प्रारम्भिक वर्षों में Wellcome Trust (UK), HGP का major partner था, बाद में Japan, France, Germany, China व अन्य देशों द्वारा सहयोग प्रदान किया गया।
- यह project 2003 में complete हो गया था।
- विभिन्न व्यक्तियों में DNA के variation से प्राप्त जानकारी से human को प्रभावित करने वाले हजारों disorders को diagnose करने, treatment तथा कभी-कभी उनको रोकने के नए-नए तरीकों का revolution हो सका।
- Human biology को समझने के clue के अतिरिक्त non-human organisms के DNA sequence से प्राप्त जानकारी के आधार पर उनकी natural capabilites का उपयोग कर health care, agriculture, energy production, environmental सुधार की दिशा में उठने वाली चुनौतियों को हल किया जा सकता है।
- बहुत-से non-human model organism; जैसे— bacteria, yeast, *Caenorhabditis elegans* (एक free-living non-pathogenic nematode), *Drosophila* (fruit fly), plant (rice तथा *Arabidopsis)*, आदि के sequence के बारे में जानकारी प्राप्त हो चुकी हैं।

Methodologies

- इन तरीकों में दो महत्त्वपूर्ण approaches को शामिल किया गया है।
- पहला approach समस्त genes है, जोकि RNA के रूप में expressed होते हैं (Expressed Sequences Tags (ESTs) gene identification पर focussed थी।
- दूसरा blind approach है कि simply genome के पूरे set का sequence प्राप्त कर, जिसमें समस्त coding और non-coding sequence उपस्थित हों तथा बाद में उनके कार्यों के साथ different region निर्धारित करना (इनको sequence annotation कहते हैं)।
- किसी cell के total DNA की sequencing के लिए पहले उसे cell से isolate करते हैं तथा इसके छोटे-छोटे टुकड़े कर लेते हैं (याद करो DNA एक बहुत बड़ा polymer है तथा DNA के बहुत बड़े fragment की sequencing में technical limitation होती हैं)।

- Specialised host का use करके DNA के fragment की suitable host में cloning कर लेते हैं।
- Cloning प्रत्येक DNA के piece के amplification में सहायता प्रदान करता है जिससे sequence के बारे में जानकारी प्राप्त करना आसान हो जाता है।
- Commonly used host, bacteria तथा yeast हैं तथा vector को BAC (Bacterial Artificial Chromosomes) तथा YAC (Yeast Artificial Chromosome) कहते हैं।
- Fragment को automated DNA sequences का use कर sequenced करते हैं।
- Automated DNA sequencer, Frederick Sanger द्वारा developed method के सिद्धान्त पर कार्य करता है। (Protein में amino acid के sequence को determine करने का श्रेय भी Sanger को ही जाता है।) इन sequence को इनमें present कुछ overlaping region के आधार पर arranged करते हैं।
- Sequencing के लिए overlaping fragment के generation की आवश्यकता होती है।
- इन sequence को मनुष्य द्वारा पंक्तिबद्ध करना सम्भव नहीं है इसलिए specialised computer based programmes develop किए गए। बाद में इन sequence की व्याख्या करके इन्हें प्रत्येक chromosome के साथ निर्धारित किया गया।
- Chromosome 1 का sequence मई 2006 में complete हुआ (यह 24 human chromosome-22-autosome और X तथा Y–chromosome के sequence के last में किया गया)।
- दूसरा challenging task था genome का physical तथा genetic map तैयार करना।

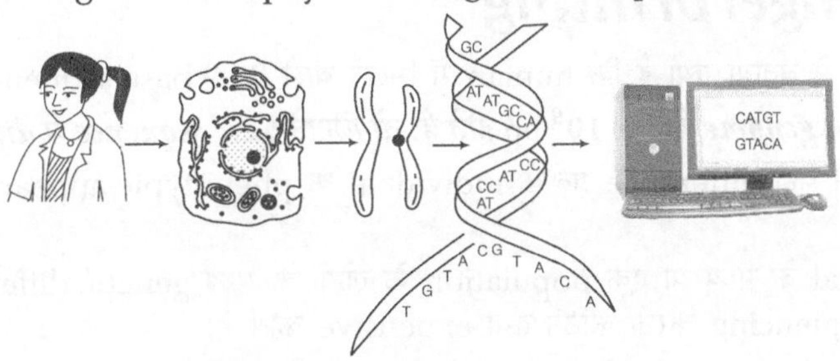

Figure 6.15 A representive diagram of human genome project

6.9.1 Salient Features of Human Genome

- Human genome project से प्राप्त कुछ प्रमुख observation निम्नलिखित हैं
  - (i) Human genome में 3164.7 million nucleotide bases मिलते हैं।
  - (ii) प्रत्येक gene में average 3000 bases उपस्थित हैं, परन्तु इनके आकार में बहुत विभिन्नताएँ हैं।
    - Human में ज्ञात सबसे बड़ा gene **dystrophin** है, जिसमें 2.4 million bases हैं।
  - (iii) Total gene की estimated संख्या 30000 है, जो पहले अनुमानित संख्या 80000-140000 से काफी कम है। लगभग सभी (99.9 per cent) nucleotide base सभी लोगों में exactly same होते हैं।
  - (iv) 50 per cent से ज्यादा discovered gene के function के बारे में पता नहीं है।
  - (v) 2 per cent से कम genome protein को code करते हैं।
  - (vi) Human genome का बहुत बड़ा portion repeated sequence का बना होता है।
  - (vii) Repetitive sequence, DNA sequence के stretches होते हैं, जो कई बार repeat होते है कभी-कभी 100 से 1000 बार repeat होते हैं।
    - इनके बारे में विचार है कि इनका coding में कोई direct function नहीं होता परन्तु इनसे chromosome के structure, dynamics (गतिकीय) तथा evolution के बारे में जानकारी प्राप्त होती है।
  - (viii) Chromosome-I में सर्वाधिक gene (2968) तथा Y-chromosome में सबसे कम gene (231) मिलते हैं।
  - (ix) वैज्ञानिकों ने human में लगभग 1.4 million स्थानों पर single base DNA difference (SNPs-Single Nucleotide Polymorphism जिसे snips कहते हैं) का पता लगाया।
- उपरोक्त जानकारी ने chromosome में disease आधारित sequence तथा मानव इतिहास का पता लगाने में सहयोग प्रदान किया।

6.9.2 Applications and Future Challenges

- DNA sequence से प्राप्त सार्थक जानकारियाँ व researches से आने वाले दशकों में biological system को समझने में काफी सरलता होगी।
- इस वृहद् कार्य को पूर्ण करने में संसार के public व private sector के विभिन्न क्षेत्रों के कई हजार विशेषज्ञों तथा रचनाकारों का योगदान रहा।
- HG sequence का सबसे महत्त्वपूर्ण प्रभाव यह रहा कि biological researches में मूलतया नए आयामों का समावेश हो सका।
- पहले researchers एक समय में एक या कुछ जीन के बारे में अध्ययन कर पाते थे।
- सम्पूर्ण genome sequence तथा नई technologies के आधार पर, उठने वाले प्रश्नों को हल करने में अब काफी व्यापक व व्यवस्थित तरीके से सहायता मिली है।
- इससे genome में मिलने वाले सभी gene के बारे में अध्ययन किया जा सकता है।

  Example particular tissue या organ या tumour में मिलने वाले सभी transcript व हजारों genes व proteins आपस में जुड़े हुए तार की तरह कैसे कार्य करते हैं, इससे प्राप्त जानकारी life की chemistry को orchestrate बनाने में उपयोगी रही।

6.10 DNA Fingerprinting

- जैसे कि पिछले section में बताया गया है कि human में मिलने वाले 99.9 base sequence same होते हैं।

  यह मानते हुए कि human genome में 3×10^9 bp होते हैं, तो कितने base sequence में difference होता है?
- DNA के sequence में यही difference प्रत्येक individual के phenotypic appearance को unique बनाता है।
- यदि किन्हीं दो individual के मध्य या एक population के लोगों के मध्य genetic difference का पता लगाना हो, तो हमेशा DNA की sequencing करना कठिन तथा expensive कार्य है।
- 3×10^6 bp के दो sets की तुलना करने की कल्पना करो।
- DNA fingerprinting किन्हीं दो individuals के मध्य DNA sequences को compare करने का quick way है।
- DNA fingerprinting, DNA के sequence के कुछ specific region में differences को identify करता है, जिसे repetitive DNA कहते हैं। क्योंकि इन sequences में DNA का छोटा-सा stretch कई बार repeat होता है।
- Density gradient के समय इन repetitive DNA को bulk genome DNA से different peak पर अलग करते हैं।
- Bulk DNA, major peak बनाता है तथा अन्य छोटे peak को satellite DNA कहते हैं।
- Base composition (A : T rich या G:C rich), segment की length तथा repetitive unit के number के आधार पर satellite DNA को बहुत-सी categories में classified कर सकते हैं; जैसे-micro satellite, mini satellite, आदि।
- ये sequences normally किसी protein को code नहीं करते हैं, परन्तु ये human genome का अधिकांश portion बनाते हैं।
- ये sequences उच्च श्रेणी की polymorphism (बहुरूपता) प्रदर्शित करते हैं तथा DNA fingerprinting का आधार बनाते हैं।
- किसी भी व्यक्ति के प्रत्येक tissue (जैसे—blood, hair follicle, skin, bone, saliva, sperm, आदि) से प्राप्त DNA में same degree of polymorphism पाई जाती है, जोकि forensic application में identification के लिए बहुत उपयोगी tools हैं।
- क्योंकि polymorphism, parents से बच्चों में inheritable है इसलिए विवाद की स्थिति में DNA fingerprinting paternity testing का आधार है।

- DNA sequence में polymorphism, human genome की mapping तथा साथ ही साथ DNA fingerprinting का आधार है।

हमारे लिए यह समझना आवश्यक है कि simple term में DNA polymorphism क्या है?

– Polymorphism (genetic level पर variation) mutation के कारण ही उत्पन्न होता है।

आप chapter 5 तथा इस chapter के पिछले section में mutation के विभिन्न प्रकार तथा उनके प्रभाव के बारे में पढ़ चुके हैं।

- किसी प्राणी में new mutation या तो somatic cell में या germ cell (वह cell जिसे sexually reproducing organism gamete बनाते हैं) में उत्पन्न होता है।
- यदि germ cell में mutation किसी व्यक्ति की offspring produce करने की क्षमता को गम्भीर रूप से प्रभावित नहीं करता है, तो यह mutation transmit होता है जो population के दूसरे member में भी (sexual reproduction द्वारा) फैल जाता है।
- यदि human population में 0.01 से ज्यादा frequency के एक से ज्यादा variant (allele) किसी locus पर उपस्थित हैं, तो allelic sequence में variation को परम्परागत रूप से DNA polymorphism कहते हैं।
- साधारण तौर पर यदि inheritable mutation किसी population में high frequency से मिलता है, तो इसे DNA polymorphism कहते हैं।
- उपरोक्त variation की probability non-coding sequence में ज्यादा observe की जाती है क्योंकि इन sequence में mutation किसी प्राणी की reproductive ability पर कोई immediate effect/impact नहीं डाल पाता है।
- इस प्रकार के mutation पीढ़ी दर पीढ़ी एकत्रित होते रहते हैं तथा variability/polymorphism का एक आधार बनाते हैं।
- Polymorphism विभिन्न प्रकार की होती है, जिसमें एक nucleotide से लेकर बहुत large scale पर change होता है।
- Evolution तथा speciation में ऐसे polymorphism बहुत important role play करते हैं।
- DNA fingerprinting की technique का प्रारम्भिक विकास Alec Jeffreys द्वारा किया गया था। इन्होंने probe के रूप में एक satellite DNA का use किया था, जिसमें बहुत high degree of polymorphism मिलती है।
- इसे **Variable Number of Tandem Repeats (VNTR)** कहते हैं।
- शुरुआत में Southern blot hybridisation technique का use होता था, जिसमें probe के रूप में radiolabelled VNTR का प्रयोग किया गया है।

  इसके अन्तर्गत

  (i) DNA का isolation.

  (ii) Restriction endonuclease द्वारा DNA का digestion.

  (iii) Electrophoresis द्वारा DNA fragment का separation.

  (iv) Separated DNA fragment को synthetic membrane; जैसे—nitrocellulose या nylon की ओर transfer (blotting).

  (v) Labelled VNTR probe का use कर hybridisation.

  (vi) Hybridisation DNA fragment का autoradiography द्वारा detection.
- Figure 6.16 में DNA fingerprinting का schematic representation किया गया है।

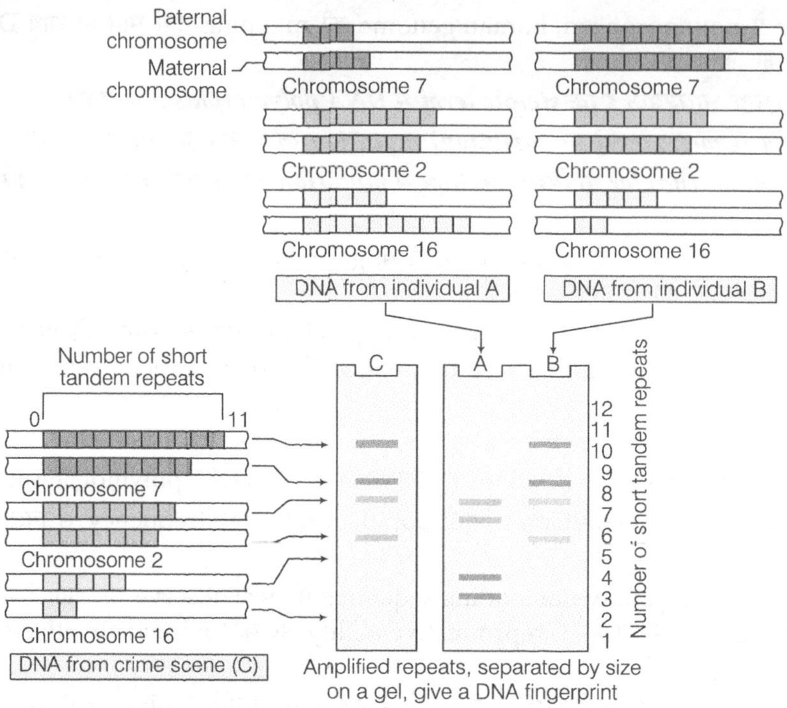

Figure 6.16 Schematic representation of DNA fingerprinting : Few representative chromosomes have been shown to contain different copy number of VNTR. For the sake of understanding different colour schemes have been used to trace the origin of each band in the gel. The two alleles (paternal and maternal) of a chromosome also contain different copy numbers of VNTR. It is clear that the banding pattern of DNA from crime scene matches with individual B and not with A.

- VNTR, satellite DNA के class से belong करते हैं इसलिए इन्हें mini satellite कहते हैं। इसमें DNA का छोटा-सा sequence बहुत-सी copy number में tandemly arranged होता है।
- किसी प्राणी में copy number chromosome to chromosome vary करता हैं।
- Repeat की संख्या में बहुत high degree की polymorphism मिलती है। जिसके परिणामस्वरुप VNTR का size 0.1 से 20 kb तक vary कर सकता है।
- VNTR probe के साथ hybridisation के बाद autoradiogram पर different size के बहुत-से band मिलते हैं। ये band किसी व्यक्ति के DNA के characteristic pattern को दिखाते हैं। ये band monozygotic (identical) twins को छोड़कर किसी भी population में एक व्यक्ति से दूसरे व्यक्ति में different होते हैं।
- Polymerase Chain Reaction (PCR) का use कर इस technique की sensitivity को बढ़ा सकते हैं। इसके परिणामस्वरुप किसी भी एक cell से प्राप्त DNA, DNA fingerprinting की analysis के लिए पर्याप्त है।
- Forensic science में उपयोग के अतिरिक्त DNA fingerprinting के और भी बहुत अधिक उपयोग हैं; जैसे—population और genetic diversity के निर्धारण (determination) में।
- वर्तमान में बहुत-से probe का प्रयोग DNA fingerprint को generate करने में किया जा रहा है।

Chapter Seven

EVOLUTION

- Earth पर life की history का अध्ययन करना evolutionary biology कहलाता है।
- Flora और Fauna में करोड़ों वर्ष पहले earth पर हुए changes को समझने के लिए origin of life के बारे में समझना होगा अर्थात् हमें earth, star और स्वयं universe के evolution को जानना होगा है।
- यह life की origin तथा earth नामक planet पर life form के evolution या biodiversity की कहानी है।

7.1 Origin of Life

- जब हम रात के समय आसमान की ओर stars को देखते हैं, तो हम लोग एक तरह से बीते हुए समय की ओर देखते हैं।
- Stellar distance को light years में मापा जाता है।
- आज हम जिन objects को stars के रूप में देखते हैं उनके द्वारा emitted light की यात्रा लाखों वर्ष (millions of year) पहले शुरू हुई थी।
- ये **stars,** हमसे **trillions of kilometres** दूर है और हमारी आँखों तक पहुँच रहे हैं।
- अपने आस-पास की चीजों को जब हम देखते हैं, तो वे हमें तुरन्त दिख जाती हैं, क्योंकि वे present time की है।
- जब हम stars को देखते हैं, तो हम स्पष्ट रूप से past में ताक-झांक (peeping) कर रहे होते हैं।
- Universe की history में life की origin को एक **unique event** माना गया है।
- Universe विशाल (vast) है, earth अपने आप में universe की केवल एक कणिका (speck) है।
- Universe लगभग 20 billion years old है।
- Universe में galaxies का विशाल समूह (huge clusture) पाया जाता है।
- Galaxies में stars, gaseous cloud तथा dust पाए जाते हैं।
- Universe के size की तुलना में earth एक speck (कणिका) मात्र है।
- Universe की origin के बारे में **Big-Bang theory** हमें कुछ बताने का प्रयास करती है। यह एक singular huge explosion के बारे में बताता है, जो physical term में unimaginable है।

- Explosion के फलस्वरूप universe expend हुआ तथा temperature में कमी आयी। कुछ समय बाद hydrogen और helium जैसी gases बनी।
- ये gases, gravitation के कारण condense हुई और present day universe की galaxies का निर्माण हुआ।
- Milky way galaxy के solar system में earth का निर्माण 4.5 billion years पहले माना जाता है।
- Early earth पर atmosphere नहीं था।
- Water vapour, methane, CO_2, NH_3, आदि earth को cover करने वाले molten mass से release हुई।
- Sun की UV- rays ने water को H_2 एवं O_2 में तोड़ दिया तथा इस प्रकार हल्की H_2 प्राप्त हुई।
- Oxygen ने NH_3 तथा CH_4 के साथ मिलकर water, CO_2 तथा other gases का formation किया।
- Earth के चारों ओर ozone layer बनीं।
- ठण्डे होने पर water vapour, वर्षा के रूप में बरसी तथा सारे depressions (गहरे स्थान) भर गए जिससे oceans बनें।
- Earth बनने के 500 million years बाद (लगभग 4 billion years पहले) life प्रकट हुई।

क्या life अंतरिक्ष (outer space) से आई?

- कुछ वैज्ञानिकों का मानना था कि जीवन (life) अंतरिक्ष से आया है।
- Early greek विचारक मानते हैं कि unit of life (spores), earth सहित विभिन्न planets में transfer हुई थी।
- कुछ astronomers, **panspermia** को अभी भी favourite idea मानते हैं।

Theory of Spontaneous Generation

- काफी समय तक माना जाता रहा कि जीवन decaying तथा rotting matter; जैसे—straw, mud, आदि से प्रकट हुआ ।
- Louis Pasteur ने careful experiment करते हुए यह बताया कि life पहले से उपस्थित (Pre-existing life) life से आयी हैं।
- Pasteur ने दिखाया कि पहले से sterilise किए गए flask में killed yeast से new living organism पैदा नहीं होते जबकि दूसरे खुले flask में killed yeast को रखने से कुछ समय बाद new living organism आ जाते हैं।
  – इस प्रकार Spontaneous generation को हमेशा के लिए dismiss कर दिया गया।

हालाँकि इन सब बातों से यह पता नहीं चलता कि earth पर जीवन सबसे पहले कब आया?

Theory of Chemical Evolution

- Russia के Oparin तथा England के Haldane ने बताया कि जीवन का पहला रूप Pre-existing non-living organic molecules (जैसे– RNA, protein, आदि) से आया हुआ हो सकता है तथा life का निर्माण chemical evolution के बाद हुआ।
- Chemical evolution में inorganic constituents से विभिन्न organic molecules का निर्माण हुआ। उस समय earth की condition–high temperature, volcanic storms, CH_4, NH_3, etc. containing reducing atmosphere था।
- 1953 में अमेरिकी वैज्ञानिक SL Miller ने अपनी lab में प्रारम्भिक earth वाली similar condition पैदा की। इन्होंने close flask 800°C पर electric discharge किया जिसमें CH_4, NH_3, H_2 और water vapour को लिया।
- Electric discharge के फलस्वरूप amino acids प्राप्त हुए।
- अन्य वैज्ञानिकों ने similar experiment में sugars, nitrogen bases, pigments तथा fats को observe किया।
- Meteorite content की analysis से पता चला कि ठीक ऐसी ही processes, space के किसी अन्य स्थान पर होती रहीं होगी ।
- Limited evidence के आधार पर conjectured story (निराधार कल्पना वाली कहानियों) का पहला भाग अर्थात् chemical evolution को थोड़ा बहुत accept किया जा सकता है।
- हम नहीं जानते हैं कि life का self-replication, metabolic capsule कब पैदा हुआ?

- Life का पहला non-cellular form, 3 billion year पूर्व पैदा हुआ होगा तथा वे giant molecules (RNA, protein, polysaccharides, etc.) रहे होंगे।
- ये capsule शायद अपने molecules को reproduce भी करते रहे होंगे।
- जीवन पहला cellular form 2000 mya तक प्रकट नहीं हुआ होगा। सम्भवता ये single-cells रहें होंगे।
- सभी life forms पानी में ही रहे होंगे।
- Non-living molecules के evolution द्वारा धीरे-धीरे life का पहला form बना तथा biogenesis के इस version को अधिकतर लोग स्वीकार करते हैं।
- Life का पहला cellular form कैसे आज की complex biodiversity में विकसित हुआ यह fascinating story नीचे दी गई हैं।

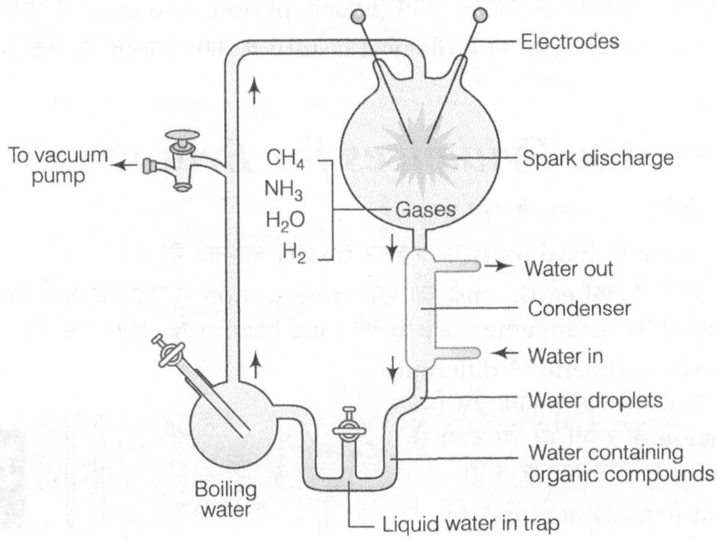

Figure 7.1 Diagrammatic representation of Miller's experiment

7.2 Evolution of Life Forms-A Theory

Theory of special creation

- Conventional religious literature (परम्परागत धार्मिक साहित्य) हमें theory of special creation के बारे में बताते हैं।
- इस theory के तीन connotations (अर्थ) हैं–

(i) संसार में आज जितने भी living organism हैं वे ऐसे ही (as such) बनाए गए होंगे।

(ii) उत्पत्ति के समय से ही यह diversity थी और भविष्य में भी ऐसी ही रहेगी।

(iii) Earth केवल 4000 वर्ष पुरानी हैं।

इन सभी विचारों की 19th century के समय में strongly challenge किया गया।

- Charles Darwin ने HMS Beagle (Sail Ship) पर विश्व भ्रमण के समय observe करके निष्कर्ष निकाला कि पृथ्वी पर उपस्थित living form आपस में तो समानताएँ रखते हैं बल्कि उन life forms से भी समानता रखते हैं, जो करोड़ों वर्ष पहले उपस्थित थी बल्कि अब नहीं हैं।
- पृथ्वी पर विभिन्न life forms समय के साथ नष्ट (Extinct) होते गए और earth history के विभिन्न period में new forms पैदा होते गए। यहाँ पर life form का gradual evolution होता रहा।
- प्रत्येक population की characteristics में variations आती रहीं। इन characteristics ने इन्हें natural condition (climate, food, physical factor, आदि) में रह सकने में सहायता दी तथा दूसरो की अपेक्षा अधिक reproductive strong बनाया।

- Darwin ने individual या population के fitness का जिक्र किया तथा इनके अनुसार ये केवल reproductive fitness है।
- जो environment से better fit थे उनमें दूसरों की तुलना में अधिक सन्तानें उत्पन्न हुई इस प्रकार ये ज्यादा survive करेंगे तथा nature द्वारा select करें जाएँगें। Darwin ने इसे **natural selection** कहा तथा इसे evolution के mechanism के रूप में लागू किया।
- **Alfred Wallace**- यह एक naturalist थे इन्होंने **Malay Archipelago** पर काम किया।
- Darwin के समय इन्होंने भी same conclusion (निष्कर्ष) निकाले।
- समय बीतने के साथ स्पष्ट रूप से नए प्रकार के organism पहचान में आते गए।
- सभी उपस्थित living form, similarities share करते हैं तथा common ancestors, share करते हैं, हालाँकि ये ancestors (पूर्वज) पृथ्वी के इतिहास के विभिन्न समय (epoch, periods and eras) में पाए जाते थे।
- Earth की geological history, earth की biological history के साथ निकटता से जुड़ी (closely correlates) हैं।

7.3 What are the Evidences for Evolution?

- पृथ्वी पर life forms (जीवों) के विकास के कई प्रमाण है।
- Rocks के अन्दर life forms के hard parts के अवशेष **fossils** कहलाते हैं।
- Rocks, sediments बनाती हैं तथा earth crust का एक cross-section में पता चलता है कि एक sediment layer पर दूसरे sediment layer का arrangement earth की long history के समय हुआ है।
- Different age के rocks sediments में different जीवों के fossils पाए गए हैं जोकि सम्भवतया उस विशेष sediment के formation के समय मरे थे। उनमें से कुछ modern organisms से मिलते-जुलते हैं।
- ये extinct organisms (e.g., Dinosaurs) को represent करते हैं।
- Organisms किस geological period में रहता था यह हमें different sediment layers में fossils के अध्ययन से पता चलता है।
- यह अध्ययन बताते हैं कि समय-समय पर life forms बदलते रहते हैं तथा कुछ life forms कुछ विशेष geological time तक ही सीमित रहें।
- अत: life के new forms, इतिहास के अलग-अलग time में प्रकट हुए। इन सभी को **palaeontological evidence** कहा जाता है।

  क्या आप fossils की उम्र calculate करना जानते हैं? क्या आप radioactive dating के method तथा principles को collect करेंगे?
- Comparative (तुलनात्मक) anatomy तथा morphology आज के जीवों में एवं वर्षों पूर्व के जीवों के बीच similarities तथा differences को दर्शाती हैं।
- Common ancestors, shared थे या नहीं, यह हम इस प्रकार की similarities से समझ सकते हैं।

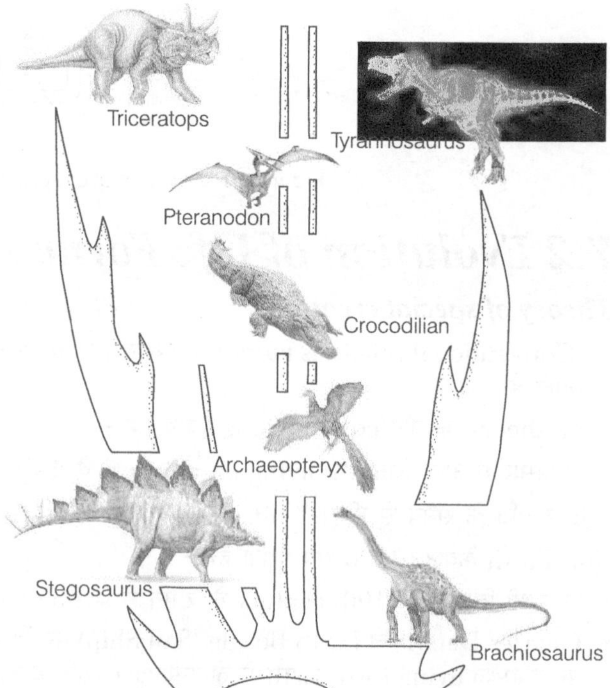

Figure 7.2 A family tree of dinosaurs and their living modern day counterpart organisms like crocodiles and birds

Homologous Organs

- e.g., whales, bats, cheetah तथा human (all mammals) के forelimbs के bones के patterns में समानता पाई जाती है।
- यद्यपि इन animals में forelimbs अलग-अलग functions perform करते हैं परन्तु इनके anatomical structure समान होते हैं; जैसे– forelimbs में **humerus, radius, ulna, carpals, metacarpals** तथा **phalanges**, आदि।
- Different needs के लिए adaptation के कारण same structure भिन्न-भिन्न रूप ले लेते हैं।
- यह **divergent evolution** है तथा ये structures, homologous (समजातीय) होती हैं।
- Homology, common ancestry को दर्शाता है।
- Vertebrate **hearts** या **brains,** इसके अन्य examples है।
- Plants में; जैसे—*Cucurbita* तथा *Bougainvillea* के tendril एवं thorn क्रमश: homology को दर्शाते हैं।
- Homology, divergent evolution पर based है, जबकि analogy इसके ठीक विपरीत होती हैं।

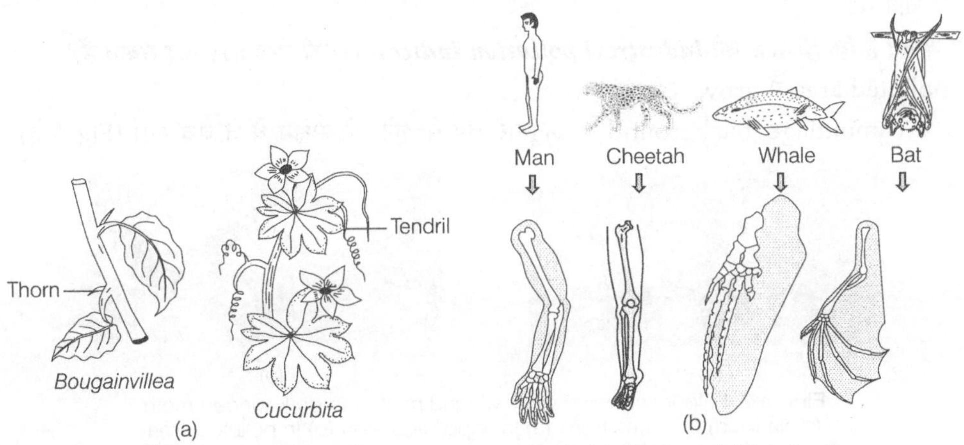

Figure 7.3 Example of homologous organs in (a) Plants and (b) Animals

Analogous Organs

- Butterfly तथा birds के wings लगभग एक-समान दिखते हैं। लेकिन इनके anatomical structures समान नहीं होते हैं यद्यपि ये समान function को perform करते हैं।
- Analogous structures, **convergent evolution** का परिणाम है। e.g., *Octopus* तथा mammals की eye, penguin एवं dolphins के flippers, sweet potato (root modification) तथा potato (stem modification), आदि analogy के उदाहरण हैं।
- Similar habitat में रहने के कारण same functions की ओर organisms के विभिन्न groups में समान adaptive features का चयन हुआ।
- इसी प्रकार विभिन्न organisms में protein तथा gene के द्वारा दिए हुए एक function को perform करने की समानता common ancestry का example है।
- Biochemical समानताएँ भी ठीक उसी shared ancestry की ओर इशारा करती हैं; जैसा कि diverse organisms के बीच structural समानताओं में थी।
- मानवों ने plants एवं animals को agriculture, horticulture, sport या security के लिए चुनकर breed कराया।
- मानवों ने बहुत सारे wild (जंगली) animals तथा crops को domesticate किया।
- इन intensive (सघन) breeding programme से तैयार हुई breeds अन्य breeds से भिन्न थी (e.g. dogs); किन्तु फिर भी यह same group से हैं।

यह तर्क दिया जाता है यदि मनुष्य hundreds of years के भीतर new breeds बना सकता है, तो nature यह कार्य millions of years में क्यों नहीं कर सकती हैं?

Evolution by Natural Selection

Natural selection द्वारा evolution के समर्थन में एक अन्य intresting observation, England में मिला है।

- 1850s के समय (before industrialisation) moths को collect किया गया तथा देखा गया कि collected moths में dark winged या melanised moths की तुलना में white winged moths अधिक थे।
- जबकि ठीक उसी जगह industrialisation के पश्चात् अर्थात् सन् 1920 में dark winged moth अधिक संख्या में मिले अर्थात् ratio inverse हो गया।
- इस observation का explanation इस प्रकार दिया कि industrialisation के बाद industrial smoke तथा shoots (कालिख) के कारण tree trunk काले पड़ गए।
- इस प्रकार के contrasting background में predators से white winged moth नहीं बचे तथा dark winged या melanised moth बच गए।
- Before industrialisation, tree के ऊपर white lichen के thick growth ने trees को लगभग ढक लिया।
- इस प्रकार के background में white winged moth बच जाते थे किन्तु dark winged moth, predator के पकड़ में आ जाते थे।

क्या आप जानते है कि lichen को industrial pollution indicators की तरह use कर सकते हैं?

- Lichen, polluted area में grow नहीं करेंगे।
- वे moths जो camouflage (background के अनुसार रूप बदलने) में सक्षम थे वे बच गए। (Fig. 7.4)

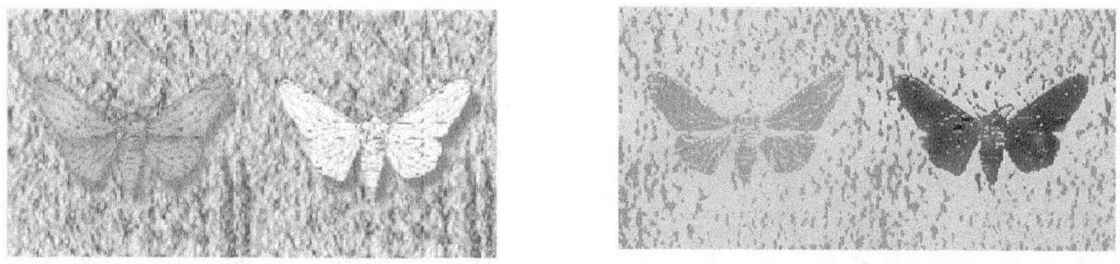

(a) (b)

Figure 7.4 Figure showing white winged moth and dark winged moth (melanised) on a tree trunk (a) In unpolluted area (b) In polluted area

- इसके समर्थन में एक वाक्य है कि जहाँ industrialisation नहीं था (e.g. Rural areas में)। वहाँ melanic moths बहुत ही कम थे।
- यह दर्शाता है कि एक mixed population में जो better adopt कर सकते हैं वे survive करेंगे तथा उनके population size में वृद्धि होगी।
- याद रहे किसी भी variant का सम्पूर्ण विनाश नहीं होता है।

Evolution by Anthropogenic Action

- Herbicides, pesticides, etc. के अत्यधिक प्रयोग के परिणामस्वरूप केवल कम समय में resistant varieties का चयन हुआ।
- यही बात microbes के लिए भी सही सिद्ध होती हैं जिनके लिए हम antibiotics या अन्य drugs को eukaryotic organisms या cell के रूप में उपयोग करते हैं। इस प्रकार centuries में नहीं बल्कि months या years की समयावधि में ही resistant organisms/cells प्रकट हो रहे हैं।
- ये anthropogenic action (मानवकृत्त) द्वारा evolution का एक example है। यह हमें बताता है कि determinism के sense में evolution एक directed process नहीं है।
- यह एक stochastic (random) process है, जो nature के chance events तथा organisms में chance mutation पर आधारित हैं।

7.4 What is Adaptive Radiation?

- Darwin अपनी यात्रा के समय **Galapagos islands** गए थे। जहाँ पर उन्होंने creatures की एक amazing diversity देखी, विशेषकर small black birds **(Darwin's finches)** ने उन्हें आश्चर्यचकित किया।
- उन्होंने इस Island पर finches की कई varieties पाई। जितनी भी varieties को उन्होंने अनुमानित (conjectured) किया, वो इस Islands में ही विकसित हुई थी।
- Original seed-eating features से लेकर altered beaks के साथ अन्य रूप में विकसित हुई।
- Beak में परिवर्तन के कारण कुछ insectivorous तथा कुछ vegetarian finches में adapt हो गई।
- एक given geographical area में विभिन्न species के evolution का यह process एक point से शुरू होकर geography (habitat) के अन्य area में radiate होता है, इसे adaptive radiation कहते हैं।
  - Darwin finches इस घटना का best example हैं।
  - Australian marsupial इसका एक और example है।
- Australian marsupials जो एक-दूसरे से भिन्न थे, एक ancestral stock से विकसित (लेकिन Australian island continent के अन्दर) हुए।
- एक isolated geographical area (different habitat को दर्शाते हैं) में जब एक से अधिक adaptive radiation प्रकट होते हैं, तो इसे **convergent evolution** कहा जा सकता है।
- Australia के placental mammals भी इस प्रकार के placental mammals की varieties के विकास में adaptive radiation प्रदर्शित करते हैं।
- जिनमें से प्रत्येक मेल खाते marsupials (e.g. placental wolf तथा Tasmanian wolf-marsupials) के समान दिखते हैं।

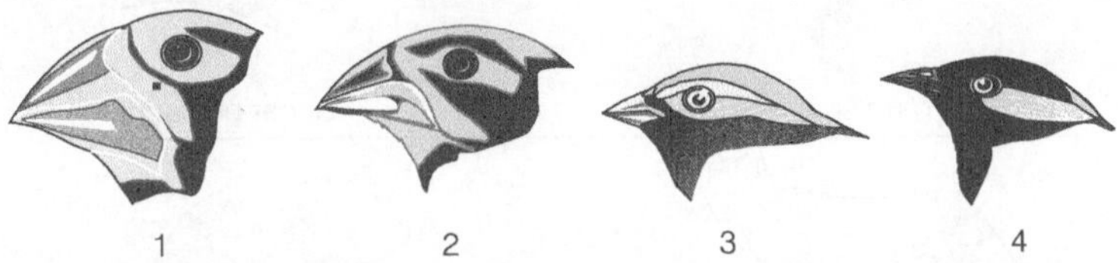

Figure 7.5 Variety of beaks of finches that Darwin found in Galapagos Island

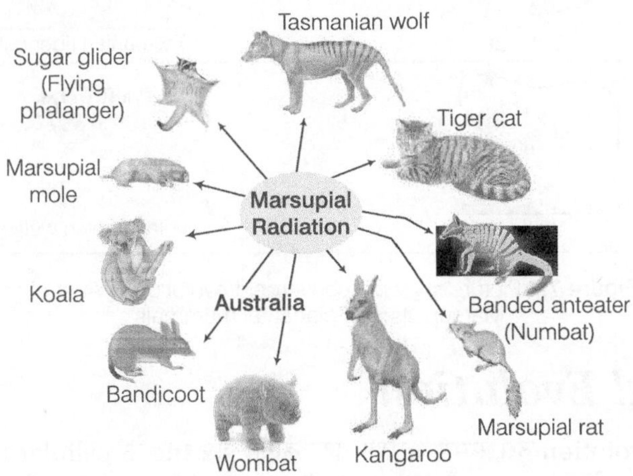

Figure 7.6 Adaptive radiation of marsupials of Australia

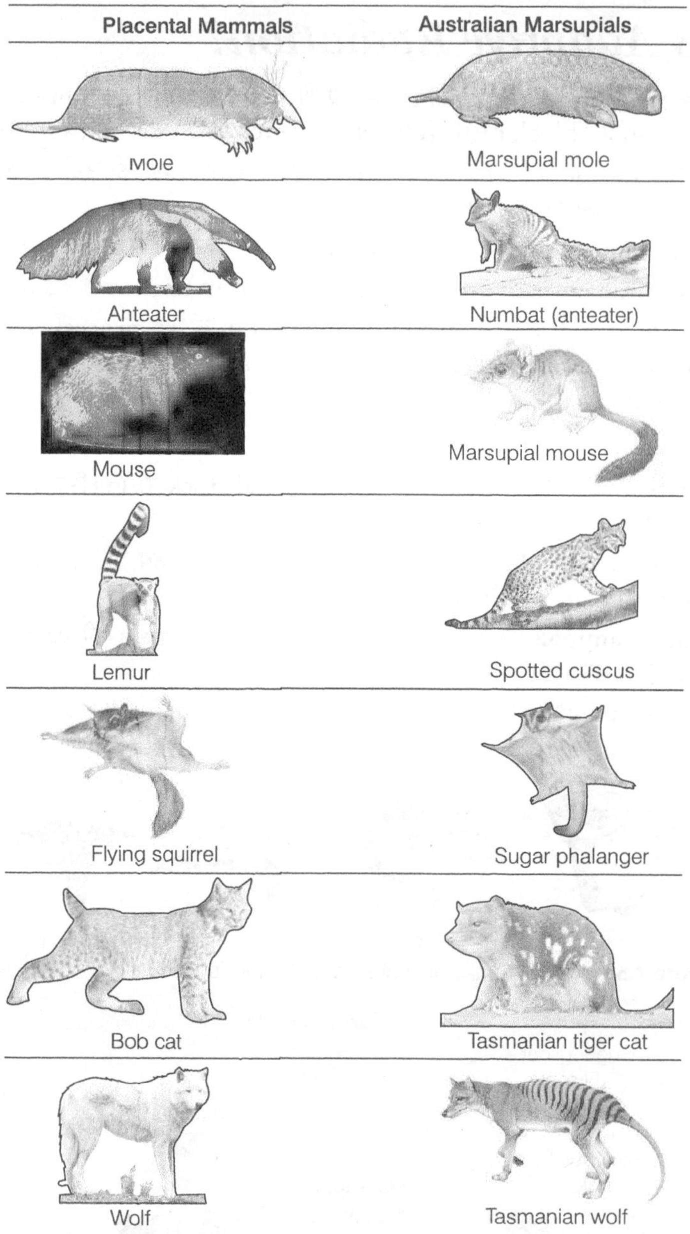

Figure 7.7 Picture showing convergent evolution of Australian Marsupials and placental mammals

7.5 Biological Evolution

- Natural selection से evolution उस समय आरम्भ हुआ होगा, जब life के cellular form ने अपनी metabolic capability में differences के कारण earth पर अपना जीवन आरम्भ किया होगा।
- Evolution के लिए Darwinian theory का essence (मूल तत्व), natural selection है।
- New form के appearance की दर, life cycle या lifespan से linked (सम्बद्ध) है।
- Microbes जिसमें तेजी से divide करने की क्षमता होती हैं वह multiply करके एक घण्टे के अन्दर millions of individuals बन जाते हैं।

- Bacteria की एक colony (मान लीजिए A) जो एक विशेष given medium में वृद्धि करती है। जिनमें feed component को utilise करने की variation बन चुकी हैं।
- Medium के composition में बदलाव से population का केवल वह part (मान लीजिए B) सामने आएगा, जोकि new condition में survive कर सके।
- एक समयावधि के समय यह variant population, अन्य से अधिक वृद्धि करके एक new species बन जाती हैं। यह कुछ दिनों के भीतर ही होता है।
- ठीक यही बात fish या fowl के लिए millions of years में होगी; क्योंकि इन animal की lifespan वर्षों में होती हैं। यहाँ हम कह सकते हैं कि new condition में 'B' की fitness 'A' से better है।
- Nature, fitness को चुनती है।
- यह अवश्य याद रखना चाहिए कि यह so-called fitness उन characteristics पर आधारित है, जो inherited होती है। अत: select तथा evolve होने के लिए निश्चित ही एक genetic आधार होना चाहिए।
- दूसरे शब्दों में, कुछ organisms, hostile (विपरीत) environment में जीवित रहने में better adapted हैं।
  - Adaptation की क्षमता inherited होती है।
  - इसका genetic आधार होता है।
- Adapt करने की क्षमता तथा nature द्वारा select होने का अन्तिम परिणाम **fitness** होता है।
- Darwinian theory of evolution के दो key concepts, **branching descent** तथा **natural selection** हैं।
- Darwin से पहले एक French **naturalist 'Lamarck'** ने कहा था कि life forms का evolution, organs के use तथा disuse के कारण हुआ।
- उन्होंने giraffes का example दिया, जिन्होंने लम्बे पेड़ों की पत्तियों को चरने के लिए अपने neck की लम्बाई बढ़ाकर अपने को adapt किया तथा elongated neck वाले acquired character को succeeding generations (पीढ़ी-दर-पीढ़ी) में प्रदान किया।
- वर्षों बाद Giraffe ने धीरे-धीरे long neck को प्राप्त किया।
- आज इस conjecture पर कोई believe नहीं करता।

क्या evolution एक process है या एक process का परिणाम है?

- आज हम जो inanimate या animate world देख रहे हैं। यह केवल evolution की success story है।
- जब हम world की इस story को describe करते हैं, तो हम evolution को एक process के रूप में describe करते हैं।
- दूसरी ओर जब हम earth पर life की story को describe करते हैं, तो हम evolution को natural selection नामक एक process का परिणाम मानते हैं।
- हम अभी भी पूरी तरह से स्पष्ट नहीं है कि हम evolution तथा natural selection को एक process माने या फिर unknown process के end result का रूप।
- यह सम्भव हो सकता है कि population पर **Thomas Malthus** द्वारा किए work ने Darwin को प्रभावित किया हो।
- Natural selection कुछ खास observation पर based है, जोकि वास्तविक (factual) है।
- **Example**–Natural resources सीमित है—seasonal fluctuation को छोड़कर population का size स्थिर रहता है।
  - एक population के members, characteristics में भिन्न होते हैं (वास्तव में दो individuals एक-समान नहीं होते हैं) यद्यपि वे superficially एक जैसे दिखते हो।
  - अधिकतर variation, inherited होते हैं।
- प्रत्येक जीव maximally reproduce करें, तो population size, विस्फोटक (exponential) रूप में बढ़ सकता है। (यह fact, bacterial population की वृद्धि में देखा जा सकता है।)
- वास्तविक रूप में population का size limited होता है अर्थात् resources के लिए competition हैं।
- केवल कुछ ही survived होते हैं, जबकि अन्य flourish नहीं कर सकते।

- Darwin के अन्दर novelty (विलक्षणता) तथा brilliant यह थी कि—
  – इन्होंने heritable variation पर जोर दिया, जो कुछ को resources utilisation में सक्षम बनाती है (जो habitat में adapt हो जाते हैं)।
  – केवल सक्षम organism, reproduce करेंगे तथा अधिक से अधिक सन्तानें पैदा करेंगे।
- इस कारण से एक समय बाद generation में survivors, कई सन्तानें उत्पन्न करेंगें तथा population characteristic में change होने से new form प्रकट हो जाएगी।

7.6 Mechanism of Evolution

- Variation की origin क्या है तथा speciation कैसे होता है?
- Mendel ने ऐसे 'inheritable factors' के विषय में बताया, जो phenotype को प्रभावित करते हैं।
- Darwin ने इन observations पर ध्यान नहीं दिया या चुप रहें।
- Twentieth century के प्रथम दशक (first decade) में **Hugo de Vries** ने evening primrose पर काम कर mutation के विचार को आगे बढ़ाया।
- **Mutation** Population में अचानक होने वाले बड़े-बड़े परिवर्तन (large differences) को mutation कहते हैं।
- Hugo de Vries मानते थे कि evolution का कारण mutation ही है न कि छोटी-छोटी variations (heritable) जिन पर Darwin ने जोर दिया था।
- Mutation, random तथा बिना direction वाले होते हैं, जबकि Darwinian variation छोटी तथा direction वाली थी।
- Darwin के लिए evolution एक gradual (क्रमबद्ध) process था, जबकि de Vries के अनुसार, mutation, species की उत्पत्ति (speciation) का कारण था।
- Hugo de Vries ने mutation को saltation (single step large mutation) बताया।
- Population genetics में अध्ययन से इसमें स्पष्टता आ गई।

7.7 Hardy-Weinberg Principle

- इसके अनुसार, एक population में एक gene या एक locus के allele की frequency of occurrence को पता कर सकते हैं।
- माना जाता है कि यह frequency, fix रहती है, जो एक पीढ़ी से दूसरी पीढ़ी तक same रहती हैं।
- Hardy-Weinberg principle को बताने के लिए algebraic equations का use करती हैं।
- इस principle के अनुसार, एक population में allele frequencies, stable रहती है तथा पीढ़ी-दर-पीढ़ी constant रहती है।
- Gene pool (एक population में total genes तथा alleles) हमेशा constant रहता है, इसे **genetic equilibrium** कहते हैं।
- All alleleic frequencies का योग 1 होता है तथा individual frequencies को p, q, आदि कहा जा सकता है।
- Diploid में p तथा q, allele **A** तथा allele **a** की frequency को represent करते हैं।
- एक population में **AA individuals** की frequency simply p^2 होती है।
- इसी प्रकार **aa individual r** की frequency q^2 होती है तथा Aa frequency $2pq$ होती है।
  अत: $p^2 + 2pq + q^2 = 1$
  यह $(p + q)^2$ का binomial expansion है।
- जब नापी गई frequency, expected value से differ (भिन्न) होती है, तो ये differences (direction), extent (व्यापकता) of evolutionary change को indicate (संकेत) करते हैं।
- Genetic equilibrium या Hardy-Weinberg equilibrium में disturbance अर्थात् एक population में allele frequency में परिवर्तन का परिणाम **evolution** है।

- Hardy-Weinberg equilibrium को प्रभावित करने वाले **5 factors** निम्न हैं
  - Gene migration or gene flow
  - Genetic drift
  - Mutation
  - Genetic recombination
  - Natural selection
- जब population (origin population) के एक section का migration दूसरे population (new population) में होता है, तो gene frequencies दोनों populations में change हो जाती है।
- New population में new gene/alleles जुड़ते हैं तथा ये old population से घट जाते हैं।
- यदि यह gene migration बार-बार होता है, तो **gene flow** कहलाता है।
- अगर **same change, by chance** (संयोगवश) होता है, तो यह **genetic drift** कहलाता है।
- कभी-कभी allele frequency का यह परिवर्तन population के new sample में इतना भिन्न हो जाता है कि वह different species बन जाती है।
- Original drifted population, संस्थापक (founder) बन जाती है और इस प्रभाव को Founder effect कहा जाता है।
- Microbial experiments दर्शाते हैं कि जब pre-existing लाभदायक mutation का selection होता है तब परिणामस्वरूप new phenotype प्राप्त होता है तथा कुछ generation बाद यही new species (speciation) बन जाती है।
- Natural selection एक ऐसा process है जिसमें heritable variations अच्छे survival के लिए population को सक्षम बनाती है इसके फलस्वरूप सन्तानें अधिक संख्या मे पैदा होती हैं।
- Future generation में gene तथा allele की frequency में बदलाव variation का परिणाम हैं।
- Variation का कारण **mutation,** gametogenesis के समय होने वाला recombination, **gene flow** या **genetic drift** है।
- इसके साथ reproductive success में बढ़ोत्तरी जुड़ी होने के कारण natural selection ने इन्हें different population के जैसा बना दिया।
- Natural selection किसी भी population को stabilise कर सकता है, directional change ला सकता या disruption कर सकता है।
- **Stabilisation**–अधिकतर individual, **mean character** value को acquire करते हैं।
- **Directional change**–अधिकतर individual, other than mean character value को acquire करते हैं।
- **Disruption**–अधिकतर individual, distribution curve में both end पर **peripheral character** को acquire करते हैं।

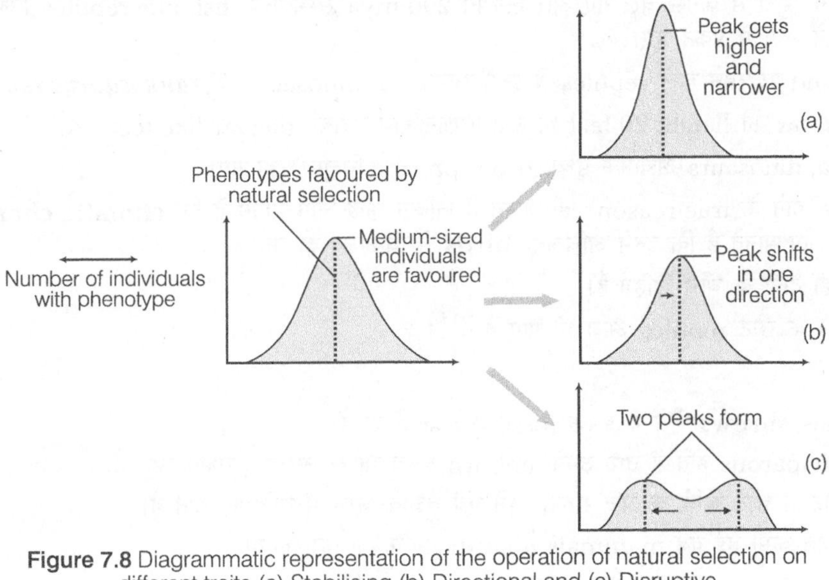

Figure 7.8 Diagrammatic representation of the operation of natural selection on different traits (a) Stabilising (b) Directional and (c) Disruptive

7.8 A Brief Account of Evolution

- लगभग 2000 mya पृथ्वी पर जीवन का पहला cellular form प्रकट हुआ।
- Giant macromolecules के non-cellular aggregates से membrane enveloped cell कैसे विकसित हुई, इसकी machanism नहीं पता है। इनमें कुछ cells में O_2 को release करने की क्षमता थी। यह reaction सम्भवतया photosynthesis में light reaction के समान हो रही होगी जहाँ जल, solar energy की सहायता से split होता है।
  – Solar energy का capture तथा channelisation, light harvesting pigments द्वारा होता है।
- धीरे-धीरे single-celled organism, multicellular में परिवर्तित हुए।
- 500 mya, **invertebrate** बने व active हुए।
- लगभग 350 mya सम्भवतया **jaw less fish** बनी।
- लगभग 320 mya सम्भवतया **sea weeds** तथा **few plant** अस्तित्व में आए।
- Land (धरती) पर सबसे पहले invade(प्रकट) होने वाले organism plants थे।
- जब animal, land पर आए तब तक plants धरती पर अधिक फैल चुके थे।

Amphibian

- Stout तथा strong fine वाली fish, land पर आ जा सकती है तथा ऐसा लगभग 350 mya सम्भव हुआ था।
- 1938 में South Africa में एक fish पकड़ी गई, जो ***Coelacanth*** थी जिसे extinct मान लिया गया था। ऐसे animals को **lobe fins** कहा गया, जो **first amphibians** में evolve (विकसित) हुए।
- Amphibian, land तथा water दोनों में रहते हैं।
- हमारे पास इनका कोई specimen नहीं बचा है हालाँकि ये modern day के frog और salamanders के ancestors (पूर्वज) थे।

Reptiles

- Amphibian, विकसित होकर reptiles बनें।
- Reptiles, thick shell वाले अण्डे देते थे, जो amphibian की तरह धूप में सूखते नहीं थे।
- आज reptiles के केवल modern day descendent (उत्तराधिकारी) दिखते हैं; जैसे— turtles, tortoise तथा crocodile.
- Next 200 million years बाद विभिन्न size तथा shape वाले reptiles पृथ्वी पर dominate रहें।
- Giant ferns (pteridophytes) उपस्थित थे लेकिन धीरे-धीरे मृत होकर कोयले के भण्डार बन गए।
- कुछ reptile पुन: पानी में वापस चले गए और लगभग 200 mya सम्भवतय: fish-like reptiles (जैसे— *Ichthyosaurs*) के रूप में प्रकट हुए।
- Dinosaurs, land पर रहने वाले reptiles थे इनमें सबसे बड़ा dinosaurs, ***Tyrannosaurus rex*** था।
- *Tyrannosaurus rex* की height 20 feet थी तथा विशालकाय डरावने daggar-like teeth थे।
- लगभग 65 mya, dinosaurs अचानक पृथ्वी से disappear (विलुप्त) हो गए।
- हम Disappear होने के true reason नहीं जानते हैं लेकिन कुछ लोग मानते हैं कि **climatic changes** ने इन्हें मार डाला तथा कुछ लोग मानते है कि इनमें अधिकतर **birds** में विकसित हो गए।
  -सत्य शायद इन्हीं दोनों के बीच निहित हैं।
- उस area (युग) के छोटे reptiles आज भी पाए जाते हैं।

Mammals

- First mammals, **shrews** जैसे थे इसके fossil छोटे size के हैं।
- Mammals, viviparous होते हैं तथा उनके unborn बच्चे माँ के अन्दर सुरक्षित रहते हैं।
- Mammals छोटे से छोटे खतरे के प्रति सतर्क रहने एवं बचाव करने में बुद्धिमान होते हैं।
- Reptiles की जब कमी हुई तब mammals ने earth पर कब्जा कर लिया।
- South America में mammals; जैसे— Hippopotamus, bear, rabbit, आदि रहते थे।

- Continental drift (महाद्वीपीय विस्थापन) के कारण जब South America, North America से मिल गया, तो ये animals, North America fauna के दबाव में आ गए।
- Same continental drift के कारण ही Australian mammals (e.g. Kangaroo–Pouched mammals) जीवित रहे, क्योंकि उनमें दूसरे अन्य mammals से competition कम था।
- कुछ mammals पूरी तरह से जल में ही रहते है; जैसे—whale, dolphins, seals, sea cow, आदि।

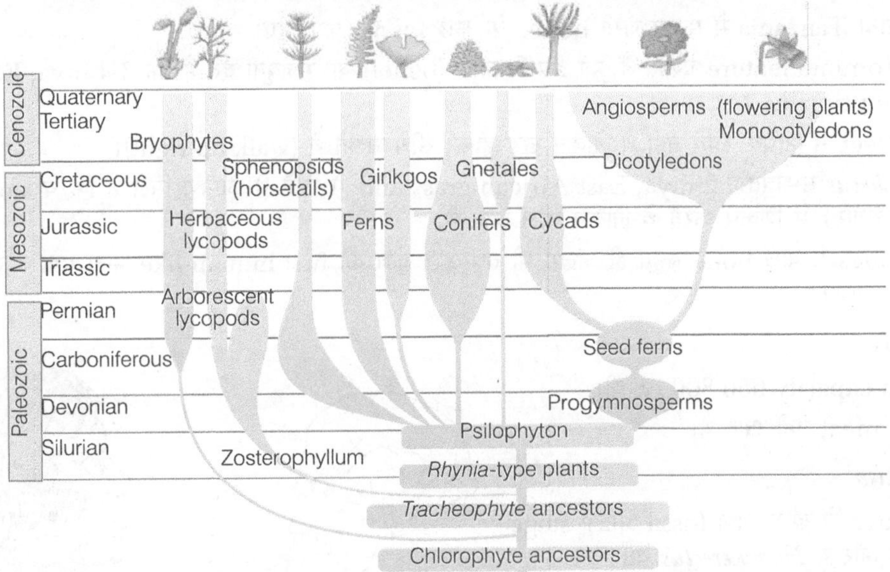

Figure 7.9 A sketch of the evolution of plant forms through geological periods

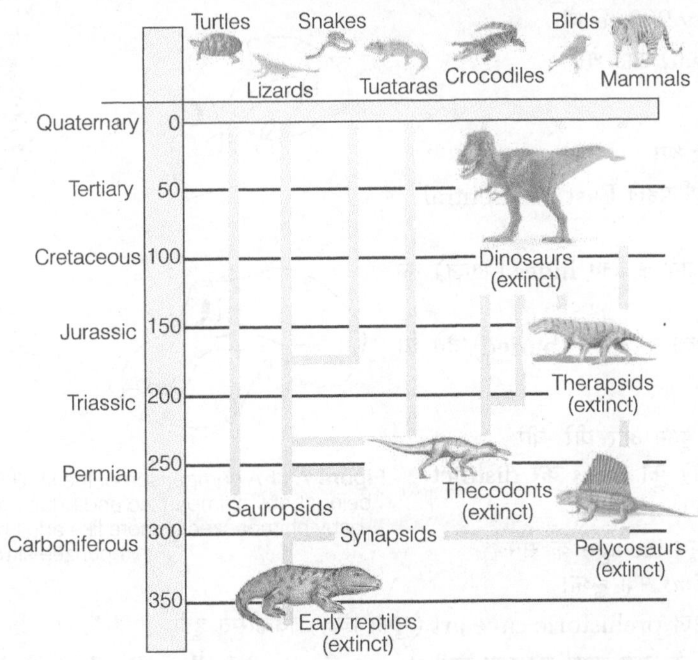

Figure 7.10 Representative evolutionary history of vertebrates through geological periods

- Horse, elephant, dog, आदि के evolution की बातें evolution की special story हैं।
- Human evolution सर्वाधिक सफलता की कहानी है।
- मनुष्य के पास language, skills तथा self-conciousness होती है।
- Life forms के evolution का एक rough sketch, geological scale पर उसका time दिया गया है।

7.9 Origin and Evolution of Man

- लगभग 15 million years ago (mya), ***Dryopithecus*** and ***Ramapithecus*** नामक primate रहते थे।
- इनके शरीर पर बाल (hair) थे तथा ये gorilla एवं chimpanzee की तरह चलते थे।
- *Dryopithecus,* ape जैसा तथा *Ramapithecus* मनुष्य जैसा था।
- Ethiopia तथा Tanzania में मनुष्य जैसी bones के कुछ fossils प्राप्त हुए।
- ये fossil, Hominid feature दर्शाते हैं, जो इस विश्वास (belief) को मजबूती देते हैं कि 3-4 mya, Eastern Africa में man-like primates रहते थे।
  - ये लोग 4 feet से अधिक लम्बे नहीं थे लेकिन खड़े होकर सीधे चलते थे (walk up right)।
- *Australopithecus* सम्भवतया 2 mya, East African grassland में रहते थे। प्रमाण मिले हैं कि ये stone weapons (पत्थर के हथियार) से शिकार करते थे लेकिन **फल** खाते थे।
- खोजी गई bones में कुछ bone बहुत ही अलग थी तथा इस जीव को first human-like माना गया और इसे ***Homo habilis*** कहा गया।

Homo habilis

- इसकी brain capacity 650-800 cc थी।
- ये सम्भवतया meat नहीं खाते थे।

Homo erectus

- सन् 1891 Java में खोजा गया fossil अगली stage को दर्शाता है और ये *Homo erectus* था।
- ये 1.5 mya पहले था।
- इसकी brain capacity 900 cc थी।
- ये सम्भवतया माँस (meat) खाते थे।

Neanderthal

- Brain size, 1400 cc था।
- 1,00,000-40,000 वर्ष पहले East तथा Central Asia में रहते थे।
- ये अपनी body को बचाने के लिए hides (खाल) का इस्तेमाल करते थे।
- ये dead body को जला या दफना (buried) देते थे।

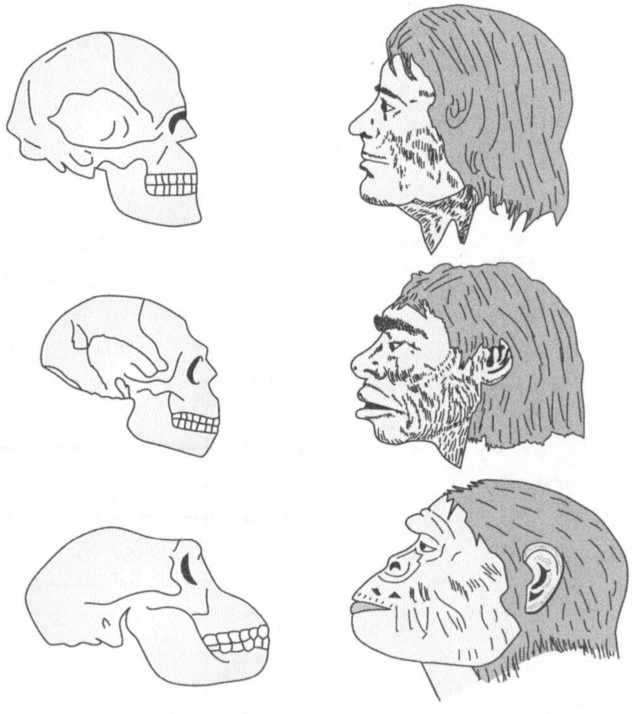

Figure 7.11 A comparison of the skulls of adult modern human being, baby chimpanzee and adult chimpanzee. The skull of baby chimpanzee is more like adult human skull than adult chimpanzee skull

Homo sapiens

- ये Africa में विकसित हुआ और धीरे-धीरे continents (महाद्वीपों) को cross कर distinct races में विकसित हुआ।
- 75000-10,000 वर्ष पूर्व ice age के समय modern *Homo sapiens* पैदा हुआ।
- लगभग 18000 वर्ष पहले prehistoric cave art (गुफा चित्र) विकसित हुई।
- Prehistoric human के द्वारा बनाई गई एक ऐसी cave painting Madhya Pradesh के Raisen district में उपस्थित Bhimbetka rock shelter में देख सकते हैं।
- लगभग 10,000 वर्ष पहले agriculture की शुरूआत हुई तथा मानव बस्तियाँ (human settlement) बनना शुरू हुई थी।
- बाकी जो हुआ वह human history की growth तथा decline of civilisation (सभ्यता की प्रगति) का हिस्सा हैं।

UNIT–VIII

BIOLOGY IN HUMAN WELFARE

M.S. SWAMINATHAN
(1925)

- इनका जन्म August 1925 में Tamil Nadu के Kumbakonam में हुआ था।
- Mankambu Sambasivan Swaminathan ने Madras University से Botany में graduation तथा post-graduation किया।
- इन्होंने India तथा abroad (विदेश) में स्थित कई institutions में अलग-अलग हैसियत से काम किया तथा plant breeding एवं genetics में अपनी expertise को develop किया।
- Rice (including scented Basmati) की short-duration high-yielding varieties को विकसित करने के लिए Indian Agriculture Research Institute (IARI) में स्थित Cytogenetics तथा Radiation research school ने Swaminathan तथा इनकी team की सहायता की।
- इनको crop cafeteria, crop scheduling तथा genetics की सहायता से crop की yield एवं quality को improve करने आदि के concept विकसित करने वाले वैज्ञानिक के रूप में भी जाना जाता है।
- Swaminathan ने Norman Borlaug के साथ मिलकर काम शुरू किया जिसके फलस्वरूप India में wheat की Maxican varieties के introduction से Green Revolution आया।
- इनके इस कार्य को अत्यधिक recognise तथा appreciate किया गया।
- आप 'Lab-to-Land', food security तथा कई अन्य environmental programmes के initiator रहें।
- इन्हें Padma Bhushan तथा कई अन्य prestigious awards, medals एवं fellowship मिलने का गौरव प्राप्त है।

Chapter Eight

HUMAN HEALTH AND DISEASE

- एक लम्बे समय तक health को body और mind की ऐसी स्थिति माना था, जहाँ body के कुछ तरलों (humors) का एक balance होता था।
- Early Greeks; जैसे–**Hippocrates** तथा भारतीय **Ayurveda system** भी यही दावा करते थे।
- ऐसे माना जाता था कि black bile वाले व्यक्ति hot personality वाले होते हैं और उन्हें बुखार होता है।
- इस प्रकार के idea मात्र pure reflective विचारधारा थी।
- William Harvey ने experimental method के द्वारा blood circulation की खोज की और thermometer का use करते हुए black bile वाले persons के शरीर का normal body temperature दिखाकर health की 'good humor' hypothesis को गलत सिद्ध किया।
- कुछ वर्षों बाद जैविकी ने बताया कि neural तथा endocrine system हमारे immune system को प्रभावित करते हैं और हमारा immune system हमारी health को बनाए रखता है।
- इस प्रकार mind और mental state हमारी health को प्रभावित करते है। नि:संदेह health निम्नलिखित बातों से प्रभावित होती है

  (i) **Genetic disorders** वे deficiency जिनको लेकर बच्चा पैदा होता है और वे deficiencies या defects जो बच्चे को जन्म से ही माँ-बाप से genetic रूप में मिलते हैं।

  (ii) **Infection**

  (iii) **Life sytle** इसमें खान-पान, rest और exercise तथा habits जो हममें हैं या जो नहीं हैं, आदि।
- हम सभी health शब्द का उपयोग frequently करते हैं।
- ***Health को हम कैसे define करेंगे?*** Health का अर्थ मात्र 'absence of disease' या 'physical fitness' नहीं है।
- Health ऐसी अवस्था है, जिसमें complete physical, mental और social well-being पाई जाए।

- जब लोग healthy होते हैं, तो वे कार्य करने में अधिक सक्षम होते हैं तथा इससे productivity बढ़ती है और अधिक खुशहाली आती है।
- Health से लोगों की आयुकाल (longevity) बढ़ती है तथा infant एवं maternal mortality में कमी आती है।
- अच्छी health बनाए रखने के लिए balanced diet, personal hygiene और regular exercise जरूरी है।
- Physical और mental health पाने के लिए अतिप्राचीन समय (time immemorial) से **yoga** का अभ्यास किया जा रहा है।
- Good health के लिए निम्न चीजें आवश्यक हैं
  - Disease तथा विभिन्न body functions पर उसके प्रभाव।
  - Infectious disease के प्रति vaccination (immunisation)
  - Waste का proper disposal
  - Vector का control
  - Hygienic food तथा water resources का maintenance.
- जब body के एक या एक से अधिक organ या organ system के function बुरी तरह प्रभावित होते हैं, जो विभिन्न signs और symptoms द्वारा characterise होते हैं, तो हम कहते हैं हम स्वस्थ नहीं है अर्थात् हमें disease हो गई है।
- जो disease एक person से दूसरे person में आसानी से transmit हो जाती हैं उन्हें **infectious disease** कहते हैं।
- Infectious diseases बहुत common हैं और हम सब कभी-न-कभी इसके शिकार हुए हैं।
- कुछ infectious diseases में 'AIDS' एक fatal (जानलेवा) बीमारी है।
- Non-infectious बीमारी में cancer है, जो मृत्यु का एक मुख्य कारण है।
- Drugs तथा alcohol abuse भी हमारी health पर बुरा प्रभाव डालते हैं।

8.1 Common Diseases in Humans

- अनेकों जीव; जैसे-**bacteria, viruses, fungi, protozoans, helminths,** आदि मनुष्य में बीमारी या रोग पैदा करते हैं। मनुष्य में disease पैदा करने वाले organisms को pathogens कहते हैं।
- इसलिए अधिकांश parasites, pathogen होते हैं, क्योंकि ये host के अन्दर या ऊपर रहकर उन्हें हानि पहुँचाते हैं।
- Pathogens हमारे शरीर में कई तरह से प्रवेश कर सकते हैं और अपनी संख्या में वृद्धि कर हमारी normal vital activities को interfere करते हैं, जिसके फलस्वरूप morphological और functional damage होते हैं।
- Pathogen को host के environment के अनुसार अपने आप को adapt कर लेना चाहिए। उदाहरण—Pathogen, जो gut से प्रवेश करते हैं, तो उन्हें stomach के lower pH में जीवित रहने तथा वहाँ उपस्थित विभिन्न digestive enzymes के प्रति resistance होना चाहिए।

Typhoid

- *Salmonella typhi* एक pathogenic bacteria है, जिससे मानव में typhoid fever होता है।
- ये pathogen प्राय: दूषित जल-पान (contaminated water and food) के द्वारा small intestine में पहुँच जाता है तथा वहाँ से blood के द्वारा शरीर के अन्य organs में पहुँच जाता है।
- **Common symptoms** Sustained high fever (39°-40°C), weakness, stomach pain, constipation, headache और loss of appetite (anorexia).
- Severe cases (गम्भीर मामलों) में intestine में छेद हो जाता है, जिससे मृत्यु भी हो सकती है।
- Typhoid fever की पुष्टि **widal test** से हो सकती है।
- Medicine में एक classical case, **Mary Mallon** (nickname-*Typhoid Mary*) का है, जिसका यहाँ description करना ठीक होगा। यह profession से cook थी और खाने के द्वारा वर्षों तक typhoid carrier के रूप में typhoid फैलाती रही।

Pneumonia

- ***Streptococcus pneumoniae*** तथा ***Haemophilus influenzae***; जैसे— bacteria मानवों में pneumonia के लिए उत्तरदायी होते हैं। ये lungs के alveoli (air filled sacs) को infects करते हैं।
- Infection के कारण alveoli में fluid भर जाता है, जिसके कारण साँस लेने में severe problems होती है।
- **Symptoms** fever, chill, cough and headache.
- Severe cases में, lips और finger nails gray से bluish colour में change हो जाते हैं।
- Infected person द्वारा छोड़े गए droplets अथवा aerosol को साँस द्वारा अन्दर लेने से या infected person के glass और बर्तन use करने से यह बीमारी फैलती है।
- मानव में होने वाली कुछ और bacterial disease और उनके causal organism निम्नलिखित हैं
  - Dysentery – *Shigella dysenteriae*
  - Plague – *Yersinia pestis*
  - Diphtheria – *Corynebacterium diphtheriae*

Common Cold

- बहुत से virus के द्वारा भी मानव में बीमारी होती है।
- **Rhinovirus** के द्वारा मानव में most infectious disease-common cold होती है।
- ये nose तथा respiratory path को infect करते हैं, लेकिन lungs को नहीं।
- **Symptoms** Nasal congestion and discharge, sore throat, hoarseness, cough, headache, tiredness.
- ये symptoms usually 3 से 7 दिन में समाप्त हो जाते हैं।
- Infected person की खाँसी या छींकों से निकले droplets जब healthy person द्वारा साँस लेने पर अन्दर जाते हैं अथवा pens, books, cups, doorknobs, computer या keyboard या mouse जैसे दूषित infected objects के सम्पर्क में आते हैं, तो infection हो जाता है।

Malaria

- Human में कुछ रोग protozoans से भी होते हैं।
- आपने malaria के बारे में सुना होगा, एक ऐसी disease जिससे मानव कई वर्षों तक लड़ता आ रहा है।
- *Plasmodium,* एक बहुत छोटा protozoan, है, जो मलेरिया के इसके लिए responsible है।
- *Plasmodium* की different species (*P. vivax, P. malariae, P. falciparum*) विभिन्न प्रकार के malaria के लिए responsible है।
- *Plasmodium falciparum* द्वारा होने वाला malignant malaria सबसे serious और घातक भी हो सकता है।
- जब infected female *Anopheles* मानव को काटती है, तो *Plasmodium sporozoites* (infectious form) के रूप में human body में घुस जाते हैं।
- शुरूआत में parasites liver में अपनी संख्या बढ़ाते रहते हैं और फिर RBC पर attack करते हैं, जिससे RBC फट जाती है।
- RBC के फटने के साथ ही एक toxic substance **haemozoin** निकलता है, जो chill (ठिठुरन) और प्रत्येक 3 से 4 दिन के interval पर आने वाले high fever के लिए responsible होता है।
- जब female *Anopheles* mosquito किसी infected person को काटती है, तब parasite (gametocytes) उसके शरीर में प्रवेश कर जाते हैं और उनका आगे का development होता है।
- ये parasites mosquito के अन्दर multiply करके sporozoites बनाते हैं, जो salivary glands में store हो जाते हैं। जब ये mosquito किसी human को काटते हैं, तो sprozoites उसके शरीर में enter कर जाते हैं और इस प्रकार, बताए गए events फिर से शुरू हो जाते हैं।
- Malaria के parasite को अपनी life cycle को पूरा करने के लिए human तथा mosquito, दो host की आवश्यकता होती है।
- Female *Anopheles* mosquito (transmitting agent) vector भी है।

आइए Plasmodium की life cycle पर दृष्टि डालते हैं

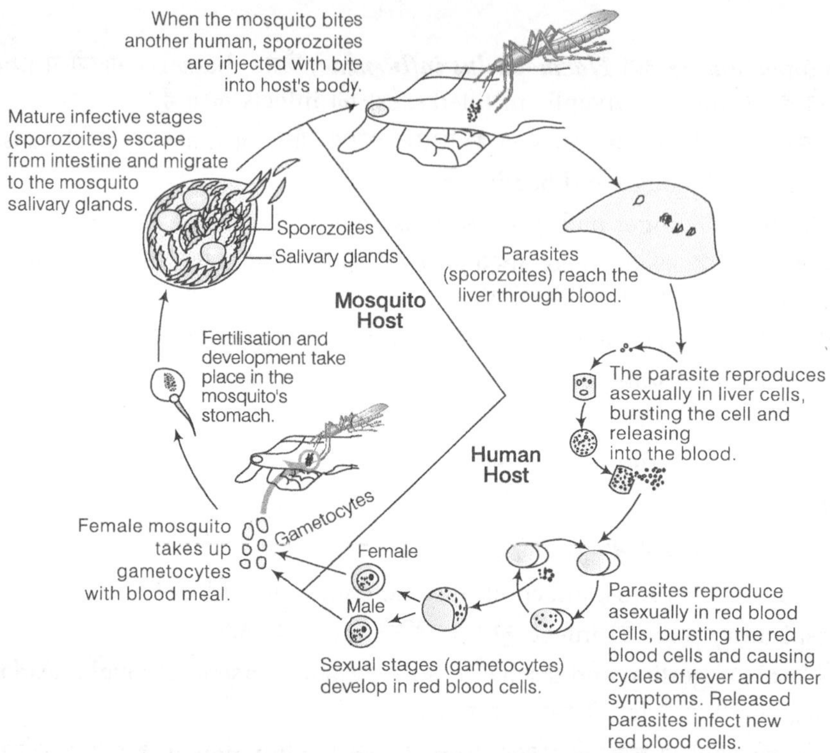

Figure 8.1 Stages in the life cycle of *Plasmodium*

Amoebiasis

- Human की **large intestine** में पाए जाने वाले ***Entamoeba histolytica*** नामक protozoan parasite से amoebiasis (amoebic dysentery) होती हैं।
- **Symptoms** Constipation, abdomen में दर्द, cramp (ऐंठन), stool में excess mucus और blood clots.
- **Houseflies** इस बीमारी की mechanical carrier हैं और parasite को infected person के faeces से food तथा उसके products तक ले जाकर उन्हें contaminate कर देती हैं।
- Faecal matter द्वारा contaminated food and water इस infection का main source है।

Ascariasis

- Common roundworm, *Ascaris* और filarial worm *(Wuchereria)* कुछ ऐसे worms हैं, जो मानव के लिए pathogenic होते हैं।
- Intestinal parasite, *Ascaris* – Ascariasis का कारण है। इस parasite के अण्डे infected person के faeces के साथ बाहर निकल जाते हैं और soil, water, plants, आदि को contaminate कर देते हैं।
- Healthy person में यह infection contaminated जल, vegetables, fruits, आदि के सेवन से हो जाता है।
- **Elephantiasis** यह *Wuchereria (W. bancrofti* और *W. malayi)* के द्वारा होता है।

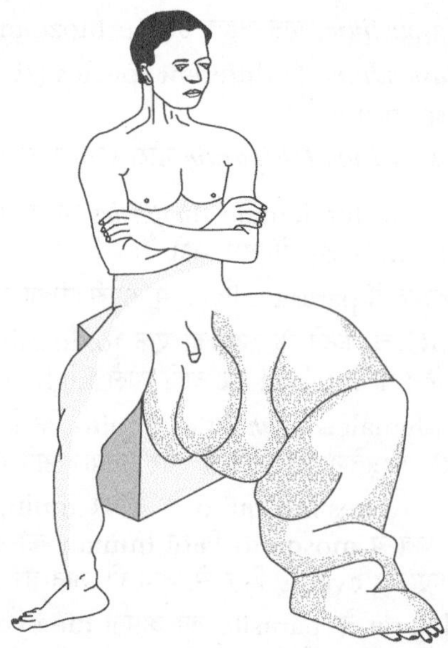

Figure 8.2 Diagram showing inflammation in one of the lower limbs due to elephantiasis

- ये organs में प्राय: lower limbs के lymphatic vessels में रहते हैं तथा कई वर्षों तक रहकर वहाँ chronic inflammation कर देते हैं। ये disease elephantiasis (हाथीपाँव) अथवा filariasis कहलाती है।
- Genital organs भी प्राय: इस बीमारी से प्रभावित हो जाते हैं और इसके कारण gross deformities आ जाती है।
- **Vectors** Female *Culex* mosquito जब किसी healthy person को काटती है, तो pathogen उस person के body में transmit हो जाते हैं।

Ringworms

- *Microsporum, Trichophyton* और *Epidermophyton* आदि genera के कई fungi द्वारा ringworms होता है।
- यह infectious disease मनाव में most common है।
- **Symptoms** Dry, scaly lesions शरीर के विभिन्न parts; जैसे—skin, nails और scalp पर दिखते हैं।
- इन lesions में तेज itching होती है।
- Heat और moisture इन fungi को skin के folds जैसे— groin अथवा पैर की अंगुलियों के बीच grow करने में help करते हैं।
- Ringworms सामान्यतया soil से या infected व्यक्तियों के towels, clothes या comb तक का use करने से हो जाता है।

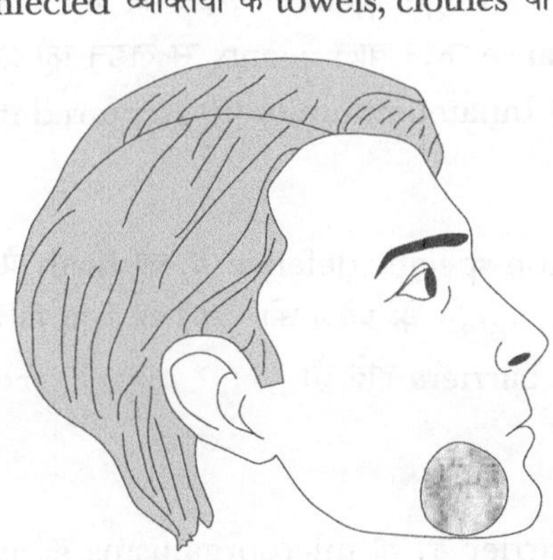

Figure 8.3 Diagram showing ringworm affected area of the skin

- Infectious diseases के prevention और control के लिए personal और public hygiene आवश्यक है।
- Personal hygiene में body को साफ करना, पीने के लिए साफ पानी, food, vegetables, fruits, आदि शामिल हैं।
- Public hygiene में waste और excreta का proper dispersal, water reservoires; जैसे— pools, गटर तथा tanks की समय-समय पर साफ-सफाई और disinfection करना तथा public खान-पान में स्वच्छता के मानकों का पालन करना है।
- ये उपाय particularly वहाँ अनिवार्य हैं जहाँ infectious agents खान-पान द्वारा transmit होते हैं; जैसे—typhoid, amoebiasis तथा ascariasis.
- Pneumonia तथा common cold; जैसे— air-borne diseases में ऊपर बताए गए measures के अलावा infected person या उसके सामान के contact से बचना चाहिए।
- Insect vector के द्वारा transmit होने वाले malaria तथा filaria जैसे रोगों के लिए सबसे important measures, vector तथा उनके breeding ground को control या खत्म कर देना है।
  - Residential area तथा उसके आस-पास पानी को जमा न होने देना।
  - Cooler की regular साफ-सफाई करें, मच्छरदानी का प्रयाग करें।
  - Ponds में *Gambusia* जैसी मछली डालना, जो mosquito के larva खाती हैं।
  - Ditches, drainage areas तथा दलदल में insecticide spray करें।
- इसके अलावा doors तथा windows में जाली लगानी चाहिए ताकि mosquito अन्दर न आ सकें।
- इन सावधानियों की जरूरत तब से ज्यादा बढ़ गई जब से dengue तथा chikungunya जैसी बीमारियाँ फैली। इन बीमारियों में *Aedes* mosquito एक vector की तरह काम करता है।

- Biological science की प्रगति ने हमें अनेक infectious बीमारियों से लड़ने की शक्ति प्रदान की है।
- Vaccine के use और immunisation programmes से smallpox जैसी deadly disease (जानलेवा रोग) को completely eradicate कर दिया गया है।
- Vaccine के use से polio, diphtheria, pneumonia तथा tetanus जैसी अनेक infectious diseases को काफी सीमा तक control कर लिया गया है।
- Biotechnology नए-नए और अधिक सुरक्षित vaccine बनाने की तरफ अग्रसर है।
- Antibiotics तथा अन्य various drugs की खोज ने भी हमें infectious बीमारियों को treat करने के लिए हमें सक्षम बनाया है।

8.2 Immunity

- हमें प्रतिदिन बड़ी संख्या में infectious agents का सामना करना पड़ता है।

  लेकिन इनमें से कुछ ही diseases के कारण हैं, क्यों?
- इसका reason यह है कि हमारी body foreign agent से लड़ने की क्षमता रखती है।
- Immune system के द्वारा बीमारी cause करने वाले agents से लड़ने की क्षमता immunity कहलाती है।
- Immunity दो प्रकार की होती हैं—(i) Innate immunity (ii) Acquired immunity

8.2.1 Innate Immunity

- Innate immunity एक प्रकार की non-specific defence है, जो birth के समय से present होती है।
- ये immunity हमारे शरीर में foreign agent के प्रवेश को रोकने के लिए विभिन्न barriers प्रदान करती है।
- Innate immunity में चार प्रकार के barriers होते हैं।

  ये barrier हैं—

(i) Physical Barriers

- हमारी body पर skin main barrier है, जो microorganisms की entry को रोकता है।
- **Respiratory, gastrointestinal** तथा **urogenital tracts** की epithelial lining में mucus coating भी body में घुसने वाले microbes को रोकने में सहायता करती है।

(ii) Physiological Barriers

- Stomach में **acid, saliva, tears** ये सभी microbial growth को रोकते हैं।

(iii) Cellular Barriers

- हमारी body के blood में WBC; जैसे— **Polymorphonuclear Leukocytes (PMNL–neutrophils)**, **monocytes** तथा **natural killer** (lymphocytes का एक type) और tissues की **macrophages,** microbes के phagocytose को destroy कर देती है।

(iv) Cytokine Barriers

- Virus द्वारा infected cells **interferons** नामक protein secrete करती हैं, जो non-infected cells को virus के infection से बचाती है।

8.2.2 Acquired Immunity

- Acquired immunity (उपार्जित प्रतिरक्षा) pathogen **specific** होती है। ये memory पर based हैं।
- इसका अर्थ यह है कि हमारा शरीर जब पहली बार किसी pathogen से सामना करता है, तो वह low intensity का response पैदा करता है, जिसे primary response कहते हैं।
- जब उसी pathogen से हमारे शरीर का दोबारा सामना होता है, तो बहुत high intensity का secondary या anamnestic response पैदा होता है।
- इसका कारण यह है कि हमारे शरीर के पास पहले encounter की memory होती है।
- Primary और secondary immune response, B तथा T- lymphocyte की सहायता से होता है।

- Pathogen के response में B-lymphocyte हमारे blood में protein की army produce करते हैं ताकि वह pathogen से लड़ सकें।
- ये proteins antibodies कहलाती हैं।
- T-lymphocyte स्वयं antibodies secrete नहीं करती हैं, पर protein produce करने में B-cells की सहायता करती हैं।
- प्रत्येक antibody molecule में 4 peptide chains होती हैं जिसमें दो छोटी light chains तथा दो बड़ी heavy chains होती है। इसलिए antibody को H_2L_2 के रूप में represent करते हैं।
- हमारी body में विभिन्न प्रकार की antibody produce होती हैं। IgA, IgM, IgE, IgG उनमें से कुछ हैं।
- Antibody का चित्र Fig. 8.4 में दिया गया है।

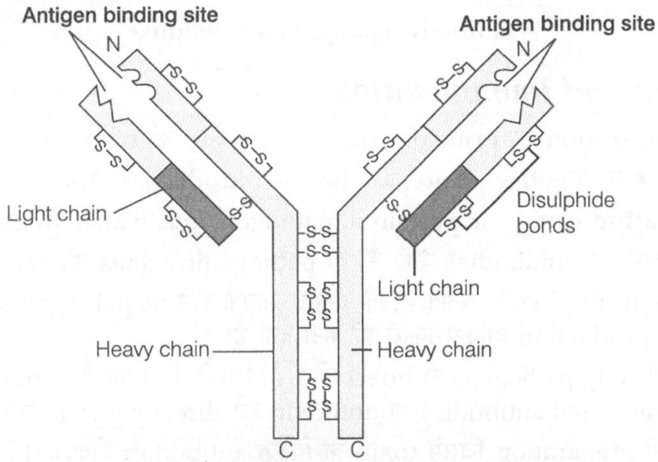

Figure 8.4 Structure of an antibody molecule

- चूँकि ये antibodies blood में पाई जाती हैं, इसलिए ऐसे response को humoral immune response/Antibody Mediated Immunity (AMI) भी कहते हैं।
- ये दो प्रकार के acquired immune response में से एक है—Antibody mediated.
- Cell mediated immune response/Cell Mediated Immunity (CMI) को T-lymphocyte माध्यम बनाते हैं।
- जब heart, eye, liver जैसे organs ठीक से काम करना बंद कर देते हैं तब हम transplantation कराते हैं, जिससे रोगी normal life जी सके।

ऐसा क्यों है कि transplantation के लिए किसी भी donor के organ नहीं लिए जा सकते हैं?

- किसी भी source-animal, primate या कोई human being का graft नहीं लगाया जा सकता है, क्योंकि वे कभी भी reject हो जाएगें।
- कोई भी graft/transplant करने से पहले tissue, matching, blood group matching आवश्यक है और इसके बाद patients को अपने बचे जीवनभर immunosuppresants लेने पड़ते हैं।
- शरीर 'self' तथा 'non-self' में भेद करने में सक्षम है तथा cell-mediated immune response graft के rejection के लिए उत्तरदायी होते हैं।

8.2.3 Active and Passive Immunity

- **Active immunity** जब कोई host, antigen का सामना करता है, तो उसकी body में antibody पैदा होते हैं। ऐसी immunity को active immunity कहते हैं।
  – (**Antigen** living या dead microbes, other protein)
- Active immunity धीमी होती है तथा अपना पूरा effective response दिखाने में समय लेती है।
- **Natural active immunity** microbes के natural infection के समय शरीर में बनने वाली immunity को natural active immunity कहते हैं।

- **Artificial active immunity** Immunisation के समय microbes को जानबूझ कर शरीर में inject करने के फलस्वरूप बनी immunity को artificial active immunity कहते हैं।
- **Passive immunity** जब body को protection के लिए readymade antibodies दी जाती हैं, तो यह passive immunity कहलाती है।
- **Natural passive immunity** – e.g.,
  - placenta द्वारा माँ से foetus में IgG का transfer.
  - colostrum में IgA का बच्चे में जाना।
- **Artificial passive immunity** – e.g.,
  - preformed antibodies or antitoxin in tetanus.
  - antibody against snake venom.

8.2.4 Vaccination and Immunisation

- Immunisation या vaccination का principle, immune system की memory पर आधारित है।
- Vaccination के समय शरीर में antigenic preparation को introduce करते हैं।
  (**Antigenic preparation** Antigenic protein of pathogen, inactivated/weakened pathogen).
- Actual infection के समय जो antibodies बनते हैं, वो pathogenic agents को neutralise कर देते हैं।
- Vaccine भी memory-B तथा T-cells बनाते हैं, जो दोबारा सामना होने पर pathogen को जल्दी पहचान लेती है तथा antibody के भारी production आक्रमणकारी को हटा देती हैं।
- अगर कोई व्यक्ति किसी deadly pathogens से infect होता है, जिसके लिए जल्दी antibodies की आवश्यकता है जैसे tetanus में, हमें preformed antibodies या antitoxin को directly inject करने की आवश्यकता होती है।
  – Antitoxin (एक ऐसी preparation जिसमें toxin के विरुद्ध antibodies होती हैं)।
- साँप के काटने पर भी patient को snake venom के विरुद्ध preformed antibodies दी जाती है।
  – इस प्रकार की immunity, passive immunity कहलाती है।
- Recombinant DNA technology का उपयोग कर vaccine produce किए जाते हैं।
  – Bacteria या yeast में pathogen की antigenic polypeptides का production होता है।
- इस approach से vaccine का बड़े पैमाने पर production होने लगा है और इसलिए immunisation हेतु इन vaccine की availability अधिक बढ़ी है। उदाहरण– Hepatitis-B vaccine, yeast द्वारा produce होती हैं।

8.2.5 Allergies

- आपके साथ कितनी बार ऐसा हुआ है आप किसी नई जगह गए हैं और बिना किसी खास reason के छींकना और घरघराहट (wheezing) के साथ साँस लेना शुरू करते हैं और जब आप उस जगह से लौट आते हैं, तो आपके ये लक्षण गायब हो जाते हैं।
- हममें से कुछ लोग environment में उपस्थित कुछ particles के प्रति sensitive होते हैं उपयुक्त reaction pollen, mites, आदि के प्रति allergy के कारण हो सकते हैं, जो अलग-अलग स्थानों पर अलग-अलग हो सकते हैं।
- Environment में उपस्थित कुछ antigen के प्रति immune system का exaggerated response (भयंकर प्रतिक्रिया) allergy कहलाता है।
  – ऐसे पदार्थ जिनसे allergy होती है allergens कहलाते हैं।
- इसके प्रति बनने वाले antibody IgE type की होती है।
- Allergens के common examples हैं—धूल में mites (चिचड़ी), pollens, animal dander, आदि।
- Symptoms – sneezing, watery eyes, running nose तथा साँस लेने में समस्या शामिल हैं।
- Allergy, mast cells द्वारा histamine तथा serotonin जैसे chemical के निकलने के कारण होती है।
- Allergy का कारण जानने के लिए patients को possible allergens की बहुत small doses से expose या inject किया जाता है तथा reaction study करते हैं।

- **Treatment** Anti-histamine, adrenaline तथा steroids जैसी medicine का use करने से allergy के लक्षण घट जाते हैं।
- Modern life style के कारण लोगों में immunity घटी है और allergens के प्रति sensitivity बढ़ी है।
- India में metro city में रहने वाले अधिकतर बच्चे environment के प्रति sensitive हैं इस कारण वे allergy तथा asthma जैसी बीमारियों से पीड़ित हैं।

इसका मुख्य कारण बच्चों को शुरुआती life में उन्हें बहुत safe environment में रखना हो सकता है।

8.2.6 Auto- immunity

- Higher vertebrates में विकसित memory base acquired immunity अपनी cells और foreign organism (e.g. pathogen) के बीच differentiate कर सकने की क्षमता पर आधारित है।
- Differentiate कर सकने की इस क्षमता का आधार क्या है, यह हमें अभी भी पता नहीं चला है।
- फिर भी इस बारे में दो corollaries (उपसिद्धान्तों) को समझना होगा। पहला, higher vertebrates foreign molecules या foreign organisms को भी पहचान सकते हैं अधिकतर experimental immunology इसी aspect को deal करती है।
- कभी-कभी genetics या किसी ओर unknown reasons के कारण body स्वयं की cell पर attack करती है, जिसके फलस्वरूप body damage होने लगती हैं जिसे auto-immune disease कहते हैं।
- हमारी society में बहुत से लोग rheumatoid arthritis से प्रभावित हैं, जो एक auto-immune disease है।

8.2.7 Immune System in the Body

- Humans immune system में lymphoid organs, tissues, cells तथा कुछ soluble molecules (जैसे antibodies) शामिल हैं।
- जैसा कि आप पढ़ चुके हैं— immune system इस sense में unique है कि यह foreign antigens को पहचानता है, इनके प्रति response दिखाता है और इन्हें याद रखता है।
- **Immune system** allergic reaction, auto-immune diseases तथा organ transplantation में important role निभाता है।

Lymphoid Organs

- ये ही वे अंग हैं, जिनमें lymphocytes की origin और/या maturation तथा proliferation होता है।
- **Primary lymphoid organ** – Bone marrow and thymus.
- यहाँ immature lymphocyte एण्टीजन sensitive lymphocyte में differentiate होते हैं।
- Bone marrow मुख्य lymphoid organ है जहाँ lymphocyte सहित सभी blood cells उत्पन्न होती हैं।
- Human body में lymphoid organs की location fig. 8.5 में दिखाई गई है।
- Bone marrow मुख्य lymphoid organ है जहाँ lymphocytes सहित सभी blood cells उत्पन्न होती हैं।
- Thymus एक lobed organ है, जो heart के पास और breast bone के नीचे होता है।
- Birth के समय thymus काफी बड़ा होता है, लेकिन age के साथ ये आकार में घटता रहता है और puberty आने पर ये बहुत छोटा हो जाता है।
- Bone marrow और thymus दोनों ही T-lymphocytes के development और maturation के लिए micro-environment provide करते हैं।
- **Secondary lymphoid organ** – Spleen, lymph nodes, tonsils, small intestine के Peyer's patches तथा appendix आदि।
- Secondary lymphoid organs ऐसे स्थान हैं जहाँ lymphocytes का antigen के साथ आपसी interaction होता है, जो बाद में proliferate करके effector cells बन जाती है।
- **Spleen** यह एक large bean-shaped organ है।
  – यह lymphocytes तथा phagocytes रखते हैं।

- यह blood-borne microorganisms को फंसाकर filter कर देते हैं।
- यह erythrocytes का बड़ा reservoir हैं।

- **Lymph nodes** ये छोटी solid structures हैं, जोकि lymphatic system में विभिन्न स्थानों पर पायी जाती हैं।
  - Microorganism या दूसरे antigen जब lymph तथा tissue fluid में आ जाते हैं, तो lymph nodes उन्हें trap कर लेती हैं।
  - Lymph nodes में trap (फँसे) antigen वहाँ उपस्थित lymphocytes को activate करके immune response produce करते हैं।
- **MALT** प्रमुख tracts; जैसे– respiratory, digestive और urogenital tracts की lining के अंदर पाया जाने वाला lymphoid tissue, Mucosa Associated Lymphoid Tissue (MALT) कहलाता है।
  - यह मानव में lymphoid tissue का लगभग 50% भाग बनाते हैं।

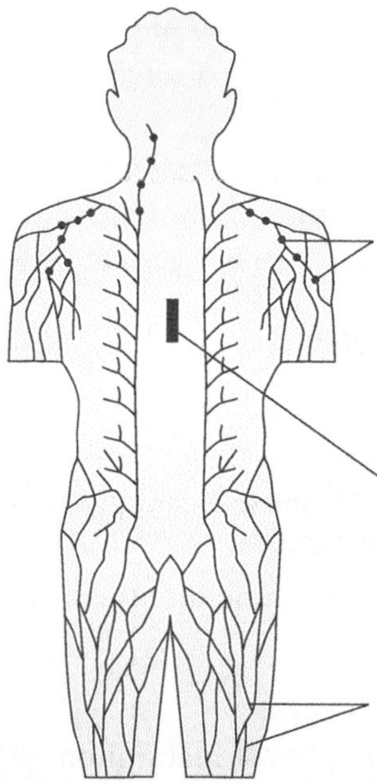

Figure 8.5 Diagrammatic representation of lymph nodes

8.3 AIDS

- **AIDS** – Acquired Immuno Deficiency Syndrome
  - Symptoms के group को syndrome कहते हैं।
- इसमें जीवन के समय acquire होने वाले immune system की कमी हो जाती है।
- यह एक congenital disease नहीं है।
- AIDS 1981 में पहली बार report हुआ, जो लगभग पिछले 25 वर्षों में पूरे विश्व में फैल गया है तथा इस रोग से 25 million लोगों की मृत्यु हो चुकी है।
- AIDS, Human Immuno Deficiency Virus (HIV) द्वारा होता है, जो एक **retrovirus** है।
- इसमें RNA genome को enclose करने वाला envelope होता है।
- सामान्यतया HIV infection निम्नलिखित कारणों से फैलता है
  (a) Infected person से sexual contact से।
  (b) दूषित blood तथा blood products के transfusion से।
  (c) Infected needles के share करने से (e.g., intravenous drug abusers)।
  (d) Placenta के द्वारा infected mother से foetus में।

- **Higher risk of getting infection**
  - Multiple sexual partners रखना।
  - Drug addict (intravenous drug लेने से)।
  - Repeated blood transfusion से।
  - HIV infected माँ से जन्मा बच्चा।
- HIV/AIDS केवल छूने से या physical contact से नहीं होता है, ये केवल body fulids से फैलता है।
- इसलिए यह महत्त्वपूर्ण है कि physical तथा psychological well-being के लिए HIV/AIDS infected person को परिवार या समाज से अलग न किया जाए।
- AIDS infection तथा symptoms के appearance के बीच हमेशा time-lag होता है।
- यह period कुछ महीनों से कई वर्षों तक हो सकता है (usually 5-10 years)।
- व्यक्ति के शरीर में आ जाने के बाद virus **macrophages** में प्रवेश करता है जहाँ viral RNA, **reverse transcriptase** enzyme की सहायता से viral DNA बनाने के लिए replicate करते हैं।
- यह viral DNA, host cell के DNA से जुड़कर infected cell को viral particles पैदा करने का निर्देश देता है।
- Macrophages, virus पैदा करना जारी रखते हैं तथा इस तरह एक **HIV factory** की तरह काम करते हैं।
- इसके साथ ही HIV, helper T-lymphocytes (T_H) में जाता है तथा replicate कर viral progeny पैदा करता है।
- Blood में छोड़े गए progeny virus दूसरी T-lymphocytes पर हमला करते हैं। यह बार-बार होता रहता है जिसके कारण infected person की body में helper T-lymphocyte की संख्या में कमी हो जाती है।
- इस duration के समय बार-बार fever, diarrhoea तथा weight loss होता है।
- Helper T-lymphocyte के number में कमी के कारण व्यक्ति ***Mycobacterium*, viruses, fungi** और ***Toxoplasma*** जैसे pathogen के साथ infect हो सकता है।
- Patient इतना immune-deficient हो जाता है कि वह इन infection से अपनी सुरक्षा नहीं कर पाता है।
- **Diagnosis** Enzyme Linked Immuno Sorbent Assay **(ELISA)**, AIDS की जाँच के लिए widely use होने वाला test है।
- Treatment-Anti-retroviral drugs से AIDS का treatment बहुत कम effective है, इसके द्वारा केवल रोगी के जीवन को बढ़ा सकते हैं, लेकिन मृत्यु नहीं रोक सकते जो निश्चित है।

Prevention of AIDS

- AIDS का कोई cure नहीं है इसलिए prevention ही best उपाय है।
- HIV infection, **conscuous behaviour pattern** से फैलता है न कि pneumonia या typhoid की तरह अनजाने में। अगर monitoring poor हो तो HIV, blood transfusion तथा mother से newborn baby में जा सकता है।
- एकमात्र excuse ignorance हो सकता है लेकिन यह बिल्कुल सही कहा है कि–"don't die of ignorance"
- हमारे देश में National AIDS Control Organisation (NACO) तथा Non-Government Organisations (NGOs) लोगों को AIDS के बारे में educate करने के लिए बहुत काम कर रहे हैं।
- WHO ने AIDS की रोकथाम के लिए कई programme शुरू किए हैं।

  AIDS की रोकथाम के लिए कुछ steps लिए गए हैं
  - Blood bank में blood को HIV से मुक्त किया गया है।
  - Public, private hospitals, clinics में केवल disposable needles एवं syringes use करना।
  - Condoms का free में distribution.
  - Drug abuse का control.
  - Safe sex की सलाह।
  - Susceptible population में HIV के लिए regular check-up कराना।

- HIV infection या AIDS होना कोई ऐसी बात नहीं है जिसे छुपाया जाए, क्योंकि छुपाने से ये infection और भी लोगों में फैल सकता है।
- Society में HIV/AIDS infected लोगों को help तथा sympathy की आवश्यकता होती है और उन्हें गिरी नजर (shunned) से नहीं देखना चाहिए। जब तक society इसे एक problem की तरह नहीं देखेगी और इसका समाधान सामूहिक तौर पर नहीं होगा तब तक यह बीमारी कई गुना तेजी से फैलती रहेगी।
- यह एक ऐसी malady (तकलीफ) है, जिसके फैलाव को समाज और चिकित्सीय वर्ग के सम्मिलित प्रयास से ही रोका जा सकता है।

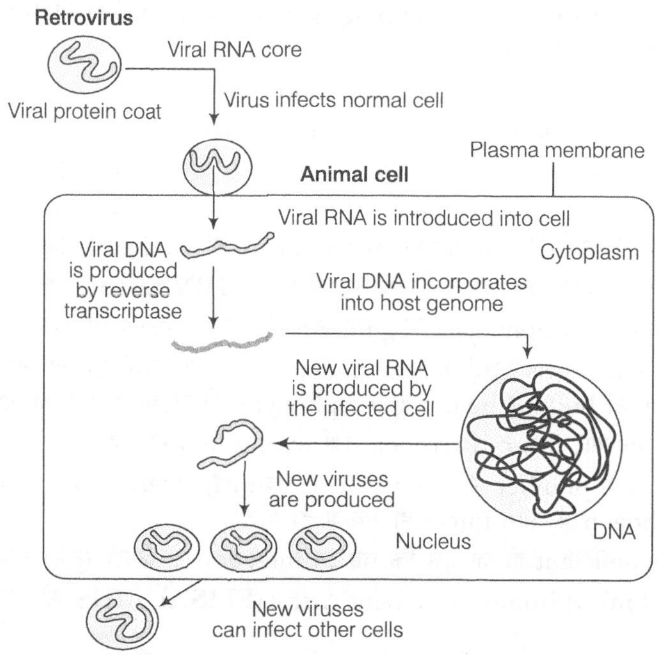

Figure 8.6 Replication of retrovirus

8.4 Cancer

- Human beings के भयंकर रोगों में से एक cancer है और विश्वभर में मृत्यु का मुख्य कारण है।
- हर वर्ष एक million से अधिक भारतीय cancer से पीड़ित होते हैं और उनमें से बड़ी संख्या में मर जाते हैं।
- Cancer के development का mechanism, cells का oncogenic transformation, इसका treatment और control, biology तथा medicine में गहन research का विषय है।
- हमारे शरीर में cell की growth तथा differentiation highly controlled तथा regulated होती है।
- Cancer cells में, ये regulatory mechanism टूट जाती है।
- Normal cells में contact inhibition की property होती है और इस गुण के कारण दूसरी cells से उनका contact उनकी uncontrolled growth को रोक देता है।
- Cancer cells में यह property खत्म हो जाती है, जिसके फलस्वरूप cancer cells divide होना जारी रखती हैं तथा cells का mass बन जाती हैं जिसे tumours कहते हैं।
- **Tumours** दो प्रकार के होते हैं– benign तथा malignant.
- **Benign tumours** ये normally अपनी original location पर रहते हैं body के दूसरे parts में नहीं फैलते तथा less damage पहुँचाते हैं।
- **Malignant tumours** ये proliferating cells का mass है, जो **neoplastic** तथा **tumour cells** कहलाती हैं।
  – ये तेजी से grow करती हैं और आस-पास के normal tissues पर हमला करके damage कर देती हैं।

– ये cells actively grow तथा divide करती हैं, जिससे वे vital nutrients के लिए normal cells से competition करती हैं तथा उन्हें भूखा मारती हैं।

– ऐसे tumours से निकली cells, blood द्वारा दूर-दराज स्थानों पर पहुँच जाती हैं और जहाँ भी ये जाती हैं नए tumour बनाना शुरू कर देती हैं।

– Body के एक part से दूसरे part तक इन cancer cells का फैलना **metastasis** कहलाता है।

Causes of Cancer

- Normal cells को cancerous neoplastic cells में बदलने वाले agents **carcinogens** कहलाते हैं। ये physical, chemical अथवा biological हो सकते हैं।
- **Physical** ionising radiation (X-rays, gamma rays) तथा **non-ionising radiation** (UV-rays) DNA को damage करती हैं, जिससे neoplastic transformation होता है।
- **Chemical** Tobacco smoke में उपस्थित chemical carcinogens, lung cancer का मुख्य कारण हैं।
- **Biological** Cancer produce करने वाले viruses **oncogenic viruses** कहलाते हैं उनमें genes होते हैं, जो viral oncogenic कहलाते हैं।
- इसके अलावा normal cells में कई genes का पता चला है, जिन्हें **cellular oncogenes (c-onc)** या **proto-oncogenes** कहते हैं।
- जब normal cell में *c*-onc, activate हो जाता है, तो cells oncogenic हो जाती हैं।

Cancer Detection and Diagnosis

- Cancer को शुरू में detect करना बहुत ही आवश्यक होता है, क्योंकि ऐसा होने पर इस disease का successful treatment किया जा सकता है।

1. **Biopsy** इसमें suspected tissue के एक thin piece को stain करके microscope द्वारा histophatology करते हैं।
2. **Leukaemia** में बढ़े हुए cell count के लिए **blood** तथा **bone marrow** का test होता है।
3. **Radiography** X-ray, CT (Computed Tomography) scan, MRI (Magnetic Resonance Imaging).
   – Computed tomography में X-rays का use करके किसी organ के internal parts की three-dimensional image प्राप्त होती है।
   – Living tissue में pathological तथा physiological changes का एकदम सही पता लगाने के लिए MRI का प्रयोग करते हैं तथा इसमें strong magnetic field तथा non-ionising rediation का उपयोग किया जाता है।
4. **Antibodies** कुछ cancers का पता लगाने के लिए cancer specific antigens के against antibodies का भी उपयोग किया जाता है।
5. **Molecular biology** कुछ cancers के प्रति inherited susceptibility वाले व्यक्तियों में genes का पता लगाने के लिए molecular biology की techniques को काम में लाया जाता है।
   – ऐसे genes को identify करना, जो किसी व्यक्ति को विशेष cancer के प्रति dispose करते हैं, cancer के prevention के लिए बहुत उपयोगी हो सकते हैं।
   – ऐसे व्यक्तियों को कुछ विशेष carcinogens से, जिनके प्रति वो susceptible हैं (जैसे–lung cancer में tobacco smoke) बचने की सलाह देनी चाहिए।

Treatment of Cancer

- सामान्यतया cancers के treatment के लिए **surgery, radiation therapy** तथा **immunotherapy** का सहारा लिया जाता है।
- **Radiotherapy** इसमें tumour cells को lethally (घातक) radiate किया जाता है, लेकिन tumour mass के पास वाले normal tissues का पूरा ध्यान रखा जाता है।

- **Chemotherapy** Cancerous cells को मारने के लिए अनेक chemotherapeutic drugs use किए जाते हैं। इनमें से कुछ particular tumours के लिए specific हैं।
  - कई drugs के side effects है जैसे कि hair loss, anaemia, etc.
- प्राय: cancers को surgery, radiotherapy तथा chemotherapy के combination से treat किया जाता है।
- Tumour cells का immune system द्वारा detection एवं destruction कम हो जाता है।
- **Immunotherapy** इसमें ऐसे substances दिए जाते हैं, जिन्हें biological response modifier कहते हैं (जैसे **α-interferon**)।
  - α-interferon, immune system को activate करके tumour को destroy करने में सहायता करता है।

8.5 Drugs and Alcohol Abuse

- Surveys और statistics (आँकड़ों) से पता चलता है कि drugs तथा alcohol का प्रयोग especially youth में बढ़ रहा है।
- ये वास्तव में चिंता का विषय है, क्योंकि इनके कई harmful effects हो सकते हैं।
- Proper education तथा guidance से youth इन खतरनाक आदतों से अपने आप को बचा पाँएगे और healthy life style अपनाएगें।
- प्राय: जिन drugs को abuse किया जाता है वे हैं—**Opioids, cannabinoids** तथा **coca alkaloids.**
- इनमें से अधिकांश flowering plant से मिलते हैं, जबकि कुछ ऐसे भी हैं, जो fungi से निकाले जाते हैं।
- **Opinoids** ये ऐसे drugs हैं, जो हमारे central nervous system तथा gastrointestinal tract में उपस्थित specific opioid receptors से जुड़ जाते हैं।
- Heroin जिसे commonly, **smack** कहा जाता है, वो chemically **diacetylmorphine** है, जोकि white, odourless, bitter, crystalline compound है।
- Heroin, morphine के acetylation से प्राप्त किया जाता है तथा morphine, poppy plant *Papaver somniferum* के latex से निकाला जाता है।
- Generally snorting तथा injection द्वारा लिया जाता है।
- Heroin एक depressant है, जो body के function को slow कर देता है।

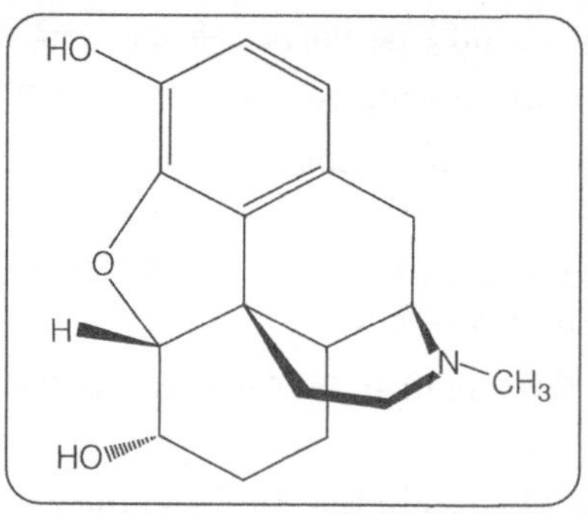

Figure 8.7 Chemical structure of morphine

Figure 8.8 *Opium* poppy

Cannabinoids

- Cannabinoids chemicals के वो groups हैं, जो मुख्यरूप से brain में उपस्थित cannabinoid receptors से interact करते हैं।
- Natural cannabinoids, *Cannabis sativa* के inflorescence से प्राप्त किए जाते हैं।
- *Cannabis* plants के flower tops, leaves तथा resin के अलग-अलग combination से **marijuana, hasish, charas** तथा **ganja** बनाया जाता है।
- ये सामान्यतया **inhalation** तथा **oral ingestion** द्वारा लिए जाने वाले drugs हैं।

- ये body के cardiovascular system को प्रभावित करते हैं।

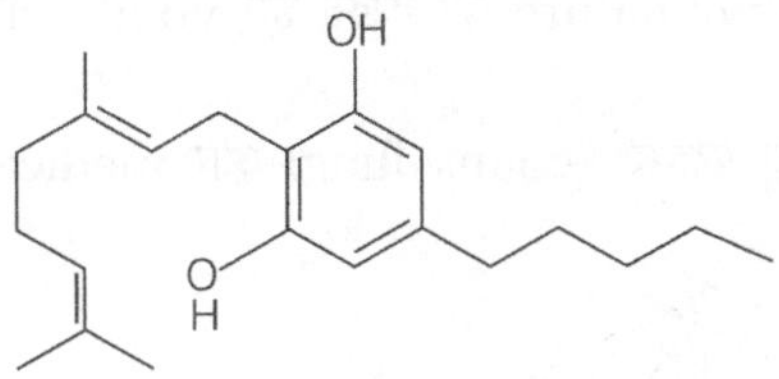

Figure 8.9 Skeletal structure of cannabinoid molecule

Figure 8.10 Leaves of *Cannabis sativa*

Cocaine

- Coca alkaloid या cocaine, coca plant ***Erythroxylum coca*** से प्राप्त की जाती है।
- ये मूलरूप से South America का plant है। यह neuro-transmitter **dopamine** के transport को interfere करता है।
- Cocaine जिसे commonly **coke** या **cracke** कहा जाता है, जिसे usually साँस द्वारा खींचा (snorted) जाता है।
- ये central narvous system को stimulate करती है, जिससे euphoria (सुखाभास)और high energy की feeling आती है।
- Cocaine की excess dose लेने से विभ्रम (hallucinations) हो जाता है।
- *Atropa bellodonna* तथा *Datura* में hallucinogenic property होती है।
- आजकल cannabinoids, sports person द्वारा दुरुपयोग की जाती है।
- Drugs; जैसे—barbiturates, amphetamines, benzodiazepines और अन्य ऐसे drugs, जो depression और insomnia जैसी mental illness वाले patients की सहायता के लिए प्रयोग की जाती है, इनका भी दुरुपयोग किया जाता है।
- Morphine बहुत प्रभावी sedative तथा painkiller है और जिन patients की surgery हुई है, उनके लिए बहुत useful है।
- Hallucinogenic property वाले कई plants, fruits तथा seeds का विश्वभर में folk-medicine, धार्मिक उत्सवों (religious ceremonies) तथा rituals में सैकड़ों वर्षों से use हो रहा है।
- जब ये medicinal use के बजाए दूसरे purpose से ली जाती है या इतनी मात्रा में ली जाती है कि व्यक्ति के physical, physiological तथा psychological functions को disturb कर दे, तो इसे drug abuse कहते हैं।

Smoking

- इससे hard drugs के सेवन का रास्ता खुल जाता है।
- Tobacco का use human being, 400 वर्षों से भी अधिक समय से करता आ रहा है।
- Tobacco को smoke, chew (चबाना) और snuff (सूँघना) की तरह उपयोग किया जाता है।
- Tobacco में बहुत से chemical substances है, जिनमें alkaloid तथा **nicotine** शामिल है।
- Nicotine, adrenal gland को stimulate करता है, जिससे adrenaline तथा nor-adrenaline, blood में release होते हैं और दोनों **blood pressure** तथा **heart rate** को बढ़ा देते हैं।
- **Smoking**, lung, urinary bladder तथा throat के cancer, bronchitis, emphysema, coronary heart disease, gastric ulcer cause करती है।
- Tobacco चबाने से oral cavity के cancer का खतरा बढ़ जाता है।
- Smoking से blood में carbon monoxide (CO) की मात्रा बढ़ जाती है तथा oxyhaemoglobin की concentration घट जाती है, जिससे body में oxygen की कमी हो जाती है।
- जब व्यक्ति cigarettes का packet खरीदता है, तो यह नहीं हो सकता है कि उसकी निगाह packet पर छपी कानूनी चेतावनी (statuatory warning) पर न पड़े जो smoking के विरुद्ध warn करती है और बताती है कि यह किस प्रकार health के लिए हानिकारक है।

- यद्यपि society में, young और old दोनों में smoking का चलन है।
- Smoking, tobacco chewing तथा इसके addictive nature को देखते हुए youth और old दोनों को ऐसी habits से बचना चाहिए।
- किसी भी addiction (लत) से छुटकारा पाने के लिए परामर्श (counselling) और medical help की आवश्यकता होती है।

Figure 8.11 Flowering branch of *Datura*

8.5.1 Adolescence and Drug/Alcohol Abuse

- Adolescence 'एक period' या 'एक process' है, जिसके दौरान एक child society में effective participation के लिए अपने attitudes/beliefs में maturity लाता है।
- 12-18 वर्ष की age के period को **adolescence period** माना जाता है।
  - Adolescence, childhood तथा adulthood को link करने वाला bridge हैं।
- Adolescence के साथ-साथ उनमें अनेक biological तथा behaviour changes आते हैं।
- Adolescence व्यक्ति के mental तथा psychological development के कारण बहुत ही नाजुक समय (vulnerable phase) है।
- Youngesters के drugs तथा alcohol के लिए motivate होने के कारण हैं—curiosity, adventure, excitement तथा experimentation.
- Drug और alcohol के प्रभाव को लाभ के रूप में देखने से problems और भी जटिल हो जाती है।
- Drug या alcohol का पहली बार प्रयोग curiosity या experimentation के कारण हो सकता है, लेकिन बाद में बच्चे इसका उपयोग problem face करने से बचने के लिए करने लगते हैं।
- पिछले कुछ समय से academics/examinations में सबसे आगे रहने का pressure भी youngester को alcohol या drugs को try करने के लिए फुसलाने में मुख्य भूमिका निभा रहा है।
- Youth में ये सोच है कि smoke करना, drugs या alcohol use करना cool तथा progressive है यह इन आदतों को शुरू करने का मुख्य कारण है। इस सोच को promote करने में television, movies, newspapers, internet ने भी सहायता की है।
- Adolescents में drug तथा alcohol abuse के अन्य कारणों में— unstable या unsupportive family structure या मित्रों का दबाव भी शामिल है।

8.5.2 Addiction and Dependence

- Drug को बार-बार लिया जाता है, क्योंकि इसके percieved benefits होते हैं।
- सबसे important बात जो व्यक्ति समझ नहीं पाता वो यह कि alcohol तथा drugs का addictive nature **inherent** होता है।
- **Addiction** यह drug या alcohol के साथ एक psychological attachment (e.g., euphoria और temporary feeling of well-being) है।

- Addiction व्यक्ति को तब भी drug तथा alcohol के लिए प्रेरित करती है जब इनकी आवश्यकता नहीं होती या इनका use self-destructive हो जाए।
- Drugs के लगातार use से body में उपस्थित receptors का tolerance level बढ़ जाता है इसलिए receptor केवल high dose पर ही respond करते हैं, जिसके फलस्वरूप अधिक intake और addiction जैसी समस्याएँ आती हैं।
- लेकिन एक बात mind में बिल्कुल clear होनी चाहिए कि इन drugs को एक बार लेना भी addiction बन सकता है।
- Addiction, regular use (abuse) करने वाले मानव को बुरे चक्र (vicious circle) में खींच लेती है, जिससे person इससे बाहर निकलने में असक्षम हो जाता है।
- किसी guidance या counselling के अभाव में person addicted हो जाता है तथा उसके use पर dependent हो जाता है।
- **Dependence** यह body की वह tendency है, जो drug या alcohol के regular dose को अचानक बन्द किए जाने पर– Characteristic (लक्षणीय) और unpleasant (अप्रिय) withdrawl syndrome द्वारा दिखती है।
  - इसके character हैं–**anxiety** (चिंता), **shakines** (कम्पन), **nausea** और **sweating** आना।
  - ये character, drug/alcohol के दोबारा शुरू किए जाने पर खत्म हो जाते हैं।
  - कुछ cases में, withdrawl symptoms घातक और जीवन के लिए खतरनाक हो सकते हैं तथा व्यक्ति को medical देख-रेख की आवश्यकता हो सकती है।
  - Dependence के कारण patient अपनी आवश्यकताओं को पूरा करने के लिए सारे social norms (सामाजिक मानदण्ड) को ताक पर रख देता है।
  - इससे अनेक social adjustment problem होती हैं।

8.5.3 Effects of Drug/Alcohol Abuse

- Drugs तथा alcohol abuse के immediate adverse effects हैं–reckless behaviour, vandalism (बर्बरता) तथा violence.
- Drugs के excessive dose लेने से मानव coma में चला जाता है तथा respiratory failure, heart failure या cerebral haemorrhage के कारण मृत्यु भी हो सकती है।
- Drugs का combination या alcohol के साथ लेने से प्राय: over dosing हो जाती है या मृत्यु हो सकती है।
- *Youth में drugs तथा alcohol abuse के most common warning signs हैं*
  - Academic performance में कमी।
  - बिना स्पष्ट कारण के school/college में absent होना।
  - Personal hygiene में interest घटना।
  - Isolation.
  - Depression.
  - Fatigue (थकान)।
  - Aggressive and rebellious (विद्रोही) behaviour.
  - Deteriorating (बिगाड़ना) relationship with family and friends.
  - Hobbies में interest घटना।
  - Sleeping तथा eating habits में बदलाव।
  - Weight तथा appetite (भूख) में fluctuations (उतार-चढ़ाव)।

***Drug/alcohol abuse** के दूरगामी (for reaching) परिणाम हो सकते हैं*
  - Abuser को drug खरीदने के लिए पैसे न मिलने पर चोरी कर सकता है।
  - ये adverse effect (प्रतिकूल प्रभाव) केवल abuser तक ही सीमित नहीं रहते, कभी-कभी abuser अपने पूरी family तथा friends के लिए भी mental एवं financial distress का कारण बन सकता है।

- Intravenous (needle तथा syringe का use कर) drug लेने वाले को **AIDS** तथा **Hepatitis-B** जैसे infections की सम्भावना अधिक होती है।
- AIDS तथा hepatitis-B, infected needles एवं syringes की sharing से एक person से दूसरे person में transfer होते हैं।
- AIDS एवं hepatitis-B दोनों ही chronic infections हैं तथा ultimately fatal (घातक) होते हैं।
- AIDS एवं hepatitis-B दोनों ही sexual contact या infected blood द्वारा transmit होते हैं।
- Adolescence के समय alcohol के प्रयोग से long-term effects भी हो सकते हैं। इससे adulthood में heavy drinking की आदत पड़ जाती है।
- Drugs तथा alcohol के chronic use से nervous system तथा liver (cirrhosis) को नुकसान पहुँचता है।
- Pregnancy के समय drugs तथा alcohol के सेवन से foetus पर बुरा प्रभाव पड़ता है।

Sport Person as Drug Abuser

- कुछ sport persons अपनी performance को बेहतर करने के लिए drugs का misuse करते हैं।
- Sports person द्वारा **narcotic anlagesics, anabolic steroids, diuretics** तथा certain **hormone** के misuse करने से muscles के bulk एवं strength तथा aggressiveness को बढ़ावा मिलता है, जिसके फलस्वरूप athletic का performance (खेल प्रदर्शन) बढ़ जाता है।
- Female में anabolic steroids लेने के side effects हैं
  - Maculinisation (male जैसे लक्षण)।
  - Aggressiveness का बढ़ना।
  - Mood swings (भाव में उतार-चढ़ाव)।
  - Depression, abnormal menstrual cycle, face तथा body पर अत्यधिक बालों का उगना, clitoris enlargement, voice का deep होना।
- Male में anabolic steroids लेने के side effects हैं
  - **Acne** (मुँहासे), increases aggressiveness, mood swings, depression, testicles का size घटना, sperm का production घटना, kidney एवं liver dysfunction, breast enlargement, premature baldness, prostate gland का बढ़ना।
- लम्बे समय तक सेवन से ये effects, permanent हो सकते हैं।
- Adolescent male या female के सेवन से निम्न समस्याएँ हो सकती हैं—Severe facial तथा body acne, long bones के growth centre समय से पहले बंद (premature close) होने से growth रुक सकती है।

8.5.4 Prevention and Control

- पुरानी कहावत (old age adage) prevention is better than cure यहाँ पर भी सच बैठती है।
- Smoking, drug या alcohol लेने की आदत पड़ने की सम्भावना young age में अधिकतर किशोरावस्था (adolescence) के समय अधिक होती है। इसलिए ऐसी situations को identify करना सबसे अच्छा है, जो adolescent को alcohol या drug के सेवन की ओर ले जाती हैं, ताकि समय रहते उसके चिकित्सीय उपाय (remedial measure) लिया जा सके।
- इस मामले में parents तथा teachers की responsibility special है।
- ऐसी parenting (लालन-पालन) जिसमें पालन-पोषण (nurturance) का स्तर ऊँचा एवं consistent discipline हो तो alcohol/drugs/tobacco के abuse का खतरा कम हो जाता है।
- यहाँ कुछ उपाय (measures) दिए जा रहे हैं, जो adolescents में alcohol एवं drug के abuse को prevent तथा control करेंगे।

(i) Avoid Undue Peer Pressure

- प्रत्येक बच्चे की अपनी पसन्द (choice) तथा अपना व्यक्तित्व (personality) होता है, जिसका सम्मान (respect) एवं प्रोत्साहन (encourage) करना चाहिए।
- बच्चे को study, sports या अन्य activities में उसकी threshold limit से अधिक करने के लिए अनावश्यक दबाव (undue pressure) नहीं डालना चाहिए।

(ii) Education and Counselling

- बच्चे को problems एवं stress को face करना तथा disappointment (निराशा) एवं failures को जीवन का एक हिस्सा समझकर accept करने की education तथा counselling देनी चाहिए।
- यह भी उचित होगा कि child की energy को health pursuits; जैसे—sports, reading, music, yoga तथा अन्य extracurricular **activities** की दिशा में भी लगाना चाहिए।

(iii) Seeking Help from Parents and Peers

- Parents एवं peers से immediately सहायता लेनी चाहिए ताकि वे उचित मार्गदर्शन (Guide) कर सकें।
- Close तथा trusted friends से भी सहायता लेनी चाहिए।
- युवाओं की समस्याओं को सुलझाने के लिए proper advise से उन्हें अपनी anxiety (चिंता) एवं guilt (अपराध) को express करने में सहायता मिलेगी।

(iv) Looking for Danger Signs

- Alert parents एवं teachers को चाहिए कि ऊपर बताए गए danger sign को ध्यान दें और उन्हें पहचानें।
- अगर कोई परिचित drug/alcohol लेते हुए दिखे तो उस व्यक्ति के भले के लिए इसकी सूचना बिना हिचकिचाहट (Hesitate) parents या teachers को देनी चाहिए।
- इसके बाद बीमारी को पहचानने (Diagnose and malady) तथा उसके पीछे के कारणों का पता लगाने के लिए उचित उपाय (Appropriate measures) करने होंगे, इससे proper treatment या remedial step शुरू करने में सहायता मिलेगी।

(v) Seeking Professional and Medical Help

- जो व्यक्ति unfortunately (दुर्भाग्यवश) drug/alcohol abuse रूपी दलदल (Quagmire) में फँस गया है उसकी सहायता के लिए highly qualified psychologists, psychiatrists उपलब्ध हैं तथा deaddiction एवं rehabilitation programmes चलाए जा रहे हैं।
- ऐसी सहायता से affected individual पर्याप्त प्रयासों और will power द्वारा इस समस्या से छुटकारा (Tetrid) पा सकता है तथा perfectly normal एवं healthy life जी सकता है।

Chapter Nine

STRATEGIES FOR ENHANCEMENT IN FOOD PRODUCTION

- World की बढ़ती हुई population के साथ food production की वृद्धि एक प्रमुख आवश्यकता है।
- Food production बढ़ाने के हमारे प्रयासों में animal husbandry और plant breeding पर लागू होने वाले biological principles, major role निभाते हैं।
- बहुत-सी नई techniques; जैसे— embryo transfer technology और tissue culture techniques, food production बढ़ाने के हमारे प्रयासों में मुख्य role, play करने जा रहे हैं।

9.1 Animal Husbandry

- Breeding और livestock वृद्धि (पशुधन वृद्धि) animal husbandry की एक agriculture पद्धति है।
- Farmers के लिए यह एक महत्त्वपूर्ण skill है, जितना यह उनके लिए science है उतना ही उनकी art है।
- Animal husbandry का relation human के लिए useful livestock; जैसे— cows, pigs, horses, cattle, sheep, goat, आदि की breeding तथा उनकी care से होता है।
- यदि विस्तृत रूप से देखा जाए तो इसमें poultry farming तथा fisheries भी शामिल हैं।
- Fisheries के अन्तर्गत fish, molluscs (shell fish) और crustaceans (prawns, crabs, आदि) की rearing, catching, selling, आदि शामिल हैं।
- आदि (प्राचीन) काल से ही मानव के द्वारा bees, silkworm, prawn, crabs, fishes, birds, pigs, cattle, sheep, आदि का प्रयोग उनके products; जैसे— milk, eggs, meat, wool, silk, honey, आदि प्राप्त करने के लिए किया जाता रहा है।

- ऐसा अनुमान है कि संसार के 70% से अधिक livestock की population भारत और China में है।
- यद्यपि यह जानकर आश्चर्य होगा कि संसार के farm production में इनका contribution मात्र 25% है। इसका अर्थ यह हुआ कि यहाँ per unit productivity की दर बहुत कम है। अत: animal breeding और care की पारम्परिक पद्धतियों (conventional practices) के अतिरिक्त quality और productivity में improve लाने के लिए नई technology का भी प्रयोग करना होगा।

9.1.1 Management of Farms and Farm Animals

- Farm management की traditional पद्धतियों में एक professional approach होनी चाहिए, जिससे हमारे food production को ओर अधिक उन्नति मिल सकें।

आइए विभिन्न animal farm system में use होने वाले management procedures पर discussion करें।

9.1.1.1 Dairy Farm Management

- Dairy उद्योग में human consumption के लिए milk और इसके production को प्राप्त करने के लिए animal का management करते हैं।

क्या आप dairy में रहने वाले animals की एक सूची तैयार कर सकते हैं?
Dairy farm के milk से बने विभिन्न प्रकार के product कौन-कौन से होते हैं?

- Dairy farm management में हम उन process और systems के विषय में अध्ययन करते हैं, जिनसे milk की quality में सुधार हो तथा milk की yield बढ़ें।
- Milk yield मुख्यतया farm में रहने वाले animals की breed की quality पर निर्भर करती है।
- अच्छी breeds का selection जिनमें high yield के साथ disease के प्रति resistance क्षमता भी हो, बहुत आवश्यक है।
- अधिक उत्पादन क्षमता के लिए animals की ठीक प्रकार से देखभाल करनी चाहिए, जिसमें उनके रहने का अच्छा स्थान हो तथा पर्याप्त water और disease free environment होना आवश्यक है।
- पशुओं को scientific ढंग से food provide करना चाहिए।
- इसमें fodder की quantity और quality पर विशेष बल दिया जाना चाहिए।
- इसके अतिरिक्त milking और milk products की storage तथा transport के समय stringent cleanliness तथा hygiene (पशु तथा पशु पर कार्य करने वाले व्यक्ति) का महत्त्व सर्वोपरि है।
- यद्यपि इन दिनों इनमें से अधिकांश संसाधन यान्त्रिक हो चुके हैं, परिणामस्वरूप जो व्यक्ति इस कार्य को देखता है वह product के direct contact में नहीं रहता है।
- इन कठोर उपायों को सुनिश्चित करने के लिए proper record रखने एवं regular inspection की आवश्यकता होती है इससे समस्याओं को identify करने और समस्याओं को जल्दी से जल्दी rectify करने में सहायता मिलती है।

Veterinary Doctors का नियमित visit हेतु आना अनिवार्य हो।
संभवतया आपको अत्यन्त ही interesting लगेगा यदि आपको dairy उद्योग के विभिन्न aspects पर एक प्रश्नावली prepare करने को कहा जाए।
आप अपने पास स्थित dairy farm जाकर उसकी visit करें और अपने द्वारा prepare questions के answer प्राप्त करें।

9.1.2 Poultry Farm Management

- Poultry, domestic fowl (birds) की एक class है, जिसका प्रयोग उनके food के लिए अथवा birds के eggs को प्राप्त करने के लिए किया जाता है।
- इसके अन्तर्गत chicken और ducks तथा कभी-कभी Durkey और Geese भी शामिल किए जाते हैं।
- प्राय: poultry शब्द का use केवल इन birds के meat के लिए ही किया जाता है, परन्तु generally इसमें अन्य birds का meat भी शामिल हो सकता है।
- Dairy farm की तरह इसमें भी disease free तथा suitable breed का selection, proper तथा safe farm condition, सही प्रकार से खाना-पीना, hygiene तथा health की care, poultry farm management के important component हैं।

- अपने television की खबरों तथा news में bird flu virus के बारे में तो अवश्य देखा, सुना और पढ़ा होगा, इससे देशभर में सनसनी का वातावरण उत्पन्न हो गया था।
- इसके परिणामस्वरूप eggs तथा chicken के consumption पर भयंकर effect पड़ा।

इसके बारे में ओर अधिक जानने का प्रयत्न करो और विचार विमर्श करके पुष्टि करो कि उत्पन्न डर का वातावरण कहाँ तक सही था?

यदि कुछ chicken infected हो तब इस flu को फैलने से किस प्रकार रोक सकते हैं?

9.1.2 Animal Breeding

- Animal breeding, animal husbandry का एक important पहलू है।
- Animal breeding का उद्देश्य animals की yield को बढ़ावा तथा उनके उत्पादों की desirable quality को improve करना है।
- किस प्रकार के characters को प्राप्त करने के लिए हम animal breeding करते हैं?

क्या character का selection पसंद के animals से अलग है?

हम term breed से क्या समझते हैं?

- Animals का वह group, जो वंश और अधिकतर character में समान हो; जैसे—general appearance, features, size, configuration ये एक breed के animals कहलाते हैं।

आप अपने area के farm के animal के कुछ सामान्य breeds के नामों का पता लगाएँ?

- एक ही breed के animals के मध्य जब breeding होती है, तो यह inbreeding कहलाती है, जबकि different breed के मध्य breeding कराई जाएँ तो यह out-breeding कहलाती है।

Inbreeding

- Same breed के more closely related individuals के मध्य 4-6 generation तक mating को inbreeding कहते हैं।
- Breeding की strategy निम्न प्रकार से होती है—Superior males और superior females को same breed में से identified करके, pair में उनकी mating कराई जाती है।
- Inbreeding से जो progeny produced होती है उनका evaluation किया जाता है तथा further mating के लिए superior males और superior females को identified किया जाता है।
- वह cow अथवा buffalo, जो more milk per lactation produced करती है, उसे superior female कहते हैं, जबकि superior male वह bull होता है, जो अन्य male की तुलना में superior progeny produced कर सकता है।
- Chapter 5 में describe Mendel द्वारा developed homozygous purelines को collect कर याद करें तथा पुन: प्रयास करें।
- Cattle में भी pureline develope करने के लिए ठीक उसी प्रकार की strategy अपनाई जाती है जैसे pea में use की गई थी।
- Inbreeding homozygosity को बढ़ावा देता है इस प्रकार, यदि हम किसी भी प्रकार के animal में pureline develope करना चाहते हैं, तो inbreeding आवश्यक है।
- Inbreeding harmful recessive genes को expose करता है, जिसे selection द्वारा eliminate किया जा सकता है।
- यह superior genes के accumulation में तथा less desirable genes के elimination में help करता है। अत: वह तरीका जहाँ प्रत्येक step पर selection होता है वहाँ inbreed population की productivity बढ़ती है।
- Continued inbreeding सामान्य तौर पर close inbreeding, fertility तथा productivity को कम कर देती है, इसे inbreeding depression कहते हैं।
- जब कभी यह problem के रूप में सामने आए तब breeding population के selected, animals का उसी breed के किसी unrelated superior animals से mating कराई जानी चाहिए। सामान्यतया fertility क्षमता और yield दोनों को बनाए रखने में help मिलती है।

Out-Breeding

- किसी unrelated animals के मध्य होने वाली breeding को out-breeding कहते हैं।
- यह same breed (परन्तु 4-6 generation तक इसके ancestors common नहीं होने चाहिए अथवा out-crossing) अथवा different species (interspecific hybridisation) के मध्य हो सकता है।

Out-Crossing

- इसमें animal की mating same breeds के मध्य कराते हैं, परन्तु pedigree के किसी भी ओर 4-6 generation तक ancestors common नहीं होने चाहिए। इस mating के परिणामस्वरूप, जो offspring produced होते हैं, उन्हें out-cross कहते हैं।
- Breeding का यह method ऐसे animals के लिए best माना जाता है, जिनमें milk production का rate below average होता है।
- एक single out-cross inbreeding depression को समाप्त करने में सहायता करता है।

Cross-Breeding

- इस method में एक breed के superior males की mating दूसरी breed की superior female के साथ कराई जाती है।
- Cross-breeding दो different breeds के desirable qualities के combination में सहायक होती है।
- Hybrid animals के progeny का use commercial production के लिए किया जा सकता है।
- इनका प्रयोग inbreeding के कुछ रूप तथा selection में करके new stable breed को develope किया जाता है, जो हर प्रकार से superior होती हैं।
- Hisardale sheep की एक new breed है, जो Punjab में Bikaneri ewes और Merino Rams के मध्य mating कराने से develope हुई है।

Inter-specific Hybridisation

- इस method में दो different related species के male तथा female animals के मध्य mating कराई जाती है।
- कभी-कभी progeny में दोनों parents के desirable features combine हो जाते हैं तथा progeny की पर्याप्त economic value भी हो सकती है, e.g. mule (Fig. 9.2)

  क्या आप जानते हैं कि mule का production किस cross का परिणाम है?
- Controlled breeding experiments में artificial insemination का use करते हैं।
- Parent के रूप में select किए गए male का semen collect करके breeder द्वारा selected female के reproductive tract में inject कर दिया जाता है।
- Semen का use तुरन्त कर सकते हैं या इसे freeze करके बाद में भी use कर सकते हैं।
- जहाँ female रह रही है वहाँ इसे frozen रूप में transport भी किया जा सकता है। इस प्रकार, desirable mating की क्रिया सम्पन्न होती है।
- सामान्य mating से सम्बन्धित बहुत-सी problems artificial insemination की प्रक्रिया द्वारा दूर हो जाती हैं।

  क्या आप इस पर discuss कर कुछ को सूचीबद्ध कर सकते हैं?
- Artificial insemination के बाद भी mature male और female के crossing का success rate बहुत कम होता है।
- Hybrids के सफल production को improve करने के लिए अन्य methods का भी use किया जाता है।
- Multiple Ovulation Embryo Transfer Technology (MOET) तकनीक herd animals में सुधार का एक programme है।
- इस method में एक cow में follicular maturation और superovulation को induce करने के लिए जब FHS जैसे hormones दिया जाता है तो जहाँ पहले per cycle में एक egg produced होता है अब उसकी तुलना में 6-8 eggs produce होते हैं।

- Animals को या तो elite bull के साथ mating कराते हैं अथवा artificial insemination करते हैं।
- 8-32 celled stages तक fertilise eggs को non-surgically recovered कर surrogate mothers में transfers कर दिया जाता है।
- Genetic mother superovulation के लिए पुन: available हो जाती है।
- यह technology cattle, sheep, rabbits, buffaloes, mares, आदि में प्रदर्शित की जा चुकी है।
- High milk yielding वाली breed की females तथा high quality वाले meat (कम lipid वाला lean meat) प्रदान करने वाली breeds के bulls को successfully produced किया गया है।
- जिससे कम समय में ही herd का size बढ़ गया है।

(a) (b)

Figure 9.1 Improved breed of cattle and chickens (a) Jersey (b) Leghorn

Figure 9.2 Mule

9.1.3 Beekeeping

- Honey के production के लिए honeybees के hive के maintenance को beekeeping या apiculture कहते हैं।
- यह प्राचीन काल से चली आ रही एक cottage industry है।
- Honey high nutritive value का एक food है तथा indigenous system में भी medicine के रूप में इसका use किया जाता है।
- Honeybee से beewax भी produce होता है जिसका industry में बहुत महत्त्व है; जैसे—cosmetics की preparation में तथा विभिन्न प्रकार की polishes बनाने में use किया जाता है।
- Honey की बढ़ती हुई demand ने bee-keeping को large scale पर पालने के लिए बाध्य किया है।
- मधुमक्खी पालन चाहे छोटे स्तर पर करें या बड़े स्तर पर करें, यह एक income generating industry बन चुकी है।
- Beekeeping का व्यवसाय किसी भी area में जहाँ wild shrubs, fruit orchards तथा cultivated crops के पर्याप्त bee posture (कृषि क्षेत्र या चारागा) हो वहाँ किया जा सकता है।
- Honeybee की बहुत-सी species होती हैं, जिन्हें पाला जा सकता है।
- इसमें most common type की species है—***Apis-indica***
- Beehives को घर के courtyard, verandah अथवा यहाँ तक कि छत पर रखा जा सकता है।
- Beekeeping में अधिक श्रम की आवश्यकता नहीं होती है।

- Beekeeping यद्यपि relatively easy है, परन्तु इसके लिए विशेष प्रकार की knowledge की आवश्यकता होती है तथा बहुत-से organisation beekeeping के बारे में प्रशिक्षण दे रहे हैं।
- Successful beekeeping के लिए निम्नलिखित points अत्यन्त आवश्यक है
  (i) Bees के nature और habits की knowledge.
  (ii) Beehives को रखने के लिए suitable location का selection.
  (iii) Bees के group (swarms) की catching और living.
  (iv) Different seasons में beehive का management.
  (v) Honey तथा beewax की handling और collection करना।
- Bees हमारी बहुत-सी crop species; जैसे-sunflower, *Brassica,* apple और pea के लिए pollinators का काम करती हैं।
- Flowering के समय यदि इन beehives को खेतों के मध्य रख दिया जाए, तो इससे पौधों की pollination efficiency बढ़ जाती है और इस प्रकार, यह crop yield और honey yield दोनों point of view से beneficial है।

9.1.4 Fisheries

- Fishery एक प्रकार की industry है, जिसका सम्बन्ध fish और अन्य aquatic animals की catching, processing तथा selling से है।
- हमारे population का एक बहुत बड़ा भाग भोजन के लिए fish, fish product और अन्य aquatic animals; जैसे—prawn, crab, lobster, edible oyster, आदि पर आश्रित है।
- कुछ fishes, जैसे—*Catla, Rohu* तथा common carp सामान्यतया freshwater में पायी जाती है।
- कुछ marine fishes, जैसे-*Hilsa, Sardines,* Mackerel और Pomfrets, आदि भी खायी जाती हैं।
  पता लगाओ कि आपके area में कौन-सी fishes सामान्यतया खायी जाती हैं।
- Indian economy में fisheries का important place है।
- यह costal state के लाखों fisherman तथा farmers को income तथा रोजगार प्रदान करती हैं। बहुत-से लोगों के लिए यह जीविका का एक मात्र साधन है।
- Fisheries की बढ़ती हुई demands को देखते हुए इसके production को बढ़ाने के लिए different techniques अपनाई जा रही हैं।
  e.g. Aquaculture और pisciculture के द्वारा हम freshwater तथा marine water दोनों में plants और animals के production को बढ़ा सकते हैं।
- Pisciculture और aquaculture के मध्य पाए जाने वाले difference का पता लगाएँ।
- अब हम blue revolution की बात कर रहे हैं।
- Green revolution की भाँति इस (blue revolution) पर वही (green revolution) बातें लागू होती हैं।

9.2 Plant Breeding

- Traditional farming से humans और animals के food के रूप में limited मात्रा में biomass का production होता है।
- अच्छे management के तौर तरीकों और भूमि का क्षेत्रफल बढ़ने से एक निश्चित सीमा तक yield बढ़ सकती हैं।
- Plants breeding ने एक technology के रूप में उपज बढ़ाने में बहुत सहायता की है।
  India में कौन ऐसा होगा जिसने green revolution के बारे में न सुना हो?
- Green revolution ने food production की national requirements की पूर्ति ही नहीं बल्कि food के export में भी सहायता की।
- Green revolution बहुत अधिक wheat, rice, maize, आदि की high yielding और disease resistance varieties के development के लिए plant breeding techniques पर आश्रित है।

9.2.1 What is Plant Breeding?

- Plant breeding के अन्तर्गत desired plant की किस्में तैयार करने के लिए plant species को उद्देश्य पूर्ण ढंग से manipulate करते हैं। यह किस्में खेती के लिए अधिक उपयोगी better yield करने वाली एवं disease resistant होती हैं।
- Human civilisation के आरम्भ से हजारों years पूर्व से ही पारम्परिक रूप में plant breeding पर कार्य चल रहा है।
- Plant breeding के बारे में लगभग 9000-11000 years पूर्व के recorded evidence आज भी उपलब्ध है।
- आज जितने भी मुख्य crops हैं वह सभी ancient times के व्युत्पन्न हैं।
- Classical plant breeding में pureline का hybridisation तथा crossing शामिल हैं, जिसके पश्चात् artificial selection करते हैं, ताकि desirable trait जैसे अधिक उत्पादन देने वाले, nutrition और disease के प्रति resistance पौधे तैयार किए जा सकें।
- Genetics, molecular biology और tissue culture में हुई उन्नति के साथ-साथ अब plant breeding में molecular genetic tools का प्रयोग बढ़ रहा है।
- यदि हमें traits अथवा character की list तैयार करनी पड़े, जिससे breeders अपने crop में incorporate करने का प्रयास कर रहे हैं, तो सबसे पहले बढ़ी हुई crop yield तथा improved quality वाली list तैयार होगी।
- Environmental stresses (salinity, extreme temperature, drought) के प्रति tolerance, pathogens (viruses, fungi और bacteria) के प्रति resistance तथा insect pest के प्रति tolerance, आदि भी हमारी list में होंगे।
- Plant breeding programmes अत्यन्त systematics way से पूरे विश्व के government institutions और commercial companies द्वारा चलाया जा सकता है।
- Crop की एक नई genetic variety के breeding में main steps होते हैं

(i) Collection of Variability

- Genetic variability किसी भी breeding programme का मूल आधार है।
- बहुत-सी crop में pre-existing genetic variability उन्हें अपनी wild प्रजातियों से प्राप्त होती हैं।
- Different wild varieties, species और cultivated species के relative का collection और preservation (उनके लक्षणों का evaluation (मूल्यांकन)) उनके population में available natural gene के प्रभावकारी exploitation के लिए pre-requisite होता है।
- किसी crop में पाए जाने वाले सभी genes के विभिन्न alleles के entire collection (plant/seeds) को **germplasm collection** कहते हैं।

(ii) Evolution and Selection of Parents

- Plants को उनके desirable characters के combination के साथ identify करने के लिए germplasm को evoluate किया जाता है।
- Selected plants को multiplied कर उनका प्रयोग hybridisation की प्रक्रिया में किया जाता है।
- इस प्रकार, जहाँ desirable तथा possible हो, pureline, create किया जाता है।

(iii) Cross Hybridisation Among the Selected Parents

- Desired characters को प्राय: दो different plants (parents) को combined कर प्राप्त किया जाता है।
- उदाहरण के लिए एक parent जिसमें high protein quality हैं तथा अन्य parent जिसमें disease resistance गुण हैं, दोनों के combination की आवश्यकता होती हैं।
- दो parents का hybrids cross hybridisation द्वारा possible हैं।
- जिससे एक ही पौधे में desired characters genetically combine हो पाते हैं। यह time consuming और कठिन प्रक्रिया है।
- Male parent के तौर पर choose किए गए desirable plant के pollen grain को collect करते हैं तथा इसे female parent के flower के stigma पर डालते हैं।
- यह भी necessary नहीं हैं कि hybrids plant में desirable characters, combined हो।
- सामान्यतया कुछ hundred से thousand crosses में केवल एक ही desirable combination प्रदर्शित होता है।

(iv) Selection and Testing of Superior Recombinants

- इसके अन्तर्गत hybrids की progeny में से desirable character के combination वाले plant का selection किया जाता है।
- Breeding उद्देश्यों को प्राप्त करने में selection process बहुत crucial तथा इसके लिए progeny की careful scientific evolution की आवश्यकता होती है।
- इस stage के परिणामस्वरूप ऐसे plant प्राप्त होते हैं, जो दोनों parents में superior प्राय: एक से अधिक superior progeny वाले plant available होते हैं।
- कई generations तक इनका self-pollination तब तक करते हैं जब तक कि uniformity की अवस्था नहीं आ जाती, जिससे ये पता चल सके कि progeny में character segregate तो नहीं हो रहें।

(v) Testing Release and Commercialisation of New Cultivars

- Newly selected lines को उनकी yield और अन्य agronomic quality वाले लक्षणों, disease resistance, आदि गुणों के आधार पर evaluate किया जाता है।
- Evaluated plant को research fields में जहाँ उन्हें ideal fertiliser प्राप्त हो रहे हों, उन्हें सिंचाई का जल मिल रहा हो तथा अन्य समुचित crop management उपलब्ध हो वहाँ grow कराया जाता है तथा उसमें उपयुक्त गुणों का evaluation किया जाता है।
- देश के विभिन्न हिस्सों में जहाँ फसलें प्राय: grow करायी जाती हो तथा agroclimatic zone का निरूपण हो वहाँ कम से कम तीन growing season तक किसानों के खेत में testing के द्वारा इनका evaluation किया जाता है।
- उपरोक्त method से crop का comparison best उपलब्ध स्थानीय crop cultivar या reference cultivar से करने के बाद evaluate किया जाता है।
- India mainly एक agricultural country हैं।
- India के Gross Domestic Produce (GDP) की लगभग 33% आय तथा लगभग 62% population को रोजगार agriculture से प्राप्त होता है।
- भारत की आजादी के पश्चात् देश के सामने मुख्य चुनौती बढ़ती हुई population के लिए पर्याप्त food produce करना था।
- जैसा कि हमें ज्ञात है कि cultivation के लिए limited land ही fit हैं। अत: India को इसी उपलब्ध land में per unit area yield बढ़ाने के लिए प्रयास करने होंगे।
- सन् 1960 के मध्य से plant breeding techniques से wheat और rice की बहुत-सी high yielding varieties का development किया गया है।
- परिणामस्वरूप हमारे देश में food production में अत्यधिक वृद्धि हुई।
- इस phase को सामान्यतया green revolution के नाम से जाना जाता है।

(a) (b) (c)

Figure 9.3 Some Indian hybrid crops: (a) Maize; (b) Wheat; (c) Garden peas

Wheat and Rice

- सन् 1960 से 2000 तक के वर्षों के समय wheat का production 11 million tonnes से बढ़कर 75 million tonnes तक, जबकि rice का production 35 million tonnes से बढ़कर 89.5 million tonnes तक पहुँच गया। इसका कारण wheat और rice की semi-dwarf varieties का development होना है।
- Mexico स्थित International Centre for Wheat and Maize Improvement में Nobel पुरस्कार विजेता **Norman E. Borlaug** ने wheat की semi-dwarf variety को develop किया था।
- सन् 1963 में बहुत-सी high yielding और disease resistance varieties; जैसे—Sonalika तथा Kalyan Sona का development कर उन्हें India के wheat production करने वाले क्षेत्रों में introduce किया गया।
- Semi-dwarf rice की varieties को IR-8 (International Rice Research Institute or IRRI, Philippines में developed) तथा Taichung Native-I (Taiwan) से derived किया गया। 1966 में इन derivatives को introduce किया गया।
- बाद में भारत में better yield करने वाली semi dwarf varieties Jaya और Ratna develop की गई।

Sugarcane

- *Saccharum barberi* को मूलतया North India में grow कराया जाता था, परन्तु इसमें sugar content और yield बहुत कम थी।
- South India में grow करने वाला tropical sugar cane, *Saccharum officinarum* का stem thick होता है तथा इसमें sugar content भी अधिक होता है। परन्तु यह North India में सही से grow नहीं कर पाता है, इन दोनों varieties को successfully crossed कराया गया ताकि desirable qualities जैसे कि high yield thick stem और high sugar वाले sugarcane की variety प्राप्त हो सकें और साथ ही North India के sugarcane production वाले area में भी grow करने की क्षमता हों।

Millets

- India में hybrid maize, jawar तथा bajara का successfully developed किया जा चुका है।
- Hybrid breeding के परिणामस्वरूप water stress के प्रति resistant high yielding variety का development हुआ।

9.2.2 Plant Breeding for Disease Resistance

- Fungi, bacteria तथा viral pathogens की एक wide range tropical climates में cultivated crop species की yield को प्रभावित करते हैं।
- प्राय: crop losses, significant होती है और यह हानि 20-30% अथवा कभी-कभी तो इससे पूरी फसल बेकार हो जाती है। इन situation में breeding तथा disease resistance फसलें food production को प्रभावित करती है।
- यह fungicides और bacteriocides उन पर dependency को भी कम करने में सहायता करता है।
- Host plant की resistance उसके pathogen को disease cause करने से रोकने की ability हैं। इसका निर्धारण host plant के genetic constitution द्वारा किया जाता है।
- Breeding की क्रिया अपनाने से पूर्व causative organism के बारे तथा उसके transmission की क्रियाविधि की जानकारी important हैं।
- Fungi द्वारा उत्पन्न कुछ disease के examples हैं
  - Brown rust of wheat, red rot of sugarcane, late blight of potato
  - Bacteria द्वारा – Black rot of crucifer
  - Virus द्वारा – Tobacco mosaic, turnip mosaic

Methods of Breeding for Disease Resistance

- Breeding को conventional breeding techniques (described earlier) अथवा mutation breeding के द्वारा सम्पन्न किया जाता है।

- Hybridisation तथा selection disease resistance के लिए breeding के conventional method है। इसके step अन्य agronomic characters जैसे high yield के लिए breeding की विधि के identical है।
- विभिन्न sequential step इस प्रकार हैं
  - Resistance sources के लिए germ plasma की screening selected parents का hybridsation.
  - Hybrids का selection और evolution तथा varieties की testing तथा नई varieties को release करना है।
- Hybridisation और selection द्वारा प्रजनित कुछ crop fungi bacteria तथा viral disease के प्रति resistant होते हैं।
- ये crop varieties (table 9.1) में दी गई है।

Table 9.1

Crop	Variety	Resistance of Diseases
Wheat	Himgiri	Leaf and stripe rust, hill bunt
Brassica	Pusa Swarnim (Karan Rai)	White rust
Cauliflower	Pusa Shubhra, Pusa Snowball K-1	Black rot and curl blight black rot
Cowpea	Pusa Komal	Bacterial blight
Chilli	Pusa Sadabahar	Chilly mosaic virus, tobacco mosaic virus and leaf curl.

- विभिन्न crop varieties अथवा उनके wild species में disease resistance genes उपस्थित रहता है। परन्तु इनकी availability limited number में होने के कारण प्राय: conventional breeding प्राय: निरुद्ध होती है।
- Plant में विविध उपायों द्वारा mutation प्रेरित किया जाता है और बाद में resistance के लिए plant materials की screening करने से desired genes का identification किया जाता है।
- Desirable characters वाले plant को या तो directly multiplied किया जाता है अथवा इसका use breeding में किया जा सकता है।
- **Some clonal varients** तथा genetic engineering में selection breeding के अन्य methods हैं जिनका use इस कार्य में किया जाता है।

Mutation

- Mutation वह process है, जिसमें gene के भीतर base sequence में change करके genetic variation create किया जाता है।
- इसके परिणामस्वरूप नए character या लक्षण विकसित होते हैं, जोकि parent में नहीं पाए जाते हैं।
- Mutation को artificial रूप से chemicals के use तथा radiation (Gamma radiation के समान) द्वारा प्रेरित किया जा सकता है तथा desired character के plant का selection करके breeding में source के रूप में use कर सकते हैं। इस process को mutational breeding कहते हैं।
- Mung bean में जो yellow mosaic virus और powdery mildew के प्रति resistance क्षमता है, mutation के द्वारा प्राप्त की गई है।
- Plants के different cultivated species के अधिकांश wild relative कुछ resistant character प्रदर्शित करते हैं, परन्तु उनमें yield बहुत ही कम होती है। अत: high yield प्रदान करने वाली cultivated varieties में resistance genes को मिलाने की आवश्यकता है।
- Bhindi (*Abelmoschus esculenthus*) में yellow mosaic virus के प्रति resistance इसकी wild species से transfer किया गया था, जिसके परिणामस्वरूप *A. esculentus* की एक नई variety Parbhani Kranti उत्पन्न हुई।
- उपयुक्त सभी examples में resistance gene के source उनके same crop species में हैं।
- यह resistance gene उसी crop species के related wild species के होते हैं, जिन्हे disease resistance के लिए प्रजनित (breed) करना पड़ता है।
- Resistance gene का transfer target plant तथा source plant के बीच sexual hybridisation करने के पश्चात् selection के द्वारा सम्पन्न किया जाता है।

9.2.3 Plant Breeding for Developing Resistance to Insect Pests

- Crop plant और crop produce के large scale पर destruction का अन्य प्रमुख कारण insect तथा pest infestation हैं।
- Host crop plants में insect के प्रति resistance, morphological, biochemical अथवा physiological characteristics के कारण हो सकता है।
- बहुत-से plants में hairy leaves, insect pests के प्रति resistance से associated होती है।
  e.g. cotton में jassids तथा wheat में cereal leaf bettle के प्रति resistance.
- Wheat के solid stem के कारण stem sawfly उनके पास नहीं आती तथा smooth leaves और nector less cotton की varieties, bollworms को आकर्षित नहीं करती।
- High aspartic acid, low nitrogen और sugar content maize में stem borers के प्रति resistance क्षमता उत्पन्न करते हैं।
- Insect pest के प्रति resistance के लिए breeding methods के वही steps लागू होते हैं, जो अन्य agronomic traits में लागू होते हैं। e.g. yield, quality, आदि जिनका वर्णन ऊपर किया जा चुका है।
- Resistance gene के source cultivate variety अथवा crop या उनके wild relative का germplasm collection हो सकता है।
- Insect pest के प्रति resistance विकसित करने के लिए hybridisation और selection द्वारा breed फसलों की कुछ varieties table 9.2 में प्रदर्शित की गई।

Table 9.2

Crop	Variety	Insects Pests
Brassica (rapeseed mustard)	Pusa Gaurav	Aphids
Flat bean	Pusa Sem 2, Pusa Sem 3	Jassids, aphids and fruit borer
Okra (Bhindi)	Pusa Swamani. Pusa A-4	Shoot and fruit borer

9.2.4 Plant Breeding for Improved Food Quality

- World में लगभग 840 million से अधिक लोगों को उनकी daily की food तथा nutritional requirement की पूर्ति के लिए पर्याप्त मात्रा में food प्राप्त नहीं हो पाता है।
- इस संख्या से कहीं अधिक लगभग 3 billion लोग micronutrient protein तथा vitamin की कमी अथवा hidden hunger के शिकार है, क्योंकि ये लोग fruits, vegetables, legumes, fish तथा meat, आदि पर्याप्त मात्रा में नहीं खरीद पाते हैं।
- भोजन जिसमें essential micronutrients विशेषकर vitamin-A, iodine तथा zinc का अभाव होता है, जिससे disease उत्पन्न होने का risk बढ़ जाता है जिसके परिणामस्वरूप lifespan तथा mental abilities घट जाती है।
- **Biofortification**, vitamin और minerals के high level या high protein तथा healthier fats वाली breeding crops, public health को सुधारने के अत्यन्त महत्त्वपूर्ण practical माध्यम है।
- Improved nutritional quality के लिए breeding की जाती है, जिससे निम्नलिखित चीजें improve हों
  (i) Protein content और quality
  (ii) Oil content और quality
  (iii) Vitamin content
  (iv) Micronutrient और mineral content
- पहले से developed hybrids maize की तुलना में 2000 में developed hybrid maize में amino acid, lysine तथा tryptophan की दोगुनी मात्रा पाई जाती है।

- Wheat की variety Atlas 66 में high protein content होता है। इसका use cultivated wheat के improvement में donor की तरह किया जाता है।
- Iron fortified rice की variety को develope करना अब possible हो गया है।
- इसमें सामान्यतया use में लाई गई varieties की तुलना में iron content की मात्रा 5 time अधिक होती है।
- Indian Agricultural Research Institute, New Delhi ने vegetable की बहुत-सी crop को release किया है, जिनमें vitamin तथा minerals प्रचुर मात्रा में होते हैं।
- **उदाहरण**— carrots, spinach, pumpkin में vitamin-A; bitter gourd, bathua, mustard, tomato में vitamin-C; spinach तथा bathua में iron और calcium प्रचुर मात्रा में तथा broad beans, lablab, french एवं garden pea में protein प्रचुर मात्रा में पाई जाती है।

9.3 *Single Cell Protein* (SCP)

- Human और animals की संख्या जिस rate से बढ़ रही हैं, food सम्बन्धी उनकी demand, cereals, pulses vegetable, fruit, आदि को conventional agriculture production द्वारा पूरी नहीं हो पा रही है।
- Grain से meat की ओर shifting से भी cereals की demand बढ़ गई हैं, क्योंकि animals के farming के समय 1 kg meat उत्पन्न करने के लिए उसे 3-10 kg grain की आवश्यकता होती हैं।
- 25% से भी अधिक human population hunger तथा malnutrition का शिकार है।
- Animal तथा human के nutrition के लिए protein के वैकल्पिक source में से एक हैं–Single Cell Protein (SCP).
- Protein के अच्छे source के रूप में microbes का industrial scale पर उत्पादन किया जा रहा है।
- Microbes जैसे *Spirulina* को, potato processing plants (जिसमें starch होता है) straw, molasses, animal manure यहाँ तक की sewage पर आसानी से उगाया जा सकता है ताकि बड़ी मात्रा में यह प्राप्त हो सकें।
- *Spirulina* protein, minerals, fats, carbohydrates तथा vitamins rich food की तरह कार्य कर सकता है। संयोग से इसका उपयोग environmental pollution को भी कम करता है।
- एक अनुमान के अनुसार 250 kg वाली cow प्रतिदिन 200 gm protein produce करती है।
- इतने ही समय में 250 gm कुछ bacterial species; जैसे–*Methylophilus methylotrophus* की growth तथा biomass production की high rate के कारण लगभग 25 tonnes तक protein उत्पन्न कर सकते हैं।
- वास्तव में अधिकांश लोगों द्वारा mushrooms food के रूप में खाए जाने लगे हैं। अत: large scale पर mushroom culture एक प्रकार से बढ़ती हुई industry हैं।
- जिससे अब विश्वास होने लगा है कि microbes भी food के रूप में accept हो जाएगें।

9.4 Tissue Culture

- पर्याप्त एवं उन्नत किस्म की फसलें प्रदान करने वाले efficient system से food की बढ़ती हुई demand को पूरा करने में हमारी traditional breeding technique जब failed हुई तब एक अन्य technology का जन्म हुआ, जिसे tissue culture कहते हैं।

Tissue culture का क्या अर्थ है?

- सन् 1950 के समय scientist को पता चला कि whole plant को explant से regenerate किया जा सकता है। अर्थात् पौधे के किसी part को निकालकर test tube में sterile condition तथा special nutritive medium में grow कराए तो नया पौधा तैयार हो जाता है। पौधे का जो part निकालते हैं वह explant कहलाता है।
- किसी cell के explant से whole plant regenerate होने की यह capacity **totipotency** कहलाती हैं।

इसके बारे में जब आप higher class में जाएँगे तो पता चलेगा। इस बात पर यहाँ बल देने की आवश्यकता हैं कि nutrient medium, carbon source जैसे-sucrose तथा inorganic salts, vitamins, amino acids तथा growth regulators; जैसे–auxins, cytokinin, आदि प्रदान करें?

- इन method के use द्वारा अत्यन्त short duration में ही हजारों plants का propagation सम्भव हो सका।
- Tissue culture द्वारा हजारों की संख्या में plants को उत्पन्न करने की विधि micropropagation कहलाती हैं।
- इनमें प्रत्येक plant genetically original plant के identical होते हैं (जहाँ से वह grow हुए हैं), यह **somaclones** कहलाते हैं।
- इस method द्वारा बहुत-से महत्त्वपूर्ण food plants, जैसे—tomato, banana, apple, आदि का scale पर production commercial किया जा रहा है।

किसी tissue culture laboratory में आप अपने teacher के साथ जाएँ, ताकि आप इस क्रिया को appreciate कर सके और समझ सकें।

- इस method के अन्य important application disease plant से healthy plants की recovery करना है।
- यद्यपि plant virus से infected हो परन्तु फिर भी meristem (apical तथा auxillary) virus से अप्रभावित रहता है। अत: virus free plant प्राप्त करने के लिए apical meristem को remove करके *in vitro* grow कर सकते हैं।
- वैज्ञानिकों को banana, sugarcane, potato, आदि के meristem को culture करने में सफलता मिल गई हैं।
- यहाँ तक कि scientist ने plants से single cell isolate किया तथा उनकी cell wall का digestion करके plasma membrane द्वारा surrounded naked protoplasts isolate किया है।
- Plants की दो different variety से protoplast isolate करके (प्रत्येक में desired character हो) उन्हें आपस में fuse कर सकते हैं, जिससे hybrid protoplast प्राप्त हो सकें, जिसे further grow कराके नया plant प्राप्त कर सकते हैं।
- ये hybrid, somatic hybrid तथा यह process somatic hybridisation कहलाती है।
- ऐसी स्थिति को imagine करों जब tomato का protoplast potato के protoplast से fused होता है तथा वृद्धि करने के बाद इससे new hybrid plant उत्पन्न होता है, जिसमें tomato तथा potato दोनों के character होते हैं।
- इस process के परिणामस्वरूप pomato का निर्माण होता है, परन्तु दुर्भाग्यवश इस plant में commercial utilisation के लिए desired combination के character का अभाव था।

Chapter Ten

MICROBES IN HUMAN WELFARE

- Microscopic plants और animals के अतिरिक्त पृथ्वी पर biological systems का major component microbes हैं।
  क्या आपको याद है living organisms के किस kingdom के अन्तर्गत microorganisms आते हैं?
  – Monera, Protista, Fungi, Plantae और Animalia.
  उनमें से किसमें केवल microscopic organisms आते हैं?
  – Monera, Protista
- Microbes प्रत्येक स्थान पर पाए जाते हैं—soil, water, air हमारी body के अन्दर तथा अन्य animals तथा plants में पाए जाते हैं।
- Microbes उन स्थानों पर भी पाए जाते हैं जहाँ किसी भी प्रकार की life सम्भव नहीं है; जैसे— geysers के अन्दर गहराई तक (thermal vents) जहाँ temperature 100°C जितना high होता है, soil में गहराई तक कई metres thick snow की layer के नीचे तथा highly acidic environment जैसे places पर भी पाए जाते हैं।
- Microbes विभिन्न प्रकार के होते हैं; जैसे—Protozoa, bacteria, fungi, microscopic animal तथा plant, viruses, viroids और prions.
  – Prions, protein युक्त infectious agent हैं।
- कुछ microbes को fig. 10.1 तथा 10.2 में दिखाया गया है।

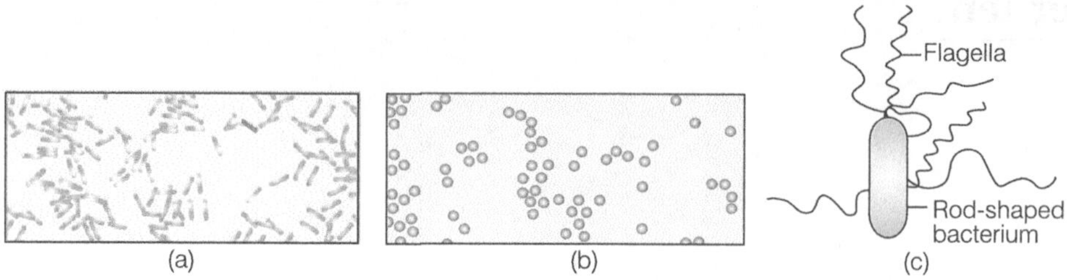

Figure 10.1 Bacteria : (a) Rod-shaped, magnified 1500X; (b) Spherical-shaped, magnified 1500X; (c) A rod-shaped bacterium showing flagella, magnified 50,000 X

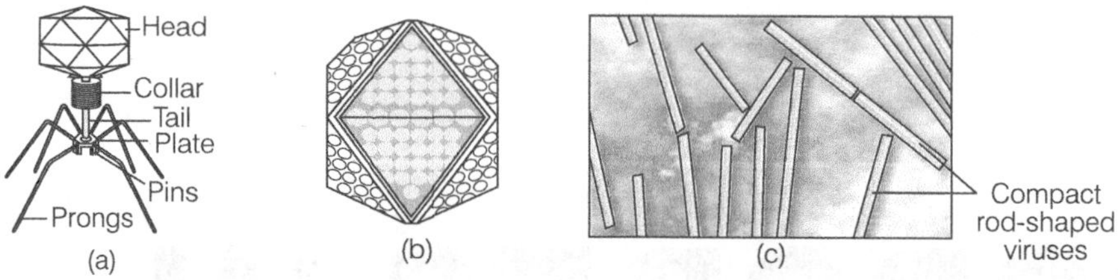

Figure 10.2 Viruses: (a) A bacteriophage; (b) Adenovirus which causes respiratory infections; (c) Rod-shaped Tobacco Mosaic virus (TMV). Magnified about 1,00,000-1,50,000X

- Microbes; जैसे– bacteria तथा कई fungi की colony बनाने के लिए nutritive medium पर उगाया जा सकता है, जिसे naked eyes द्वारा देखा जा सकता है।
- ऐसे culture microorganisms की study के समय काफी लाभदायक होते हैं।

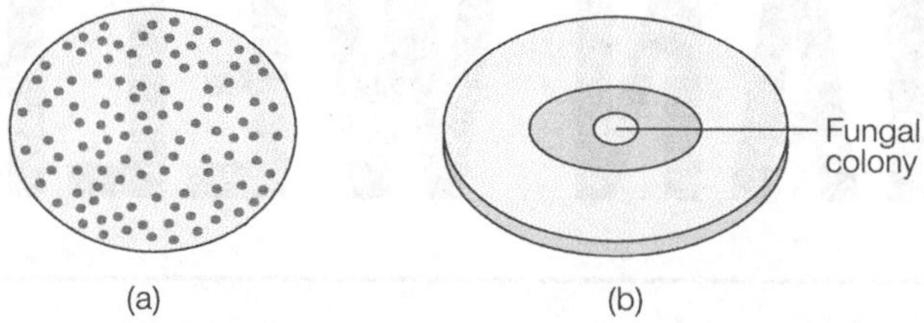

Figure 10.3 (a) Colonies of bacteria growing in a petri dish; (b) Fungal colony growing in a petri dish

- Chapter 8 में, आपने पढ़ा होगा कि microbes मनुष्यों में बहुत-सी disease cause करते हैं।
- ये animals और plants में भी disease cause करते हैं, परन्तु इससे आपको ये नहीं समझ लेना चाहिए कि सभी microbes harmful होते हैं। बहुत से microbes human के लिए कई प्रकार से useful हैं।

10.1 Microbes in Household Products

- आपको यह जानकर आश्चर्य होगा कि हम microbes या उनसे derived product का प्रयोग प्रतिदिन करते हैं।
- इसका common example milk का curd में बदलना है।
- Microorganisms; जैसे– *Lactobacillus* तथा अन्य जिन्हें commonly Lactic Acid Bacteria (LAB) कहते हैं, milk में grow करते हैं तथा उसे curd में convert कर देते हैं।
- Growth के समय lactic acid bacteria acid produce करते हैं, जो milk protein को coagulate और partially digest कर देते हैं।
- Curd की थोड़ी मात्रा inoculum या starter के रूप में fresh milk में मिलायी जाती है, जिसमें लाखों LAB होते हैं, जो suitable temperatures पर multiply करते हैं, जिसके फलस्वरूप milk curd में convert हो जाता है।
- यह vitamin-B_{12} को increase कर nutritional quality को भी बढ़ा देता है।
- हमारे stomach में भी, disease cause करने वाले microbes को रोकने में LAB एक महत्त्वपूर्ण भूमिका निभाता है।

- Dough जिसे हम idli और dosa जैसे foods बनाने के लिए use करते हैं, उसका fermentation bacteria द्वारा किया जाता है।
- आटे का puffy appearance CO_2 gas के production के कारण होता है।
  क्या आप बता सकते हैं कि किस metabolic pathway में CO_2 का formation होता है?
  आप क्या सोचते हो fermentation के लिए bacteria कहाँ से आए होंगे?
- ठीक इसी प्रकार bread बनाने वाले dough का fermentation baker's yeast *(Saccharomyces cerevisiae)* द्वारा किया जाता है।
- बहुत सारे traditional drinks और foods का fermentation भी microbes द्वारा किया जाता है।
- Southern India के कुछ parts में एक traditional drink 'Toddy' है, जिसे palm के sap को ferment करके बनाया जाता है।
- Food तैयार करने के लिए microbes का प्रयोग fish, soyabean तथा bamboo shoots, आदि के fermentation में भी किया जाता है।
- Cheese एक oldest food item है, जिसमें microbes use किए जाते हैं।
- Cheese की विभिन्न varieties अपने texture, flavour और taste जैसे character से पहचानी जाती हैं, इनमें ये विशेषताएँ इसमें used microbes से आती हैं।
- **Examples**– 'Swiss cheese' में पाए जाने वाले large holes *Propionibacterium shermanii* नामक bacteria द्वारा बड़ी मात्रा में produce CO_2 के कारण होते हैं।
- **'Roquefort cheese'** को specific fungi की growth द्वारा ripened किया जाता है, जो उन्हें particular flavour देता है।

10.2 Microbes in Industrial Products

- यहाँ तक कि industries में भी microbes का use बहुत से products की synthesis में किया जाता है, जो human beings के लिए valuable हैं। Beverages और antibiotics इसके कुछ examples हैं।
- Industrial scale पर production के लिए बड़े vessels की आवश्यकता होती है, जिसे fermentors कहते हैं।

Figure 10.4 Fermentors

10.2.1 Fermented Beverages

- प्राचीन काल से ही microbes, सामान्यतया से yeast का प्रयोग wine, beer, whisky, brandy या rum जैसे beverages (पेय पदार्थ) के production में किया जाता रहा है। इस purpose के लिए same yeast *Saccharomyces cerevisiae* (जो ब्रेड बनाने के लिए use होती हैं) का उपयोग किया जाता है तथा इसे commonly brewer's yeast कहते हैं।
- Ethanol के production के लिए इनका प्रयोग malted cereals और fruit juice के fermentation में किया जाता है।

क्या आपको वो metabolic reactions याद है, जिसमें yeast द्वारा ethanol का production होता है?

- Different types की alcoholic drinks जो हम प्राप्त करते हैं, वह fermentation में use raw material के types तथा processing (with distillation या without distillation) पर depend करती हैं।
- Wine और beer बिना distillation के produced होती हैं, जबकि whisky, brandy और rum fermented broth के distillation द्वारा produced होती हैं।
- Fermentation plants का photograph figure में दिखाया गया है।

Figure 10.5 Fermentation Plant

10.2.2 Antibiotics

- Microbes द्वारा produced antibiotics को 20th century की सबसे महत्त्वपूर्ण discovery तथा मानव समाज के कल्याण के लिए महान उपलब्धि माना जाता है।
- Anti एक greek word है जिसका अर्थ 'against' तथा bio का अर्थ है 'life' (disease causing organism के संदर्भ में) जबकि मनुष्य के संदर्भ में यह 'pro life' है न कि 'against life'.
- Antibiotics वह chemical substances है, जिनका production कुछ microbes द्वारा होता है तथा ये disease causing microbes को kill कर देते हैं या उनकी growth को retard (धीमा) कर देते हैं।
- आप commonly used antibiotics penicillin से तो परिचित ही हैं।

क्या आप जानते हैं कि सबसे पहला discovered antibiotic penicillin था, जो एक chance discovery थी?

- Alexander Fleming जब *Staphylococci* नामक bacteria पर कार्य कर रहे थे, तब उन्होंने observe किया कि unwashed plates पर mould grow कर गए हैं, जिसके चारों ओर *Staphylococci grow* नहीं पा रहे थे।
- उन्होंने पाया कि यह mould द्वारा produced chemical के कारण हो रहा है तथा mould *Penicillium notatum* के नाम पर उसका नाम penicillin रखा गया।
- यद्यपि effective antibiotic के रूप में इसके full potential को Ernst Chain और Howard Florey ने establish किया था।
- World War-II में American soldiers को treat करने के लिए antibiotic का व्यापक use किया गया। इस खोज के लिए Flemming, Chain और Florey को 1945 में Nobel Prize मिला।
- Penicillin के बाद, दूसरे microbes से और भी antibiotics को purify किया गया।
- Antibiotics ने deadly disease; जैसे– plague, whooping cough (kali khansi), diphtheria (gale ghotu) और leprosy (कुष्ठ रोग) को treat करने की हमारी क्षमता को बड़े स्तर पर improve किया है। इन disease से विश्व में लाखों लोग मरते थे।
- आज हम antibiotics के बिना संसार की कल्पना भी नहीं कर सकते हैं।

10.2.3 Chemicals, Enzymes and Other Bioactive Molecules

- कुछ विशेष प्रकार के chemicals; जैसे—organic acids, alcohols और enzymes के commercial तथा industrial production में भी microbes का use किया जाता हैं।
- Acid producers के examples– citric acid को *Aspergillus niger* (एक fungus), acetic acid को *Acetobacter aceti* (एक bacterium), butyric acid का *Clostridium butylicum* (एक bacterium) और lactic acid का *Lactobacillus* (एक bacterium) से प्राप्त करते हैं।
- Ethanol के commercial production के लिए yeast (*Saccharomyces cerevisiae*) का use करते हैं।
- Microbes का use enzyme के production में भी करते हैं।
- Lipases का use detergent बनाने में और laundry में कपड़ों से oily stain हटाने के लिए use करते हैं।
- आपने notice किया होगा कि market से खरीदकर जो fruit juice की bottle लाते हैं, उसका juice घर में बने juice की तुलना में अधिक clear दिखाई देता है। इसका कारण है कि bottled juices को pectinases और proteases के प्रयोग से साफ किया जाता है।
- Bacterium *Streptococcus* द्वारा streptokinase produced होता है और इसको genetic engineering द्वारा modify कर myocardial infaction (leading to heart attack) वाले patients की blood vessel से clot remove करने में अर्थात् clot buster की तरह प्रयोग करते हैं।
- एक अन्य bioactive molecule 'cyclosporin -A' है, जोकि fungus *Trichoderma polysporum* द्वारा produced होता है। इसका use patients में organ-transplant के समय immuno-suppressive agent की तरह करते हैं।
- Statin को *Monascus purpureus* नामक yeast से करते हैं। इसका use blood-cholesterol lowering agent के रूप में करते हैं। ये cholesterol की synthesis के लिए responsible enzyme को competitively inhibit करता है।

10.3 Microbes in Sewage Treatment

- हम जानते हैं कि प्रतिदिन शहरों और कस्बों से भारी मात्रा में waste water generate होता है। इस waste water का major component human excreta है। इस municipal waste water को sewage भी कहते हैं।
- इसमें बहुत ज्यादा मात्रा में organic matter और microbes पाए जाते हैं। इनमें से अधिकतर microbes pathogenic होते हैं।
- ***आप को आश्चर्य होता होगा कि sewage और urban waste water की इतनी अधिक मात्रा को प्रत्येक दिन कहाँ dispose करते हैं?***
- इसे natural water bodies; जैसे— rivers और streams में directly dispose नहीं किया जा सकता — आप इसका कारण समझ सकते हैं।
- Disposal के पहले, sewage की गंदगी को कम करने के लिए Sewage Treatment Plants (STPs) में treat किया जाता है।
- Waste water का treatment sewage में naturally उपस्थित heterotrophic microbes द्वारा किया जाता है।
- यह treatment दो stages में किया जाता है।

10.3.1 Primary Treatment

- Treatment के इस step में basically sewage से physically बड़े-छोटे particles का filteration तथा sedimentation किया जाता है। इन्हें कई stages में अलग किया जाता है।
- शुरुआत में floating debris को sequential filtration द्वारा remove करते हैं। इसके बाद grit (soil और छोटे pebbles) को sedimentation द्वारा remove करते हैं।
- सभी solid जो नीचे बैठ जाते हैं, उन्हें primary sludge कहते हैं और ऊपर supernatant, effluent बचता है।
- Primary setting tank से effluent को secondary treatment के लिए ले जाया जाता है।

10.3.2 Secondary Treatment or Biological Treatment

- Primary effluent को बड़े से aeration tank से pass कराते हैं, जहाँ इसे लगातार mechanically हिलाया जाता है तथा air को pump किया जाता है।

Figure 10.6 Secondary treatment

- ये useful aerobic microbes की vigrous growth के allow करता है। Bacteria के mass, filamentous fungi के साथ associate होकर mesh like structure बनाते हैं, जिसे flocs कहते हैं।
- Growth के समय ये bacteria effluent में उपस्थित organic matter का major part consume कर लेते हैं। ये effluent में BOD (Biochemical Oxygen Demand) की मात्रा को significantly कम कर देते हैं।
- BOD, oxygen की उस amount को कहते हैं, जो bacteria द्वारा 1 litre जल में उपस्थित organic matter को oxidise करने में consume होती हैं।
- Sewage water का तब तक treatment कराते हैं, जब तक BOD काफी कम न हो जाए।
- BOD test water के एक sample में microorganism द्वारा oxygen के uptake के rate को दर्शाता है।
- Indirectly, BOD जल में उपस्थित organic matter को measure करता है।
- Waste water में BOD जितनी अधिक होगी, उतनी ही अधिक उसकी polluting क्षमता होगी।
- जब sewage या waste water में BOD की मात्रा काफी कम हो जाए, तो effluent को setling tank में pass करवा देते हैं, जहाँ bacterial flocs को नीचे बैठने के लिए allow कर देते हैं, इस sediment को activated sludge कहते हैं।
- Activated sludge के कुछ part को वापस aeration tank में डाल देते हैं, जो inoculum की तरह कार्य करता है। Sludge का बचा हुआ part एक बड़े tank में डाल देते हैं, जिसे anaerobic sludge digester कहते हैं।
- यहाँ, दूसरे प्रकार के bacteria anaerobically grow कर sludge में उपस्थित bacteria और fungi को digest कर देते हैं।
- Digestion के समय, bacteria gases का mixture produce करते हैं; जैसे— methane, hydrogen sulphide और carbon dioxide. ये gases biogas बनाती है और inflammable होने के कारण इसे energy के source की तरह भी use किया जाता है।
- Secondary treatment के effluent को generally natural waterbodies; जैसे— rivers और streams में release कर दिया जाता है।
- ऐसे plant का aerial view चित्र 10.7 में दिखाया गया है

Figure 10.7 An aerial view of a sewage plant

- आप appreciate करेंगे कि किस प्रकार microbes प्रतिदिन विश्वभर में लाखों-करोड़ों gallon waste water के treatment में महत्त्वपूर्ण role निभाते हैं।
- सदियों से संसार के लगभग सभी भागों में इस methodology का प्रयोग किया जा रहा है।
- अब तक sewage के microbial treatment के सामने कोई भी man-made technology रह नहीं पाई है।
- आप जानते ही है कि बढ़ते हुए शहरीकरण के कारण पहले की तुलना में sewage अधिक मात्रा में produce हो रहा है, जबकि इतनी अधिक मात्रा को treat करने के लिए पर्याप्त मात्रा में treatment plant नहीं बढ़ाए गए हैं।
- इसलिए untreated sewage directly rivers में discharge कर दिया जाता है, जिसके फलस्वरूप pollution और water-borne diseases बढ़ जाती है।
- देश की major rivers को pollution से बचाने के लिए Ministry of Environment and Forests ने Ganga Action और Yamuna Action Plan शुरू किया है।
- इस plan के तहत् ये प्रस्ताव किया गया है कि sewage treatment plants अधिक संख्या में बनाए जाए ताकि सिर्फ treated sewage ही rivers में डाला जाए।

तुम्हारे लिए किसी नजदीक स्थान पर स्थित** sewage treatment plant **को** visit **करना एक** interesting **और** educating experience **होगा।

10.4 Microbes in Production of Biogas

- Biogas microbes की activity द्वारा produced gases का mixture है, जिसमें मुख्यतया methane होती है, जिसे fuel की तरह भी प्रयोग कर सकते हैं।

आपने सीखा है कि growth और metabolism के समय microbes अलग-अलग प्रकार के gaseous end products produce करते हैं।

- जो gas produce होती है, वह microbes और उसके द्वारा utilised organic substrate पर निर्भर करती हैं।
- उपयुक्त उदाहरण– dough के fermentation, cheese making और beverage के production में main gas CO_2 produce होती है।
- यद्यपि कुछ bacteria जो cellulosic material पर anaerobically grow करते हैं, वह CO_2 और H_2 के साथ बड़ी मात्रा में methane produce करते हैं। सामूहिक रूप से इन bacteria को methanogens कहते हैं तथा एक ऐसा common bacteria ***Methanobacterium*** है।

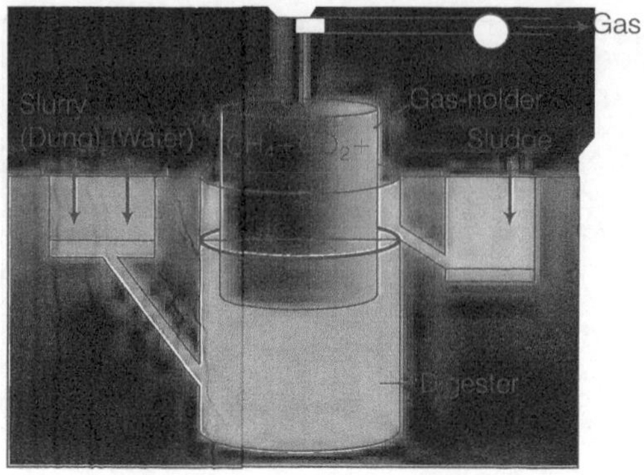

Figure 10.8 A typical biogas plant

- Sewage treatment के समय ये bacteria सामान्यतया anaerobic sludge में पाए जाते हैं।
- ये bacteria cattle के rumen (stomach का एक part) में भी पाए जाते हैं।
- Cattle के food में बहुत-सा cellulosic material होता है, जोकि rumen में भी पाया जाता है।
- Rumen में, ये bacteria cellulose के breakdown में मदद करते हैं और cattle के nutrition में important role निभाते हैं।

  क्या आप सोचते हैं कि हमारे food में उपस्थित cellulose को हम लोग भी पचाने योग्य हैं?
- Cattle के excreta (dung) जिसे commonly gobar कहते हैं, उसमें ये bacteria प्रचुर मात्रा में पाए जाते हैं।
- Dungs का उपयोग biogas को generate करने में भी किया जाता है।
- Biogas plant में एक concrete का tank (10-15 feet गहरा) होता है, जिसमें bio-wastes को collect कर उसमें dung की slurry भरी जाती हैं।
- Slurry के ऊपर एक floating cover लगा दिया जाता है, जो microbial activity के कारण tank में produced gas के कारण ऊपर उठता जाता है।
- Biogas plant से एक outlet निकलता है, जो एक pipe द्वारा जुड़ा होता है, जिससे biogas आस-पास के घरों में supply की जाती है।
- उपयोग की गई slurry को दूसरे outlet द्वारा बाहर निकाल लेते हैं तथा fertiliser की तरह use करते हैं।
- गोबर rural areas में बड़ी मात्रा में available रहता है, जहाँ cattle को विभिन्न उद्देश्यों से पाला जाता है, इसलिए rural areas में biogas plant अधिक बनाए जाते हैं।
- उत्पन्न biogas का use cooking और lightening में किया जाता है।

  Figure 10.8 में biogas plant की picture दर्शायी गई है।
- Biogas production की technology का विकास India में मुख्यतया Indian Agricultural Research Institute (IARI) और Khadi and Village Industries Commission (KVIC) के प्रयासों के परिणामस्वरूप हुआ।

  यदि आपका विद्यालय किसी गाँव या गाँव के आस-पास स्थित है, तो इसका पता लगाकर biogas plant को देखने जाए और जो लोग इसके management से जुड़े हैं, उन लोगों से मिले, आपको बहुत कुछ सीखने को मिलेगा।

10.5 Microbes as Biocontrol Agents

- Plant diseases और pests को control करने के लिए biological methods का use ही biocontrol है।
- Modern society में, इस problem को chemical (insecticides और pesticides) के बढ़ते हुए प्रयोगों की मदद से control किया जाता है।
- ये chemicals human beings और animals के लिए toxic और अत्यधिक harmful होते हैं और हमारे environment (soil, ground water), fruits, vegetables और crop plants को प्रदूषित करते हैं।
- Weeds को remove करने के लिए weedicides के प्रयोग से भी हमारी soil प्रदूषित हो रही है।

Biological Control of Pests and Disease

- Agriculture में, pests को control करने के लिए एक method है, जो chemical के उपयोग की जगह natural predation पर निर्भर रहता है।
- Organic farmer का ऐसा विश्वास है कि biodiversity health को बढ़ावा देती है।
- Landscape में जितनी अधिक variety होगी, उतनी ज्यादा वो sustainable (स्थायी) होगी।
- अत: organic farmer एक system को विकसित करने के लिए कार्य करते हैं, जिसमें insects (इन्हें pests भी कहते हैं) eradicate होने के अतिरिक्त manageable level पर, एक living और vibrant ecosystem के भीतर, checks (संतुलन) और जाँच के complex system का निर्माण करते हैं।
- पारम्परिक कृषि के तरीकों के विपरीत (जो अक्सर chemical methods का प्रयोग कर useful और harmful life forms को समाप्त कर देती है।) ये एक holistic approach है, जो flora और fauna का निर्माण करने वाले अनगिनत प्राणियों के intraction के जाल की समझ को develop करता है।
- Organic farmer का एक मत है—कि ऐसे जीवों का विनाश जिन्हें अक्सर pest माना जाता है, वो possible न होने के साथ-साथ undesirable भी है।
- ऐसे जीवों के अभाव में, लाभदायक predatory और parasitic insects, जो इन पर food या hosts के लिए depend है, जीवित रहने में असक्षम हो जाएँगे। अत: biocontrol उपायों के उपयोग से हमारी toxic chemicals और pesticides पर निर्भरता काफी कम हो जाएगी।
- Biological farming की approach का important part field में रहने वाली विभिन्न life forms, predators के साथ-साथ pests तथा उनकी life cycles, खाने के तरीके और habitat जिसमें रहना वो पसन्द करते हैं, से परिचित होना है।
- ये सब biocontrol के लिए उचित उपाय विकसित करने में help करेंगे।
- जाना पहचाना beetle जिन पर red और black markings पायी जाती है— Ladybird तथा dragonflies क्रमश: aphids तथा mosquitoes से छुटकारा दिलवाने में अत्यन्त ही लाभप्रद है।
- अगर microbial biocontrol agents का उदाहरण लें तो butterfly catterpillars को control करने के लिए bacteria *Bacillus thuringenesis* का प्रयोग करते हैं (अक्सर *Bt* की तरह लिखा जाता है)।
- ये sachets में dried spores के रूप में available रहते हैं, जिसको जल में मिलाकर vulnerable plants; जैसे— brassicas और fruit trees पर छिड़कते हैं। जहाँ insect larvae द्वारा इन्हें खा लिया जाता है।
- Larvae के gut में toxin release होता है, जिससे insect मर जाता है।
- Bacterial disease caterpillers को तो मार देती है, पर दूसरे अन्य insects को कोई नुकसान नहीं पहुँचाती।
- लगभग पिछले कुछ दशकों में genetic engineering के methods के development से वैज्ञानिकों ने *B. thuringiensis* के toxin genes को plants में introduced करा दिया है। ऐसे plants insect pests के हमले के प्रति resistant होते हैं।
- *Bt*-cotton ऐसा ही एक example है, जिसे हमारे देश के कई राज्यों में उत्पन्न किया जाता है।
- Biological control की तरह fungus (*Trichoderma)* का उपयोग plant disease के उपचार में किया जाता है।
- *Trichoderma* species एक free-living fungi है, जो सामान्य रूप से root ecosystem में पाया जाता है। यह plant के कई pathogens के विरुद्ध प्रभावशाली biocontrol agents है।
- Baculoviruses ऐसे pathogen हैं, जो insects और दूसरे arthropods पर attack करते हैं।
- अधिकांश baculoviruses जो biocontrol agent के रूप में प्रयोग होते हैं, वो genus– ***Nucleopolyhydrovirus*** के अन्तर्गत आते हैं।
- ये viruses species-specific, narrow spectrum insecticidal उपचारों के लिए अति उत्तम माने गए हैं।
- ऐसा प्रदर्शित किया जा चुका है कि इनका plants, mammals, birds, fish यहाँ तक non-target insects पर किसी भी प्रकार का हानिकारक प्रभाव नहीं पड़ता।
- ये especially desirable तब है जब Integrated Pest Management (IPM) programme की सहायता के लिए beneficial insects का संरक्षण किया जाए या ecologically नाजुक क्षेत्र का उपचार हो।

10.6 Microbes as Biofertilisers

- आज की life style को देखते हुए environmental pollution चिंता का एक प्रमुख कारण हैं।
- Agricultural products की बढ़ती माँगों को पूरा करने के लिए chemical fertilisers का प्रयोग किया जाता है, जोकि pollution में महत्त्वपूर्ण भूमिका निभाते हैं।
- हालाँकि, अब हम realised करने लगे हैं कि chemical fertilisers के overuse से कई problems जुड़ी हुई हैं।
- अब organic farming के प्रयोग का दबाव बढ़ता जा रहा है। Organic farming में biofertiliser का प्रयोग करते हैं।
- Biofertilisers एक प्रकार के organisms है, जो soil की nutritional quality को बढ़ाते हैं।
- **Bacteria, fungi** और cyanobacteria biofertilisers के main source हैं।
- Leguminous plants की roots पर nodules के बारे में आपने अध्ययन किया होगा, जिनका निर्माण *Rhizobium* के symbiotic association द्वारा होता है।
- ये bacteria atmospheric nitrogen को organic forms में fix करते हैं, जिसको plant nutrient की तरह प्रयोग करते हैं।
- अन्य bacteria (उदाहरण– *Azospirillum* और *Azotobacter)* soil में free-living रहते हुए atmospheric nitrogen को fix कर सकता है, जिसके फलस्वरूप soil का nitrogen content बढ़ता है।
- Fungi भी plants के साथ symbiotic association (mycorrhiza) के लिए जाने जाते हैं।
- Glomus genus के कई members mycorrhiza बनाते हैं।
- इस association में fungal symbiont soil से phosphorus absorb कर plant को प्रदान करता है।
- ऐसे association वाले plants कई अन्य लाभ; जैसे– root-borne pathogens के प्रति resistance, salinity और drought के प्रति resistance और plant की overall growth तथा development में बढ़ोत्तरी प्रदर्शित करते हैं।
  क्या आप बता सकते हैं कि इस association से fungi क्या लाभ प्राप्त करते हैं?
- Cyanobacteria autotrophic microbes हैं, जो aquatic और terrestrial environment में widely distributed रहते हैं।
- जिसमें से कई atmospheric nitrogen को fix कर सकते हैं; जैसे–*Anabaena, Nostoc, Oscillatoria,* आदि।
- Paddy fields में cyanobacteria महत्त्वपूर्ण biofertilisers की भूमिका निभाते हैं।
- Blue- green algae भी soil में organic matter बढ़ाकर उसकी fertility बढ़ा देते हैं।
- आज हमारे देश में बहुत से biofertilisers market में commercially available हैं।
- Soil में nutrients की भरपाई और chemical fertilisers पर dependence को कम करने के लिए farmers इनको field में लगातार use कर रहे हैं।

UNIT-IX

BIOTECHNOLOGY

HERBERT BOYER
(1936)

- Herbert Boyer का जन्म 1936 में हुआ था।
- इनका पालन-पोषण Western Pennsylvania में ऐसी जगह हुआ जहाँ young men की destiny में, Rail roads तथा mines थी।
- 1963 में University of Pittsburgh में इन्होंने अपना graduation किया तथा Yale में 3 वर्ष तक post-graduation किया।
- 1966 में इन्होंने San Francisco में स्थित University of California में assistant professorship का कार्य भार ग्रहण किया।
- 1969 तक इन्होंने especially useful properties वाले *E.coli* bacterium के restriction enzymes (a couple) पर अध्ययन पूरा किया।
- इन्होंने पाया कि इन enzymes में DNA strands को एक particular fashion में काटने की क्षमता होती है तथा जो शेष बचता है वह strands पर 'sticky ends' कहलाता है।
- ये clipped ends, precise exercise DNA के pieces के साथ जुड़ जाते हैं।
- इस discovery के बाद Hawaii स्थित Stanford scientist Stanley Cohen के बीच बहुमूल्य तथा लाभदायक conversation हो सका।
- Cohen, DNA के small ringlets पर कार्य कर रहे थे जिन्हें plasmids कहते हैं।
- यह plasmids कुछ bacterial cells के cytoplasm में freely तैरते रहते हैं तथा DNA के coding strand से independently replicate करते हैं।
- Cohen ने cell से इन plasmids को हटाने तथा दोबारा अन्य cells में reinsert करने की विधि develop की।
- इस process के साथ DNA splicing के जुड़ने से Boyer तथा Cohen ने DNA segments को desired configuration में recombine किया तथा bacterial cell में DNA को insert किया, जो specific proteins के लिए manufacturing plants की तरह कार्य कर सकते हैं।
- यह breakthrough, discipline of Biotechnology का आधार है।

Chapter Eleven

BIOTECHNOLOGY: PRINCIPLES AND PROCESSES

- Biotechnology एक ऐसी technique है, जिसमें live organisms या उनके enzymes का use करके ऐसे products या processes बनाए जाते हैं, जो मनुष्य के लिए उपयोगी होते हैं।
- सभी microbe-mediated processes जैसे curd, bread या wine का बनाना भी biotechnology का परिणाम है।
- आजकल सीमित अर्थ (restricted sense) में biotechnology को देखा जाए तो इसमें वे processes आते हैं, जिनमें genetically modified organisms के द्वारा ऊपर दिए गए substances को large scale में produce किया जाता है।
- आगे चलकर अनेक processes/techniques को भी biotechnology में शामिल किया गया।

  For example : *In vitro fertilisation* जिसके द्वारा test tube baby का निर्माण
  - Gene की synthesis तथा use करना
  - DNA vaccine को develop करना
  - Defective gene को correct करना

  ये सभी **biotechnology** के ही **parts** हैं।
- **European Federation of Biotechnology (EFB)** द्वारा दी गई definition में traditional view तथा modern molecular biotechnology दोनों को समाहित (encompass) किया गया है।
- EFB द्वारा दी गई definition इस प्रकार है "Products तथा services के लिए natural science व organisms, cells व उसके parts और molecular analogues (अनुरूपों) का integration (समायोजन)"

11.1 Principles of Biotechnology

- Modern biotechnology के विकास में दो techniques प्रमुख हैं
  - **(i) Genetic Engineering :**
    - इस technique के द्वारा genetic material (DNA और RNA) की chemistry में परिवर्तन करने के बाद host organism के अन्दर प्रवेश कराकर उस के phenotype को change किया जाता है।
  - **(ii) Bio Process Engineering** में sterile वातावरण बनाकर केवल desired microbe/eukaryotic cell को large quantities में grow करवाकर biotechnological products (जैसे-antibiotics, vaccines, enzymes, आदि) का निर्माण किया जाता है।

अब हम genetic engineering के principles के conceptual development के बारे में अध्ययन करेंगे।

- आप asexual reproduction की अपेक्षा sexual reproduction के लाभ को समझ चुके होंगे।
- Genetic setup की unique combinations बनाने तथा variation के लिए sexual reproduction, opportunities प्रदान करता है। इनमें से कुछ organisms या population के लिए लाभदायक हो सकते हैं।
- Asexual reproduction के द्वारा genetic information, preserve रहती है, जबकि sexual reproduction नई variation को permit करता है।
- Plant और animal breeding में use होने वाले traditional hybridisation procedures द्वारा प्राय: desired genes के साथ-साथ undersirable genes का भी समावेश (inclusion) तथा multiplication हो जाता था।
- इस कमी को दूर करने के लिए genetic engineering की techniques में gene cloning तथा gene transfer का use करके recombinant DNA का निर्माण किया जाता है।
  - Recombinant DNA से Undesirable genes के बिना, केवल एक या एक से अधिक desirable genes को target organism में introduce करते हैं।

क्या आप DNA के उस piece का भविष्य जानते हैं जिसे किसी प्रकार से alien organism में transfer किया गया हो?

- सम्भवत: यह DNA piece, organism की progeny cells में स्वयं multiply नहीं हो पाएगा। लेकिन जब यह DNA, recipient के genome से जुड़ जाता है, तो यह multiply होकर host DNA के साथ inherit हो जाता है। इसका कारण यह है कि alien DNA (बाहरी DNA) का piece अब उस chromosome का part बन जाता है, जिसमें replicate करने की क्षमता होती है।
- Chromosome में एक specific DNA sequence पाया जाता है जिसे **origin of replication** कहते हैं, जो replication को initiate करने के लिए responsible होता है।
- इसलिए एक organism में किसी alien DNA के piece के multiplication के लिए यह आवश्यक है कि वह ऐसे chromosome का हिस्सा बने जिसमें एक specific sequence की उपस्थिति हो, जिसे origin of replication कहा जाता है।
- इस प्रकार Host organism में स्वयं replicate तथा multiply करने के लिए DNA का alien piece, origin of replication के साथ जुड़ा रहता है
  - इसे cloning या किसी template DNA की multiple copies बनना कह सकते हैं।

अब एक artificial recombinant DNA molecule के निर्माण के बारे में अध्ययन करेंगे।

- First recombinant DNA का निर्माण *Salmonella typhimurium* के native plasmid में antibiotic resistance gene के जुड़ने से हो सका था।
  - Plasmid : यह circular extra-chromosomal DNA है, जो autonomously replicate करता है।
- Stanley Cohen तथा Herbert Boyer ने 1972 में एक plasmid से DNA का एक piece काटकर antibiotic resistance gene को isolate किया था।
- Molecular scissors कहे जाने वाले **restriction enzymes** की खोज से DNA को specific location पर काटना सम्भव हो सका।
- कटे हुए DNA के piece को plasmid DNA के साथ जोड़ा जाता है।

- यह Plasmid DNA, vector की तरह कार्य करता है, जो साथ में जुड़े DNA को transfer करता है।
  – सम्भवत: आप जानते हैं कि मच्छर insect vector के रूप में malarial parasite को human body में transfer करता है।
- ठीक इसी प्रकार plasmid को vector के रूप में प्रयोग कर alien DNA के piece को host organism में पहुँचाया (deliver) जाता है।
- Antibiotic resistance gene को plasmid vector के साथ जोड़ने का काम DNA ligase नामक enzyme द्वारा होता है।
- DNA ligase, DNA molecule के कटे हुए भाग पर कार्य कर उनके ends (किनारों) को जोड़ने का काम करता है।
- इससे *in vitro*, circular autonomously replication DNA के नए combination का निर्माण होता है, जिसे recombinant DNA के नाम से जाना जाता है।
- जब इस recombinant DNA को *Escherichia coli (E.coli)* में transfer किया जाता है, तब यह new host के DNA polymerase नामक enzyme को use करके replicate कर सकता है तथा अपनी multiple copies बनाता है।
  – ***Escherichia coli* एक बैक्टीरिया है, जो *Salmonella* का close relative है।**
- *E. coli* में antibiotic resistance gene की copies बनाने की क्षमता, *E.coli* में antibiotic resistance gene की cloning कहलाती है।
- आप अनुमान लगा सकते हैं कि एक organism को genetically modify करने में तीन basic steps प्रयोग होते हैं।
  (i) Desirable genes वाले DNA का identification
  (ii) Identified DNA का host में प्रवेश (introduce) करना
  (iii) Introduced DNA का host में maintenance रखना तथा host की progeny में DNA transfer करना

11.2 Tools of Recombinant DNA Technology

- जैसा कि हम जानते हैं genetic engineering या recombinant DNA technology केवल तभी पूरी हो सकती है जब हमारे पास निम्न key tools उपलब्ध होंगे—**restriction enzymes, polymerase enzymes, ligases, vectors** तथा **host organism.**

अब हम इन tools में कुछ को detail में समझने का प्रयास करते हैं।

11.2.1 Restriction Enzymes

- सन् 1963 में ऐसे 2 enzymes को isolate किया गया, जो *E. coli* में bacteriophage की growth को रोक देते थे।
- इनमें एक एन्जाइम DNA से methyl group को जोड़ता है, जबकि दूसरा एन्जाइम DNA को cut करता है।
- दूसरे वाले enzyme को **restriction endonuclease** कहा गया।
- पहला restriction endonuclease ***Hind* II** है, जिसका कार्य DNA nucleotide के specific sequence पर depend करता है।
  – ***Hind* II** को 5 वर्ष बाद isolate और characterise किया गया।
- ऐसा पाया गया कि ***Hind* II** हमेशा DNA को उस point पर cut करता है जहाँ पर 6 basic pairs का specific sequence पाया जाता है।
- इस specific base sequence को ***Hind* II** का **recognition sequence** कहते हैं।
- ***Hind* II** के अतिरिक्त आजकल हम 900 से ज्यादा restriction enzymes को जानते हैं जिन्हें bacteria के 230 से अधिक strains से isolate किया गया है, जिनमें से प्रत्येक restriction enzyme का recognition sequence अलग-अलग होता है।
- इन enzymes की naming में पहला letter genus तथा दूसरा व तीसरा letter, prokaryotic cell की species से लिया जाता है जिससे ये isolate किए जाते हैं।

Example : *Escherichia coli* RY 13 से *Eco* RI में letter 'R' को strain के नाम से derive किया गया है।

- नाम में दिए गए roman numbers उस order को प्रदर्शित करते हैं जिस order में enzymes बैक्टीरिया के strain से isolate किए जाते हैं।
- Restriction enzymes, class **nuclease** में आते हैं।
  – Nuclease एन्जाइम का एक बड़ा class है।
- Restriction enzymes दो प्रकार के होते हैं—
  (i) Exonuclease (ii) Endonuclease
- Exonuclease, DNA के ends से nucleotides को remove करते हैं, जबकि endonuclease, DNA के अन्दर specific positions पर cut करते हैं।
- प्रत्येक restriction endonuclease एक DNA sequence की लम्बाई के **'निरीक्षण' (inspection)** के बाद कार्य करता है।
- Restriction endonuclease को जब अपना specific recognition sequence मिल जाता है तब यह DNA से जुड़ता है तथा double helix के दोनों strands को उनकी sugar-phosphate back bones में specific point पर काटता है। (Fig. 11.1)
- DNA में प्रत्येक restriction endonuclease एक specific **palindromic nucleotide sequences** को पहचानता है।

Action of Restriction Enzyme

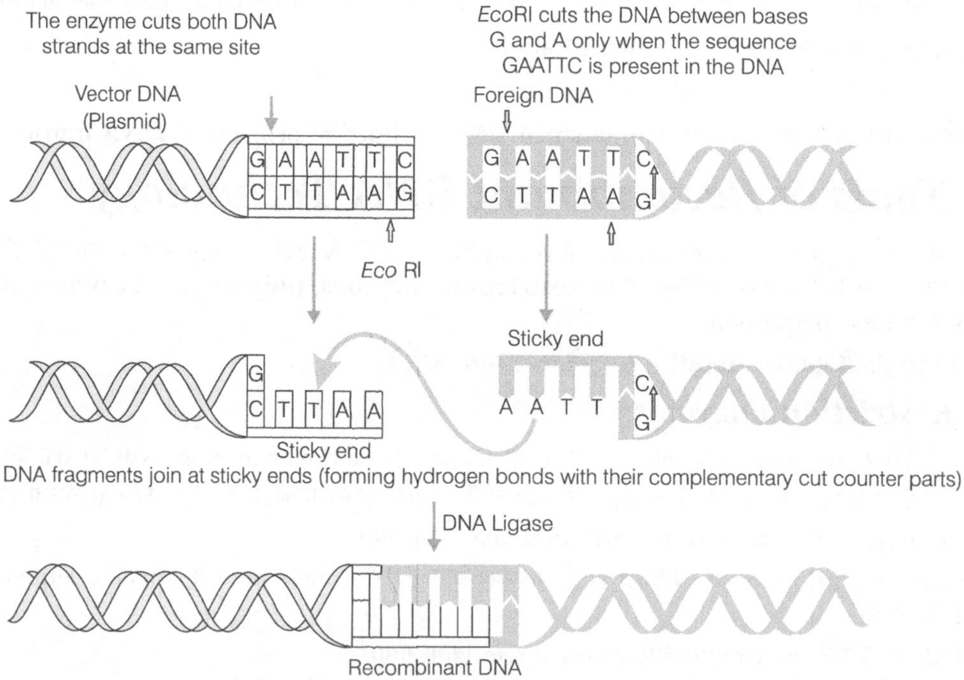

Figure 11.1 Steps in formation of recombinant DNA by action of restriction endonuclease enzyme-*Eco*RI

क्या आप जानते हैं कि palindromes किसे कहते हैं?

- Palindromes, letters के groups होते हैं जिन्हें आगे तथा पीछे दोनों ओर से पढ़ने पर एक ही word बनता है जैसे **'MALYALAM'.**
- Word-palindrome तथा DNA palindrome में अन्तर होता है।
- DNA में palindrome, base pair का एक sequence है, यदि reading की orientation को same रखा जाए, तो यह palindrome दोनों strands पर समान प्रकार से पढ़ा जाता है।

Example : नीचे दिए गए sequences को 5' → 3' direction में पढ़ने पर दोनों strands में एक जैसा पढ़ा जाएगा। यदि इसे 3' → 5' direction में पढ़ा जाए तब भी यह समान रहती है।

5'–GAATTC–3'
3'–CTTAAG–5'

- Restriction enzymes, DNA के strand को palindrome site के centre से थोड़ा दूर, लेकिन opposite strands पर दो same bases के बीच के हिस्से को काटते हैं।
- जिसके फलस्वरूप ends पर single stranded portions रह जाते हैं।
- प्रत्येक strand पर overhanging stretches मिलते हैं जिन्हें sticky (चिपचिपा) ends कहते हैं।
- इनको sticky ends इसलिए कहते हैं, क्योंकि यह अपने complementary cut counterparts के साथ hydrogen bonds बनाते हैं।
- Ends की यह stickiness, DNA ligase नामक एन्जाइम के कार्य में सहायता प्रदान करती है।
- Genetic engineering में recombinant DNA molecules को बनाने के लिए restriction endonucleases का use किया जाता है।
  - Different sources या genomes से प्राप्त DNA से मिलकर recombinant DNA molecules बनते हैं।
- Same restriction enzymes द्वारा cut करने पर प्राप्त होने वाले DNA fragments में sticky ends एक जैसे होते हैं, जिन्हें DNA ligase की सहायता से आपस में (end-to-end) जोड़ा जा सकता हैं।
- अब आप को समझ आ चुका होगा कि normally जब तक vector तथा source DNA को same restriction enzymes द्वारा cut नहीं करेंगे तब तक recombinant vector molecule का निर्माण नहीं हो सकता है।

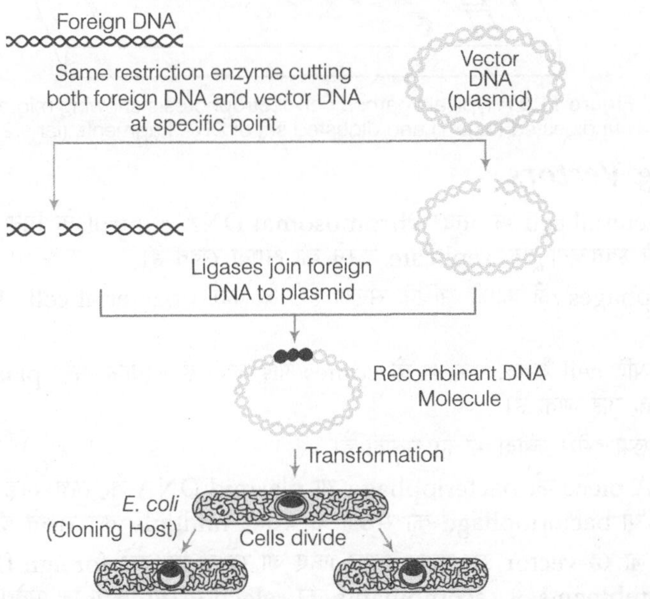

Figure 11.2 Diagrammatic representation of recombinate DNA technology

Separation and Isolation of DNA Fragments

- Restriction endonucleases द्वारा DNA को cut करने पर DNA fragments में बदल जाता है।
- इन fragments को **gel electrophoresis** नामक technique के द्वारा separate किया जा सकता है।
- चूँकि DNA fragments, negative charge molecules होते हैं, इसलिए इन्हें electric field में medium/matrix द्वारा anode की ओर forcibly भेजकर separate कर सकते हैं।
- आजकल सबसे ज्यादा प्रयोग में आने वाला matrix, **agarose** है, जो sea weeds से प्राप्त होने वाला एक natural polymer होता है।

- DNA fragments को **sieving effect** द्वारा उनके size के अनुसार separate करते हैं।
  - Sieving effect, agarose gel प्रदान करता है।
- अत: छोटे size के fragments अधिक दूरी तक move कर जाते हैं।

Figure 11.3 को देखें और guess करें कि gel के किस end पर sample load किया गया था?

- Separated DNA fragments को तभी visualised किया जा सकता है जब इस DNA को ethidium bromide नामक compound से stain करने के बाद उस पर UV radiation डाली जाए।
- (आप pure DNA को बिना stain किए visible light में नहीं देख सकते हैं)
- Ethidium bromide द्वारा stained gel पर UV light डालने पर आप bright orange colour के DNA bands देख सकते हैं। (Fig. 11.3)
- DNA के separated bands को agarose gel से cut करके निकालना तथा gel piece से इन्हें extract करना **elution** कहलाता है।
- इस तरह से purified DNA fragments को cloning vectors से जोड़कर, recombinant DNA के निर्माण में use किया जाता है।

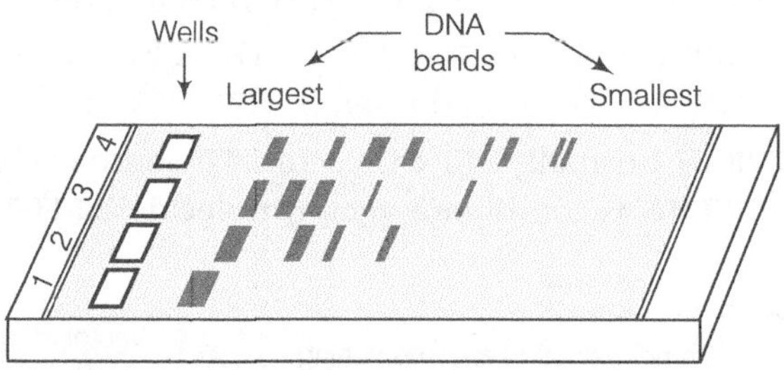

Figure 11.3 A typical agarose gel electrophoresis showing migration of undigested (lane 1) and digested set of DNA fragments (lane 2 to 4)

11.2.2 Cloning Vectors

- आप जानते हैं कि bacterial cell के अन्दर chromosomal DNA control के बिना भी plasmids तथा bacteriophages में स्वतन्त्रतापूर्वक replicate करने की क्षमता रखते हैं।
- प्रति cell, bacteriophages की काफी अधिक संख्या होने के कारण bacterial cells में इनके genome की कई copy पाई जाती हैं।
- कुछ plasmids की प्रति cell केवल एक या दो copies पाई जाती है, जबकि अन्य plasmids की 15 से 100 copies per cell तक पाई जाती है।
  - Plasmids की संख्या इससे ज्यादा भी हो सकती है।
- यदि हम alien DNA piece को bacteriophage या plasmid DNA के साथ जोड़ सकें, तो हम alien DNA की संख्या को plasmid या bacteriophage की संख्या के बराबर multiply कर सकते हैं।
- वर्तमान में use किए जा रहे vector इस प्रकार तैयार किए जा रहे हैं कि इन्हें foreign DNA से आसानी से जोड़ा जा सके तथा non-recombinants से recombinants का selection भी किया जा सके।

Vector में cloning को facilitate करने के लिए निम्न features की आवश्यकता होती है

(i) Origin of Replication *(ori)*

- यह एक sequence है जहाँ से replication की शुरुआत होती है।
  - जब DNA का कोई piece इस *ori* से जुड़कर host cell के अन्दर replicate करता है।
- Linked DNA के copy number को control करने के लिए भी *ori*, responsible होता है।
- इसलिए target DNA की कई copies प्राप्त करने के लिए इसे ऐसे vector में cloned करना चाहिए जिसकी origin (*ori*) high copy number को support करती हो।

(ii) Selectable Marker

- *Ori* के साथ vector को selectable marker की भी आवश्यकता होती है।
- यह non-transformants को identify व eliminate करने में सहायता करते हैं तथा transformants की selective growth को होने देते हैं।
- DNA के एक piece को host bacteria में introduce करने के procedure को **transformation** कहते हैं।
- सामान्यतया ampicillin, chloramphenicol, tetracycline या kanamycin आदि जैसे antibiotics के प्रति resistance को encode करने वाले gene, *E.coli* के लिए उपयोगी selectable marker माने जाते हैं।
- Normal *E. coli* cells में इनमें से किसी antibiotics के against, resistance नहीं होता है।

(iii) Cloning Sites

- Alien DNA को जोड़ने से सामान्यतया use होने वाले restriction enzyme के लिए vector में कुछ या केवल एक ही recognition site होनी चाहिए।
- Vector के अन्दर एक से ज्यादा recognition sites होने पर इसके कई fragments बन जाते हैं, जो gene cloning को complicate कर देते हैं। (Fig.11.4)
- Alien DNA का ligation, restriction site पर होता है, जो दोनों antibiotic resistant genes में से किसी एक में present होता है।
  - For example, आप vector pBR322 में उपस्थित tetracycline resistant gene की *Bam*HI site पर alien DNA को ligate कर सकते हैं।
- Foreign DNA के insertion के कारण recombinant plasmid का tetracycline resistance समाप्त हो जाता है लेकिन फिर भी tetracycline containing medium पर transformants की plating करके non-recombinants में से recombinants को select out किया जा सकता है।
- Ampicillin containing medium पर grow करने के बाद transformant को tetracycline containing medium पर transfer कर देते हैं।
- Recombinants, ampicillin containing medium पर तो grow करेंगे, लेकिन tetracycline containing medium पर grow नहीं करेंगे।
- लेकिन non-recombinants दोनों antibiotics medium पर grow करेंगे।
- इस case में एक antibiotic resistance gene, transformants को select करने में सहायता करता है, जबकि दूसरा antibiotic resistance gene, alien DNA के insertion के कारण inactivate हो जाता है तथा recombinants के selection में सहायता करता है।
- Antibiotics के inactivation के कारण recombinants का selection एक जटिल (cumbersome) procedure है, क्योंकि इसमें अलग-अलग antibiotics रखने वाली दो plates पर साथ-साथ plating की जरूरत होती है।
- इस कारण alternative selectable markers बनाए जाते हैं, जो recombinants को non-recombinants से अलग करते हैं, क्योंकि इनमें chromogenic substance की उपस्थिति में colour produce की क्षमता होती है।
  - इसमें एक recombinant DNA को β-galactosidase enzyme को code करने वाले sequence के भीतर insert कर देते हैं जिसकी वजह से enzyme बनाने वाले gene का inactivation हो जाता है जिसे **insertional inactivation** कहते हैं।
- Bacteria में plasmid में यदि insert उपस्थित नहीं होता है, तो chromogenic substrate की उपस्थिति में नीले रंग की colonies का निर्माण होता है।
- Insert की presence में α-galactosidase का insertional inactivation हो जाता है और ऐसी colonies किसी प्रकार का रंग produce नहीं करती है। ये recombinant colonies के रूप में पहचानी जाती है।

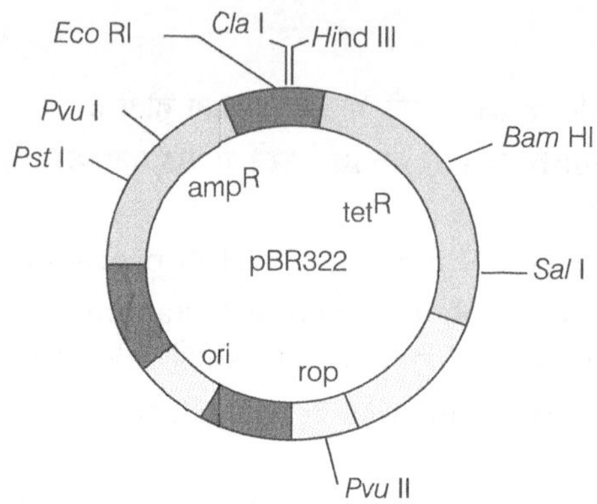

Figure 11.4 *E. coli* cloning vector pBR322 showing restriction sites (*Hind* III, *Eco*RI, *Bam*HI, *Sal* I, *Pvu* II, *Pst* I, *Cla* I), *ori* and antibiotic resistance genes (*amp*^{R} and *tet*^{R}). *rop* codes for the proteins involved in the replication of the plasmid.

(iv) Vectors for Cloning Genes in Plants and Animals

- आपको यह जानकर आश्चर्य होगा कि genes को plants और animals में transfer करना हमने bacteria और viruses से सीखा जिन्हें यह बात बहुत पहले से पता थी।
- Bacteria तथा virus जानते थे कि eukaryotic cells को transform करने के लिए genes को कैसे deliver किया जाए तथा वे अपनी चाहत के अनुसार genes को काम करने के लिए विविश करते हैं।

- *Agrobacterium tumifaciens* कई dicot plants का एक pathogen है, जो DNA के एक piece (T-DNA) को deliver कर normal plant cells को tumor cell में transform करता है।
  - ये tumor cells, pathogen के लिए जरूरी chemicals produce करती हैं।
- ठीक इसी तरह retroviruses में animals की normal cells को cancerous cells में transform करने की क्षमता होती है।
- Pathogen द्वारा अपने eukaryotic hosts में gene deliver करने की art को अच्छी तरह से समझकर मनुष्य में gene of interest को deliver करने के लिए pathogen के नए tools को useful vectors में transform करते हैं। *agrobacterium tumefaciens* के tumor inducing Ti-plasmid को अब cloning vector के रूप में modify कर दिया गया है, जो plants के लिए pathogenic नहीं है, लेकिन इसका use हमारे gene of interest को अनेक plants में deliver करने के लिए किया जाता है।
- इसी तरह अब retroviruses को भी disarmed (अहानिकारक) करके इनका प्रयोग animal cells में desirable genes को deliver करने में किया जाता है।
  - इस तरह से जब एक gene या DNA के piece को suitable vector से जोड़कर bacteria, plants तथा animal host में transfer किया जाता है, जहाँ यह multiply होता रहता है।

11.2.3 Competent Host (For Transformation with Recombinant DNA)

- DNA एक **hydrophilic molecule** है, इसलिए यह cell membranes के द्वारा pass नहीं हो सकता। क्यों?
- Bacterial को plasmid लेने के लिए force करने से पहले यह आवश्यक है कि bacterial cell को DNA लेने के लायक (competent) बनाया जाए।
- Competent बनाने के लिए इससे पहले divalent cation जैसे calcium की specific concentration के साथ treat किया जाता है।
- इससे DNA की bacterial cell wall में स्थित pores के द्वारा प्रवेश करने की efficiency बढ़ जाती है।
- ऐसी cells को recombinant DNA के साथ पहले ice पर रखकर incubate किया जाता है। तथा recombinant DNA को इन cells में forcibly प्रवेश कराया जाता है। इसके पश्चात् कुछ समय के लिए 42°C (heat shock) पर रखने के बाद पुन: इसे वापस ice पर रखा जाता है।
  - ऐसा करने से recombinant DNA, bacteria में प्रवेश कर जाता है।
- Host cell में alien DNA को introduce कराने का केवल यही तरीका नहीं है।

- **Micro-injection** नामक method से recombinant DNA को animal cell के nucleus के अन्दर directly inject कर दिया जाता है।
- **Biolistics** या **gene gun :** यह plants के लिए suitable होता है।
  - इसमें DNA से coated, gold या tungsten के high velocity वाले micro-particles द्वारा cell पर बमबारी (bombard) करते हैं।
- Last method जिसमें **'disarmed pathogen'** vectors का use किया जाता है, ये vector इन्हें जब host cell को infect करते हैं। तब ये recombinant DNA को host cell में transfer कर देते हैं।

अब उन processes को discuss करेंगे, जो recombinant DNA technology को आगे बढ़ाते हैं।

11.3 Processes of Recombinant DNA Technology

- Recombinant DNA technology के steps, specific sequence में होते हैं, जैसे— DNA का isolation
- DNA का restriction endonucleases द्वारा fragmentation
- Desired DNA fragment का isolation
- DNA fragment का vector में ligation
- Recombinant DNA को host में transfer करना
- Host cells को एक medium में large scale पर culture करना
- desired product का extraction करना।

अब इन steps को detail में examine करते हैं।

113.1 Isolation of the Genetic Material (DNA)

- आपको स्मरण होगा कि बिना किसी exception के nucleic acid सभी organisms का genetic material होता है।
- अधिकांश organisms में यह deoxyribonucleic acid या DNA है।
- DNA को restriction enzyme से काटने के लिए यह आवश्यक है कि इसे pure form में होना चाहिए। (अन्य दूसरे macromolecules से free)
- DNA, membranes से घिरा रहता है, इसलिए cell को break करके खोलना पड़ेगा ताकि DNA के साथ दूसरे macromolecules जैसे-RNA, proteins, polysaccharides तथा lipids भी release हो सकें।
- यह तभी सम्भव है जब bacterial cells/plant या animal tissue, **lysozyme** (bacteria), **cellulase** (plant cell), **chitinase** (fungus) जैसे enzymes से treat किए जाते हैं।
- आप जानते हैं कि genes, DNA के long molecules पर स्थित होता है तथा histone जैसे protein के साथ intertwined (गुंथे) रहते हैं।
- RNA को ribonuclease से treat करके अलग कर सकते हैं, जबकि protein को protease से treat करके अलग कर सकते हैं।
- दूसरे molecules को appropriate treatment द्वारा अलग कर सकते हैं।
- Ultimately chilled ethanol मिलाने से purified DNA precipitate हो जाता है।
- इसे suspension में fine threads के collection के रूप में देख सकते हैं। (Fig. 11.5)

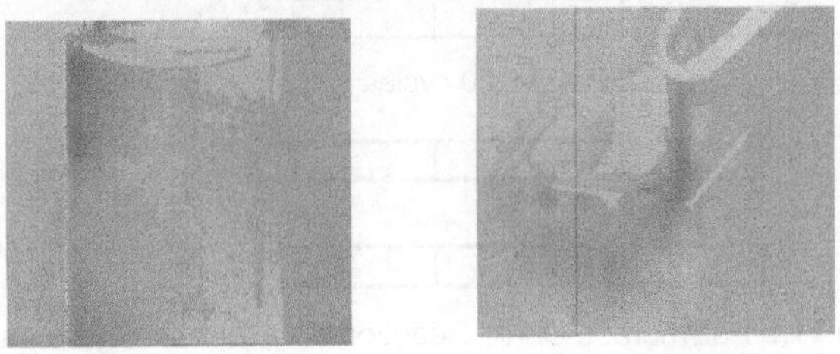

Figure 11.5 DNA that separates out can be removed by spooling

11.3.2 Cutting of DNA at Specific Locations

- Purified DNA को restriction enzyme के साथ optimum condition में incubate करने पर restriction enzyme द्वारा digestion का कार्य perform किया जाता है।
- Restriction enzyme, digestion की progress को check करने के लिए **Agarose gel electrophoresis** करते हैं।
- DNA एक negatively charged molecule है, इसी कारण से यह positive electrode (anode) की ओर move करता है।
- यह process vector DNA के साथ भी दोहराई जाती है।
- DNA की joining में कई processes शामिल हैं।
- Source DNA और vector DNA को specific restriction enzyme द्वारा काटे जाने के बाद source DNA से कटा हुआ 'gene of interest' को कटे vector में उपस्थित खाली जगह के साथ ligase द्वारा जोड़ दिया जाता है फलस्वरूप recombinant DNA बनता है।

11.3.3 Amplification of Gene of Interest using PCR

- PCR का अर्थ **Polymerase Chain Reaction** है।
- इस reaction में primers के दो set तथा DNA polymerase एन्जाइम का use करके *invitro* method से gene of interest की कई copies की synthesis होती है।

  Primer : ये small chemically synthesised oligonucleotides है, जो DNA region के complementary होते हैं।
- यह enzyme, genomic DNA को template के रूप में प्रयोग कर reaction में पाए जाने वाले nucleotides का उपयोग करके primers को extend कर देता है।
- यदि DNA replication को कई बार repeat किया जाता है, तो DNA segment को लगभग billion times तक amplify किया जा सकता है।

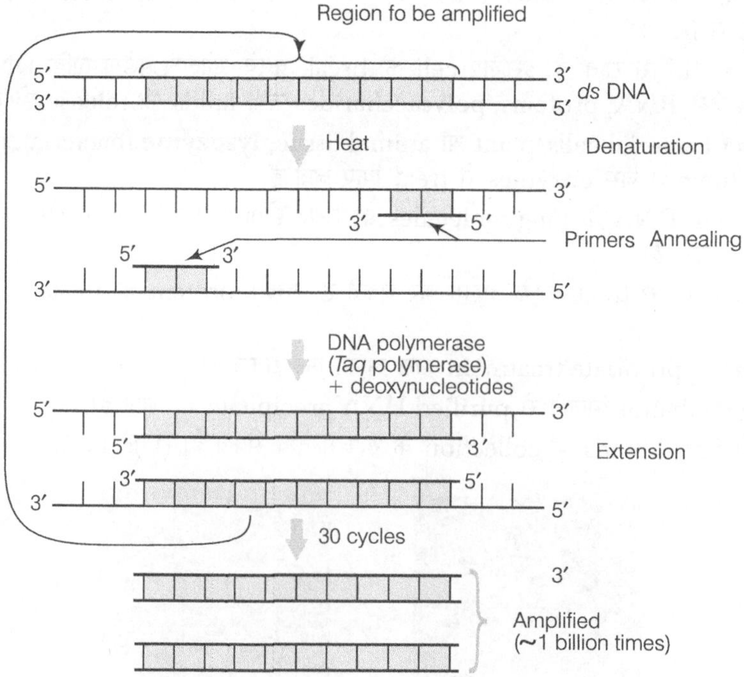

Figure 11.6 Polymerase Chain Reaction (PCR) : Each cycle has three steps : (i) Denaturation; (ii) Primer annealing; and (iii) Extension of primers

- यह repeated amplification, **thermostable DNA polymerase** द्वारा किया जाता है। ***Thermus acquaticus*** नामक bacteria से thermostable DNA polymerase प्राप्त करते हैं)
- High temperature द्वारा होने वाले DNA के double-strand के denaturation के समय भी यह enzyme active बना रहता है। यदि आवश्यकता पड़े, तो amplified fragment को vector के साथ ligate करके cloning में use कर सकते हैं।

11.3.4 Insertion of Recombinant DNA into the Host Cell/Organism

- Recipient cell के अन्दर Ligated DNA को introduce कराने के कई methods होते हैं।
- यह कार्य तब किया जाता है जब recipient cell अपने चारों तरफ उपस्थित DNA को recieve करने के लिए सक्षम (competent) हो जाती है।
- यदि एक recombinant DNA में **ampicillin resistant gene** होता है और इसे *E.coli* cells के अन्दर transfer करते हैं, तो host cells भी ampicillin-resistant cells में बदल (transform) जाती है।
- यह हम transformed cells को ampicillin रखने वाली agar plates पर फैलाएं तो केवल transformants grow करते हैं, जबकि untransformed recipient cells की मृत्यु हो जाती है।
- Ampicillin resistant gene के कारण कोई भी ampicillin की उपस्थिति में transformed cell को select कर सकता है।
- इस case में ampicillin resistant gene को **selectable maker** कहते हैं।

11.3.5 Obtaining the Foreign Gene Product

- जब आप alien DNA के एक piece को एक cloning vector में प्रवेश कराकर इसे bacteria, plant या animal cell में transfer करते हैं, तो alien DNA इनमें multiply होने लगता है।
- Almost सभी recombinant technologies का ultimate उद्देश्य desirable protein को produce करना होता है तथा इसके लिए recombinant DNA के express होने की आवश्यकता होती है।
- Foreign gene, appropriate conditions में express होते हैं।
- Host cells में foreign genes के expression को समझने के लिए कई technical बातों को detail में जानना आवश्यक है।
- Gene of interest की cloning तथा target protein के expression को induce करने वाली conditions को farvourable बनाने के बाद कोई भी large scale पर इसके production के बारे में सोच सकता है।
  क्या आप कोई reason बता सकते हैं कि large scale पर इसका production क्यों आवश्यक है?
- यदि कोई protein encoding gene किसी heterologous host में express होता है, तो इसे **recombinant protein** कहते हैं।
- Cloned gene of interest रखने वाली cells को small scale पर laboratory में grow किया जा सकता है।
- Culture का उपयोग desired protein को extract करने में तथा विभिन्न separation techniques द्वारा protein को purify करने में करते हैं।
- Cells एक **cotinuous culture systems** में भी multiply कर सकती हैं जहाँ एक ओर से used medium को निकाला जाता है तथा दूसरी ओर से fresh medium भरा जाता हैं, ताकि cells अपनी physiologically most active log/exponential phase में बनी रहें।
  इस प्रकार का culturing method, desired protein के अधिक poduction के लिए larger biomass को produce करता है।
- Small volume culture से product की पर्याप्त मात्रा का production नहीं हो सकता है।
- Product को अधिक मात्रा में produce करने के लिए bioreactors का use करते हैं। जहाँ culture के अधिक volume (100-1000 litres) को processed किया जाता है।
- Bioreactors एक vessel के समान है, जिसमें microbial plant, animal या human cells का use करते हुए raw material को specific products, individual enyzmes, आदि में biologically convert किया जाता है।

- Bioreactor, desired products को पाने के लिए optimum growth conditions प्रदान करता है। जैसे-Temperature, pH, substrate, salt, vitamins, oxygen.
- अधिकतर उपयोग किए जाने वाले bioreactors, **stirring type** होते हैं। जिसे figure 11.7 में show किया गया है।
- Stirred-tank reactor सामान्यतया cylindrical होते हैं या उनके base curved होते हैं, जिससे reactors के अन्दर contents की mixing में सहायता मिलती है।
- Bioreactor के अन्दर oxygen की availability तथा उसकी mixing का काम stirrer करते हैं।
- Alternatively वायु को bubbles के रूप में bioreactor के अन्दर भेजा जा सकता है।
- यदि आप चित्र को ध्यान से देखें तो पाएगें कि bioreactor में एक agitator system, an oxygen delivery system, a foam control system, a temperature control system, pH control system तथा sampling point लगा होता है।

  Sampling point से culture की थोड़ी मात्रा समय-समय पर निकाली जा सकती है।

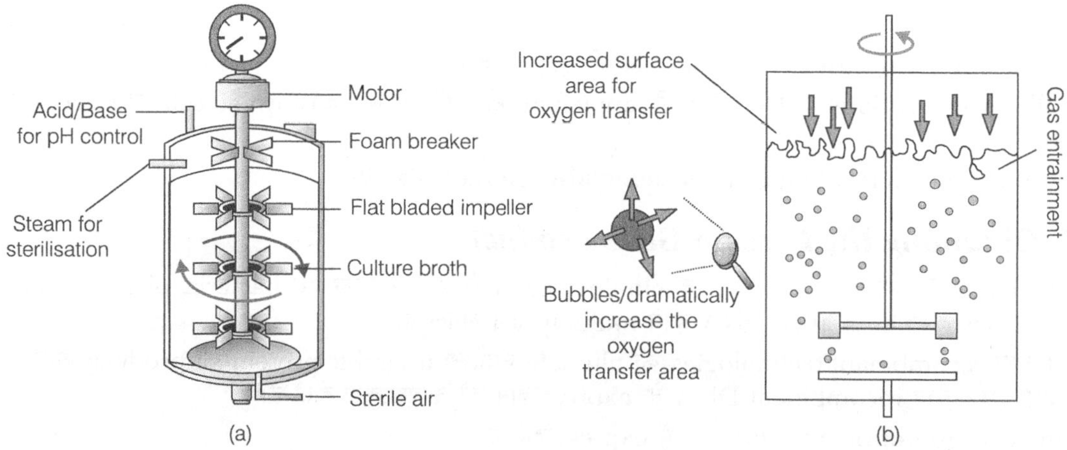

Figure 11.7 (a) Simple stirred-tank bioreactor; (b) Sparged stirred-tank bioreactor through which sterile air bubbles are sparged

11.3.6 Downstream Processing

- Biosynthetic stage के पूरा होने के बाद marketing के लिए एक finished product की तरह ready होने से पहले यह product कई process से होकर गुजरता है।
- इन processes में separation और puification शामिल होता है, जिसे collectively **downstream processing** कहते हैं।
- Product को suitable preservative के साथ formulate किया जाता है।
- Drugs के case में ऐसे formulation को clinical trials से गुजारते हैं।
- प्रत्येक product के लिए strict quality control testing की भी आवश्यकता होती है।
- प्रत्येक product के लिए Down stream process तथा quality control test अलग-अलग होता है।

Chapter Twelve

BIOTECHNOLOGY AND ITS APPLICATIONS

- जैसा कि आप पिछले chapter में सीख चुके है कि biotechnology में genetically modified microbes, fungi, plants तथा animals का use करते हुए biopharmaceuticals (दवाईयाँ) और biological पदार्थों (जैविक पदार्थ) का industrial scale पर production किया जाता है।
- **Biotechnology application** इसमें therapeutics, diagnostics, agriculture में genetically modified crops, processed food, bioremediation (जैव सुधार), waste treatment तथा energy production शामिल है।
- Biotechnology के तीन critical research क्षेत्र हैं :
  (i) Improved organisms, जैसे—Microbes या pure enzyme के रूप में best catalyst का निर्माण करना।
  (ii) Catalyst के कार्य हेतु engineering द्वारा optimal conditions का निर्माण करना।
  (iii) Downstream processing technologies का protein या organic compounds को purifyकरने में उपयोग करना।

अब हम जानेंगे कि मनुष्य biotechnology का use especially food production और health के क्षेत्र में human life की quality को सुधारने में किस प्रकार कर रहा है?

12.1 Biotechnological Applications in Agriculture

- Food production को increase करने के लिए हम तीन options के बारे में सोच सकते हैं
  (i) Agro-chemical based agriculture (ii) Organic agriculture
  (iii) Genetically engineered crop based agriculture
- Green revolution से food supply में तीन गुना वृद्धि में सफलता मिलने के पश्चात् भी human की बढ़ती population का पेट भरना संभव नहीं है।
- उत्पादन में वृद्धि आंशिक रूप से improved crop varieties के कारण है, जबकि इस उत्पादन का मुख्य कारण better management practices तथा agrochemicals का use करना है।
  Agrochemicals : fertilisers और pesticides.
- हालाँकि developing world के किसानों के लिए agrochemicals काफी expensive पड़ते हैं तथा conventional breeding का प्रयोग करके existing varieties के साथ उत्पादन में वृद्धि सम्भव नहीं है।
  क्या कोई दूसरा Alternative तरीका है, जिसमें genetics की जानकारी का use करते हुए farmers अपने खेतों से maximum yield प्राप्त कर सकें?
  क्या ऐसा कोई रास्ता है, जिसके द्वारा fertilisers और chemicals का उपयोग minimum किया जाए तथा उसके द्वारा environment पर पड़ने वाले harmful effects को कम किया जा सके?
  Genetically modified crops का use ही इस समस्या का संभावित हल है।
- ऐसे plants, bacteria, fungi तथा animals जिनके gene को manipulation के द्वारा alter किया गया है, वे Genetically Modified Organisms (GMO) कहलाते हैं।
- GM plants कई प्रकार से लाभदायक है।
- Genetic modification के द्वारा
  (i) Abiotic stresses (cold, drought, salt, heat) के प्रति और अधिक tolerant crops का निर्माण करना।
  (ii) Chemical pesticides पर निर्भरता (reliance) कम करना (pest-resistant crops)
  (iii) Post-harvest losses को कम करने में सहायता करना।
  (iv) Plants में mineral usage की क्षमता को बढ़ाना (यह soil fertility को जल्द समाप्त होने से बचाता है)।
  (v) Food की nutritional value को बढ़ाना, उदाहरण– Golden rice, i.e. vitamin-A से भरपूर rice का निर्माण करना।
- इन uses के अलावा GM का प्रयोग tailor-made plant को create करने में होता है, जिनसे alternative resources के रूप में industries में starches, fuels तथा pharmaceuticals की supply की जाती है।
- Agriculture में biotechnology के application के बारे में आप detail में study करेंगें, वह pest resistant plants का निर्माण है, जिससे use होने वाले pesticides की मात्रा कम हो सकती है।
- *Bt* toxin का निर्माण *Bacillus thuringiensis* (in short *Bt*) नामक bacterium द्वारा किया जाता है।
- *Bt* toxin gene, bacterial gene की cloning से बनाया जाता है तथा यह gene पौधों में express होकर उन्हें insecticide उपयोग किए बिना insect के प्रति resistant बनाता है।
  इस प्रकार bio-pesticide का निर्माण किया जाता है।
  Example : *Bt* cotton, *Bt* corn, rice,tomato, potato और soybean, etc.
  ***Bt* cotton :** *Bacillus thuringiensis* की कुछ किस्में (strains) ऐसी proteins पैदा करती हैं, जो कुछ insects; जैसे–lepidopterans (tobacco budworm, armyworm), coleopterans (beetles) तथा dipterans (flies, mosquitoes) को मारने में सहायक है।
- *B. thuringiensis* अपनी growth की particular phase में कुछ protein crystals का निर्माण करती है।
- इन crystals में toxic insecticidal proteins उपस्थित रहती हैं।
  यह toxins, *Bacillus* को क्यों नहीं मारता?

- Actually यह *Bt* toxin protein, inactive protoxins के रूप में होती है, लेकिन जैसे ही कोई insect इस inactive toxin को खाता है, इसके crystals आँत के alkaline pH के कारण घुलकर active form में convert हो जाते हैं।
- Activated toxin, midgut की epithelial cells की surface से bind होकर उसमें pores का निर्माण करते हैं, जिसके कारण cells फूल कर फट जाती है। इसके फलस्वरूप insect की death हो जाती है।
- इस specific *Bt* toxin genes को *Bacillus thuringiensis* से निकाल कर कई crops जैसे cotton में मिलाया (incorporate) जा चुका हैं। (Fig. 12.1)
- Genes की choice फसल (crop) तथा target pest पर depend करती है, जबकि अधिकतर *Bt* toxins, insect group specific होती हैं।
- Toxin, *cry* IAC नामक gene द्वारा coded होते हैं, जिसे *cry* कहते हैं। ये कई प्रकार के होते हैं—
  Example : जो प्रोटीन्स genes *cry*I*Ac* व *cry*II*Ab* द्वारा coded होती है, वे cotton bollworms को control करती है तथा *cry*I*Ab*, *corn borer* को control करता है।

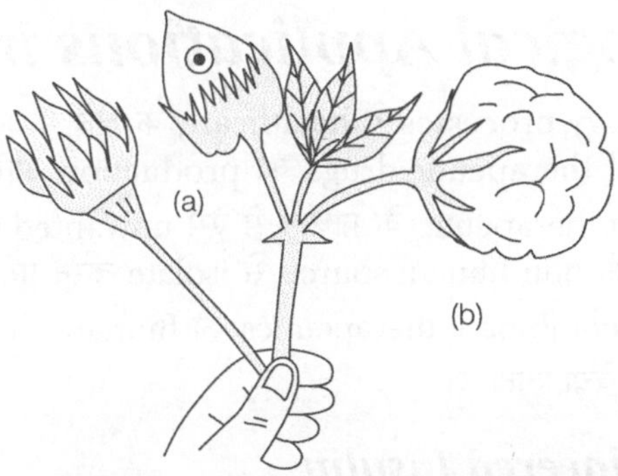

Figure 12.1 Cotton boll : (a) destroyed by bollworms; (b) a fully mature cotton boll

Pest Resistant Plants

- बहुत सारे nematodes मानव सहित animals तथा plants की कई variety पर parasitic होते हैं।
- एक nematodes *Meloidegyne incognitia* तंबाकू के plants की roots को infect कर उसकी पैदावार को काफी कम कर देता है।
- उपरोक्त infestation (संक्रमण) की रोकथाम के लिए एक novel strategy (आदर्श योजना) को adapt किया गया है, जोकि RNA interference (RNA*i*) की process पर based है।
- RNA*i* सभी eukaryotic organisms में cellular defense का एक method है।
- इस method में specific *m*RNA की silencing शामिल होती है, जिसमें एक complementary *ds*RNA molecule उस *m*RNA के साथ bind होकर translation को रोक (silencing) देता है।
- इस complementary RNA का source, infection करने वाले virus में पाए जाने वाले RNA genomes या mobile genetic elements (transposons) के replication के बाद बनने वाले intermediate RNA हैं।
- *Agrobacterium* vectors का use करके nematode specific genes को host plants में introduce किया जा चुका है। (Fig. 12.2)
- DNA को इस प्रकार introduce किया जाता है कि वह host cells में sense और anti-sense RNA का निर्माण करता है।
- ये दोनों RNA एक-दूसरे के complementary होते हैं, जो double-stranded RNA (*ds*RNA) का निर्माण करते हैं, जिससे RNA interference शुरू हो जाता है और इसलिए nematode के specific *m*RNA निष्क्रिय (silence) हो जाते हैं।
- इसके परिणामस्वरूप parasite, transgenic host में specific interfering RNA के expression के कारण survive नहीं कर सकता।

- इस प्रकार transgenic plants, parasite से अपनी सुरक्षा करते हैं।

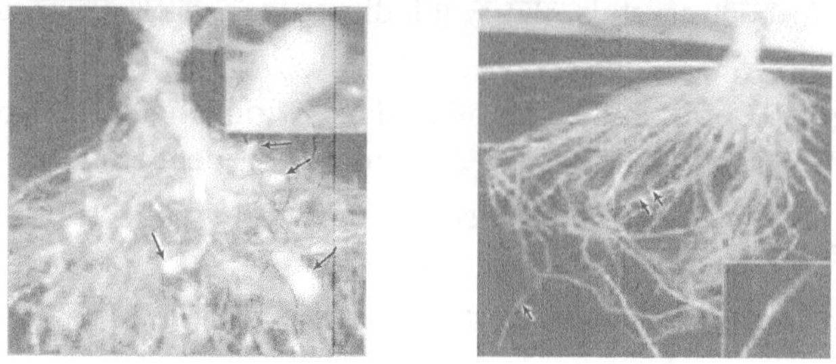

(a) (b)

Figure 12.2 Host plant-generated *ds*RNA triggers protection against nematode infestation: (a) Roots of a typical control plants; (b) transgenic plant roots 5 days after deliberate infection of nematode but protected throught novel mechanism.

12.2 Biotechnological Applications in Medicine

- Recombinant DNA technology processes ने healthcare के क्षेत्र में अत्यधिक प्रभाव डाला है, क्योंकि इसके द्वारा उत्पन्न safe तथा अधिक प्रभावी therapeutic drugs का production अधिक मात्रा में सम्भव है।
- ऐसा पाया गया है कि recombinant therapeutic के माध्यम से ऐसे unwanted immunological responses पैदा नहीं होते जैसे कि, उसी products को non-human source से isolate करने पर सामान्यतया पाए जाते हैं।
- आज तक पूरे विश्व में लगभग 30 recombinant therapeutics को human-use के लिए approve किया जा चुका है।
- वर्तमान में भारत में इनमें से 12 को बेचा जाता है।

12.2.1 Genetically Engineered Insulin

- Adults में होने वाले diabetes का management एक regular time interval पर insulin लेने से ही संभव है। Human insulin पर्याप्त मात्रा में उपलब्ध होने पर diabetic patient क्या करेंगे?
- अगर आप इस पर विचार करेंगे तो आप जल्द ही समझ जाएँगें कि हमें दूसरे animals से insulin isolate करके use में लाना होगा।

  क्या दूसरे animals से isolated insulin मनुष्य की body में effective है तथा उसका human body के immune response पर कोई बुरा प्रभाव तो नहीं पड़ता है?
- आप कल्पना करें अगर कोई जीवाणु human insulin बना सकता है, तो निश्चय ही सारी process simple हो जाएगी।
- आप आसानी से bacteria को large quantity में grow कराके अपनी आवश्यकतानुसार insulin बना सकते हैं।

  सोचो क्या इंसुलिन diabetic लोगों को orally दिया जा सकता है या नहीं और क्यों?

  Ans : No क्योंकि यह एक protein hormone है। अत: gut के protein digestive enzymes इसे digest कर देते हैं।
- पहले diabetes में use होने वाला insulin, cattle और pigs को मारकर उनके pancreas से निकाला जाता था।
- Animal sources से प्राप्त insulin से कुछ patients में allergy या foreign protein के प्रति दूसरे types की reactions होने लगती थी।
- Insulin दो छोटी polypeptide chain से मिलकर बना होता है—Chain A तथा chain B, जो आपस में disulphide bridges द्वारा जुड़ी होती हैं।
- Mammals जैसे humans में इंसुलिन pro-hormone की तरह synthesise होता है, जिसमें एक extra stretch होता है, जिसे 'C' peptide कहते हैं।
- Pro-enzyme की तरह pro-hormone को भी full mature और functional hormone बनने के पहले process (संशाधित) होने की आवश्यकता होती है।
- यह 'C' peptide, mature insulin में नहीं होता, जो maturation के दौरान insulin से अलग हो जाता है।

- *r*DNA techniques का प्रयोग करते हुए insulin के उत्पादन में मुख्य challenge यह है कि इसे एकत्रित (assemble) कर mature रूप में तैयार किया जाए।
- 1983 में एक American company, **Eli Lilly** ने human insulin की chain A तथा B के अनुरूप (corresponding) दो DNA sequence तैयार किए, जिन्हें *E.coil* के plasmid में प्रवेश कराकर insulin chain को produce किया गया।
- अलग-अलग produce होने वाली chain A तथा B को निकाल कर disulphide bonds द्वारा आपस में जोड़कर human insulin का निर्माण किया जाता है।

12.2.2 Gene Therapy

यदि एक person, hereditary disease के साथ पैदा हुआ है, तो क्या इस disease को ठीक करने वाली कोई therapy हो सकती है?
इसको ठीक करने का एक प्रयास gene therapy है।

- Gene therapy में उन methods का सहयोग लेते हैं, जिसके द्वारा किसी child या embryo में diagnose हो चुके gene defect को ठीक किया जा सकता है।
- यहाँ उस disease को treat करने के लिए उस person की cells तथा tissues में gene को insert कर देते हैं।
- Genetic defect वाली cells के treatment के लिए normal gene को individual या embryo में deliver करते हैं, जो non-functional gene की क्षतिपूर्ति कर उसके कार्यों को सम्पन्न करते हैं।
- पहली gene therapy 1990 में Adenosine Deaminase (ADA) की deficiency से पीड़ित 4 साल की लड़की में की गई थी।
- यह enzyme, immune system के function के लिए crucial होते हैं।
- यह disorder, adenosine deaminase के gene के deletion के कारण होता है।
- कुछ बच्चों में ADA deficiency का उपचार bone marrow के transplantation से होता है। अन्य में enzyme replacement therapy के द्वारा भी इलाज किया जा सकता है, जिसमें patient को functional ADA, injection द्वारा दिया जाता है, लेकिन इन दोनों ही approaches में समस्या यह है कि ये completely curative नहीं है।
- Gene therapy के पहले step के रूप में patient के blood से lymphocytes निकाल कर शरीर के बाहर culture में grow किया जाता है।
- Functional ADA के *c*DNA (retroviral vector का use करके) को इन lymphocytes में प्रवेश कराकर अंत में patient के शरीर में वापस भेज दिया जाता है।
- ये cells, immortal (अमर) नहीं होती, इसलिए patient में समय-समय पर ऐसी genetically engineered lymphocytes को डालने की आवश्यकता होती हैं।
- ADA produce करने वाले gene को marrow cells से isolate करके early embryonic stage वाली cells में intoduce कर दिया जाए तो यह एक permanent cure हो सकता है।

12.2.3 Molecular Diagnosis

- आप जानते हैं कि किसी disease के effective treatment के लिए उसकी समय से पहले diagnosis और pathophysiology को समझना बहुत महत्त्वपूर्ण होता है।
- Diagnosis के लिए conventional methods का use करते हुए (Serum या urine, आदि की analysis) समय से detect हो पाना संभव नहीं है।
- Recombinant DNA technology, Polymerase Chain Reaction (PCR) और **Enzyme Linked Immuno-sorbent Assay** (ELISA) जैसी कुछ techniques, early diagnosis के purpose में सहयोग करती है।
- सामान्यतया (bacteria, virus, etc.) जैसे pathogen की presence का केवल तभी अनुमान लगाया जाता है, जब pathogen disease के symptoms उत्पन्न करते हैं, लेकिन उस समय तक body में pathogen का concentration पहले से बहुत अधिक हो चुका होता है।

- Bacteria या virus के बहुत कम concentration पर (उस समय जब disease के symptoms दिखाई नहीं देते) PCR के द्वारा उनके nucleic acid को amplify करके पहचाना जा सकता है।

  क्या आप बता सकते हैं कि PCR द्वारा DNA के बहुत कम amount की पहचान कैसे की जाती है?
- अब PCR का use करके suspected HIV patients की पहचान करना सामान्य हो चुका है।
- इसका उपयोग suspected cancer patient के gene में होने वाले mutation का पता लगाने में भी किया जा रहा है।
- यह एक powerful technique है, जिसका उपयोग कई अन्य genetic disorders की पहचान करने में भी होता है।
- एक single-stranded DNA या RNA से एक radio active molecule (probe) जुड़कर cells के clone में अपने complementary DNA के साथ hybridise होते हैं। बाद में autoradiography का use करके इन्हें पहचाना जाता है।
- अत: clone जिनमें mutated gene उपस्थित है, वह photographic film पर दिखाई नहीं पड़ेगा, क्योंकि probe के पास mutated gene के साथ complementarity उपस्थित नहीं होगी।

  ELISA, antigen-antibody interaction के सिद्धान्त पर आधारित है।
- किसी pathogen के द्वारा हुए infection को antigen (protein, glycoprotein, etc.) की उपस्थिति या pathogen के विरुद्ध बनाई गई antibodies के द्वारा पहचाना जाता है।

12.3 : Transgenic Animals

- ऐसे animals जिनके DNA में manipulation के द्वारा एक extra (foreign) जीन लगा होता है, जो express भी करता है, उन्हें transgenic animals कहते हैं।
- Transgenic, rats, rabbits, pigs, sheeps, cows तथा fish को produce किया जा चुका है, जबकि उपस्थित सभी transgenic animals में 95% से अधिक mice है।

  इस तरह के animals को क्यों produce किया जाता है?

  इस प्रकार के modification से मनुष्य को क्या benefit हो सकता है?
- अब हम कुछ common reasons का पता करते हैं—

(i) Normal physiology and Development

- Transgenic animals को विशेष रूप से design किया जाता है, जिससे इस बात का अध्ययन हो सके कि gene कैसे regulate होते हैं तथा वे किस प्रकार body के development और normal functions को प्रभावित करते हैं। जैसे growth में involve होने वाले complex factors में insulin जैसे growth factor की study करना।
- दूसरी species के genes को introduce करने के द्वारा इन factors के बनने में बदलाव पैदा होता है।

  इस बदलाव से होने वाले biological effects की study की जाती है तथा शरीर में factors के biological role के बारे में सूचना प्राप्त होती हैं।

(ii) Study of Disease

- कई सारे transgenic animals को इस प्रकार design किया गया, जिससे हमारी जानकारी disease के development में genes के योगदान के बारे में बढ़ सके।
- Human disease के models के रूप में प्रयोग होने के लिए ये specialy बनाए जाते हैं ताकि disease के नए treatments के बारे में investigation हो सके।
- आजकल के समय में human diseases; जैसे— cancer, cystic fibrosis, rheumatoid arthritis और Alzheimer's के लिए transgenic models उपस्थित है।

(iii) Biological Products

- कुछ human diseases को treat करने के लिए medicines की आवश्यकता होती है, जो biological products से बनी होती हैं, लेकिन ऐसे products को बनाना अक्सर expensive होता है।
- Useful biological products उत्पन्न करने वाले transgenic animals को बनाने के लिए इसमें DNA के part (या genes) को introduce करते हैं।

—ये parts (genes), particular product के निर्माण में भाग लेते हैं। Exemple - human protein (α-1-antitrypsin) का उपयोग emphysema के treatment में होता है।

- इस प्रकार का प्रयास phenylketonuria (PKU) तथा cystic fibrosis के treatment के लिए किया गया है।
- 1997 में first transgenic गाय 'Rosie' से human protein युक्त milk (2.4 gram/litre) produce किया गया।
  —इस milk में human α-lactalbumin मिलता है, जो human babies के लिए nutritionally अधिक balanced होता है।
  —यह natural cow-milk में नहीं मिलता है।

(iv) Vaccine Safety

- मनुष्य पर प्रयोग करने से पहले vaccines की safety testing के लिए transgenic mice को develop किया गया है।
- Polio vaccine की safety testing के लिए transgenic mice का प्रयोग किया जा चुका है।
- यदि ये प्रयोग successful तथा reliable पाए जाते हैं, तो vaccine के batches की safety को test करने के लिए monkeys के स्थान पर transgenic mice का प्रयोग किया जा सकेगा।

(v) Chemical Safety Testing

- यह toxicity/safety testing कहलाता है।
- यह वही method है, जो drugs की toxicity की testing के लिए use किया जाता है।
- Transgenic animals में कुछ ऐसे gene पाए जाते हैं, जो इन्हें toxic substances के प्रति अधिक sensitive बना देते हैं, जबकि non-transgenic animals में ऐसा नहीं होता है।
- Transgenic animals को toxic substances के सम्पर्क में लाने के बाद पड़ने वाले effects की study की जाती है। इस प्रकार के animals में toxicity testing करने में हमें results कम समय में प्राप्त हो जाते हैं।

12.4 Ethical Issues

- Human race द्वारा अन्य living organism में बिना regulation के और अधिक manipulation नहीं किया जा सकता है।
- सभी human activities के आचरण (morality) को evaluate के लिए कुछ ethical standards की आवश्यकता होती है।
- Human activities, living organisms के लिए सहायक या नुकसानदायक हो सकती है।
  ऐसे issues में morality से इनमें biological significance भी है।
- Organisms में genetic modifications के तब unpredictable results निकल सकते हैं, जब ऐसे organisms को ecosystem में introduce किया जाए।
- इसलिए भारत सरकार ने GEAC (Genetic Engineering Approval Committee) जैसे organisations की स्थापना की जो GM research से सम्बन्धित कार्यों की validity तथा public service के लिए GM-organisms के introduction की safety, आदि के बारे में निर्णय लेगी।
- Public services (जैसे कि food और medicinal sources हेतु) के लिए living organisms के modification या usage ने इनके granted patents के साथ भी समस्या पैदा की है।
- Public में इस बात को लेकर नाराजगी है कि कुछ companies, genetic materials, plants व अन्य biological resoruces का उपयोग करके बनने वाले product व technologies के लिए patents प्राप्त कर रहे हैं, जबकि यह बहुत समय पहले से develop तथा identify हो चुकी है और इन्हें किसी specific country के framers तथा मूल निवासी (indigenous people) use कर रहे हैं।
- Rice एक महत्त्वपूर्ण food grain है, जिसका वर्णन हजारों वर्ष पहले के Asia's agriculture history में मिलता है।
- एक अनुमान के अनुसार अकेले भारत में rice की 2,00,000 varieties पायी जाती हैं।
- भारत में rice की diversity विश्व की सबसे richest diversity में से एक है।

- Basmati rice अपने सुगन्ध (aroma) तथा flavour के लिए मशहूर है और इसकी 27 documented varieties भारत में उगाई जाती हैं।
- प्राचीन ग्रन्थों (Ancient texts), लोकसाहित्य (Folklore) तथा कविताओं (Poetry) में basmati का वर्णन मिलता है, जिससे पता चलता है कि इसे कई centuries से उगाया जाता रहा है।
- 1997 में एक American company ने Basmati rice पर **US patent** तथा trademark office द्वारा patent अधिकार प्राप्त कर लिया था।
- इससे कम्पनी इस basmati की नई variety को US और abroad (विदेश) में बेच सकती है।
- Basmati की यह नई variety वास्तव में Indian farmers की varieties से विकसित की गई थी।
- Indian basmati को semi dwarf varities के साथ cross कराकर एक नई invention (खोज) या novelty (उपलब्धि) का clame किया गया था।
- Patent के लागू होने के बाद इसके तहत अन्य लोगों द्वारा basmati rice का बेचना प्रतिबन्धित हो सकता था।
- Indian traditional herbal medicine जैसे— turmeric, neem पर आधारित ऐसे अनेक uses, products और processes को भी patent कराने की अनेक कोशिशे की गई हैं।
- अगर हम जागरूक नहीं होगें और इन patent applications का तुरन्त विरोध नहीं करेगें तो दूसरे countries या individuals हमारी rich legacy (धनी विरासत) का लाभ उठाएगें तथा हम उसके लिए कुछ भी करने लायक नहीं रहेगें।
- Multinational companies तथा दूसरे organisations द्वारा किसी country या उससे सम्बन्धित लोगों से बिना proper authorisation तथा compensatory payment के बिना bio-resources का use करना biopiracy कहलाता है।
- बहुत सारे industrialised nations आर्थिक रूप से काफी rich है, लेकिन इनमें biodiversity और traditional knowledge की काफी कमी है। इसके विपरीत developing और underdeveloped world, bio-resources से सम्बन्धित traditional knowledge तथा biodiversity में rich है।
- Bio-resources से सम्बन्धित traditional knowledge को modern application के development में exploite किया जा सकता है तथा इनके commercialisation के दौरान प्रयोग होने वाले समय, शक्ति और खर्चे को बचाया जा सकता है।
- Developed और developing देशों के बीच injustice, inadequate compensation तथा benefit sharing के प्रति भावना विकसित हो रही है। इसलिए कुछ nation अपने bioresources तथा traditional knowledge के unauthorised exploitation को रोकने के लिए कानून बना रहे हैं।
- Indian parliament ने हाल ही में Indian Patents Bill में दूसरा संशोधन पारित किया है, जो ऐसे मुद्दों को consider करेगा, जिसमें patent terms emergency provisions तथा research एवं development initiative शामिल हैं।

UNIT-X

ECOLOGY

RAMDEO MISRA
(1908-1998)

- भारत में Ramdeo Misra को Father of Ecology के रूप में जाना जाता है।
- इनका जन्म 26 August 1908 में हुआ था।
- इन्होंने UK की Leeds University से Prof. W.H. Pearsall, FRS के supervision में 1931 में Ecology में Ph.D की
- इन्होंने BHU के Botany department में Ecology में teaching और research को establish किया।
- इनकी research ने निम्न subjects जैसे tropical communities तथा उनके succession plant populations के environmental responses productivity तथा tropical forest और grassland ecosystems में nutrient cycling को समझने के लिए foundation रखी।
- Misra ने India में ecology पर first post-graduate course की शुरूआत की।
- इनके supervision में 50 से भी अधिक scholars ने Ph. D degree प्राप्त की और इन scholars ने country के अन्य universities और research institutes में जाकर ecology में teaching और research को शुरू किया।
- इन्हें Indian National Science Academy तथा World Academy of Arts and Science द्वारा Fellowship मिली।
- Environment और Ecology के लिए Sanjay Gandhi जैसे prestigious award से सम्मानित किया गया।
- इनके effort से Indian government ने National Committee for Environment Planning and Coordination की (1972) स्थापना की। बाद में जिसने Ministry of Environment and Forest को establish (1984) करने का रास्ता बनाया।

Chapter Thirteen

ORGANISMS AND POPULATIONS

- हमारा living world, fascinatingly diverse और complex है।
- Biological organisation के विभिन्न levels के investigation द्वारा living world की complexity को समझ सकते हैं।

  Biological organisation : macromolecules → cells → tissues → organs → individual organisms → population → communities → ecosystem → biomes.
- Biological organisation के किसी भी level पर हमारे मन में दो questions उठ सकते हैं।

  Exemple– जब हम garden में सुबह bulbul को गाते सुनते है, तो हमारे दिमाग में question उठता है–Birds कैसे गाती हैं? या Birds क्यों गाती हैं?
  - 'कैसे' (how) वाले question में process की mechanism का पता चलता है।
  - 'क्यों' (why) वाले question में process की significance का पता चलता है।
- पहले question का answer, bird में voice box और vibrating bone का operation हो सकता है।
- दूसरे question के answer में कह सकते हैं कि breeding season में birds को अपने mate से communication की आवश्यकता हो सकती है।

- रात को खिलने वाले flowers white होते हैं, क्योंकि white colour, light का pure reflector होता है। इससे ये white flowers, pollinators द्वारा night में आसानी से पहचाने जाते हैं।
- Nectar वाले flower एक distinct electric field produce करते हैं, जिससे bee इन flowers को पहचानती हैं।
- Cactus में कई thorn पाए जाते हैं, जिससे transpiration के द्वारा water का loss कम हो जाता है।
- Chicks अपनी माँ को mainly **imprinting** द्वारा पहचानते हैं।
- **Ecology** Among organisms या organism तथा physical (an abiotic) environment के बीच interactions की study को ecology कहते हैं।
- Ecology, biological organisation के four levels से सम्बन्ध रखती है—Organisms, populations, communities and biomes.

13.1 Organism and Its Environment

- Organismic level पर ecology, essentialy physiological ecology है। जिसमें हम ये समझने की कोशिश करते हैं कि विभिन्न organisms, survival और reproduction के लिए अपने environment के प्रति कैसे adapt हो जाते हैं।
- Earth का सूर्य के चारों ओर rotation तथा इसकी axis का झुकाव annual variation का कारण है, जिसके फलस्वरूप distinct season बनता है।
- ये variations और precipitation मिलकर प्रमुख biome का निर्माण करते हैं, जैसे—desert, rain forest and tundra.
  (precipitation में rain और snow दोनों शामिल हैं) (Fig 13.1)

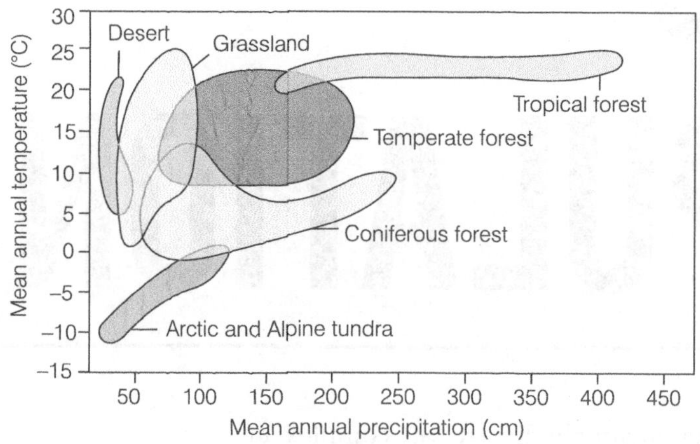

Figure 13.1 Biome distribution with respect to annual temperature and precipitation

- प्रत्येक biome के अन्दर habitats की wide variety के लिए regional और local variations जिम्मेदार होता है। (Fig. 13.2)

Figure 13.2 Major biomes of India : (a) Tropical rainforest; (b) Deciduous forest; (c) Desert; (d) Sea coast

- Earth पर जीवन कुछ favourable habitats में ही नहीं बल्कि extreme और harsh habitates (कठोर) में भी है।
  Harsh habitates जैसे–
  – Scorching Rajasthan desert

– Perpetually rain-soaked Meghalaya forest (निरन्तर वर्षा में भीगे Meghalaya forest).
– Deep ocean trenches (गहरी समुद्री खाइयाँ)
– Torrential streams (प्रचण्ड धाराएँ)
– Permafrost (snow laiden) polar region
– High mountain tops
– Boiling thermal springs
– Stinking compost pits

(हमारी intestine भी microbes की हजारों species के लिए unique habitat हैं)।

- विभिन्न habitats की physical और chemical conditions में अधिक variation के key elements क्या है?
  Ans. Temperature, water, light और soil सबसे महत्त्वपूर्ण हैं।
- Abiotic components अकेले किसी organism के habitat को पूरी तरह characterise नहीं करते हैं।
  (Abiotic → Physio-chemical)
- Habitat में biotic components भी शामिल होते हैं।
- Biotic components में pathogens, parasites, predators और competitors आते हैं, जिनसे organism लगातार interact करता है।
- Natural selection द्वारा अपने habitat को survival और reproduction के अनुकूल बनाने के लिए organism ने adaptations को विकसित किया है।

13.1.1 Major Abiotic Factors

Temperature

- यह ecologically सबसे योग्य environmental factor है।
- हम जानते है कि Earth का average temperature, season के अनुसार बदलता है।
- Equator से poles की ओर तथा plain से mountain के top की ओर temperature, progressively घटता है।
- Polar area और high altitudes में temperature, subzero से लेकर summer में tropical desert में >50° C हो जाता है।
- Thermal springs और deep-sea hydrothermal vents जैसे unique habitat में average temperature 100°C से अधिक होता है।
- Mango tree, Canada और Germany जैसे temperate country में grow नहीं करते न ही कर सकते हैं।
  – Snow leopards, Kerala के forests में नहीं मिलते हैं।
  – Tuna fish, ocean में tropical latitudes के आगे rarely पकड़ी जाती है।
- Temperature, enzymes की kinetics को प्रभावित करता है और इसके द्वारा यह organism के basal metabolism, activity और अन्य physiological functions को प्रभावित करता है।
- कुछ organism temperature के wide range को tolerate कर सकते हैं, इनको eurythermal कहते हैं।
- अधिकांश organism, temperature की narrow range में ही रहते हैं, इनको stenothermal कहते हैं।
- विभिन्न species का geographical distribution काफी हद तक उनकी thermal tolerance पर depend करता है।
- क्या आप कुछ eurythermal और stenothermal animal और plants के नाम जानते हैं?
  – ***Trichodesmia*** एक eurythermal plant है।
- Recent years में average global temperature की gradual वृद्धि चिन्ता का विषय है। क्या इससे कुछ species की distribution range प्रभावित होगी?

Water

- Temperature के बाद organism की life को प्रभावित करने वाला important factor, water है।
- वास्तव में life की origin पानी में हुई और यह बिना पानी के unsustainable होती है।
- Desert में पानी बहुत limited होता है इसलिए केवल special adaptation द्वारा वहाँ organism का रहना संभव है।
- Plant की productivity और distribution भी पानी पर बहुत ज्यादा depend रहता है।
- Oceans, lakes और rivers में रहने वाले organism को भी water related problems का सामना करना पड़ता है।
- Aquatic organism के लिए water की quality (chemical composition, pH) important होती है।

  Salt की concentration
  - Inland water में 5 से कम होती है
  - Sea में 30-35
  - Hypersaline lagoons में 100 से अधिक
- कई freshwater animals, समुद्री पानी में और समुद्री animals, freshwater में लंबे समय तक नहीं रह सकते हैं, क्योंकि उन्हें osmotic problems का सामना करना पड़ता है।

Light

- Photosynthesis के लिए light important होती है।
- Forests में tall व canopy वाले पेड़ों की छाया में लगातार रहने वाले छोटे पौधे (herbs and shrubs) कम प्रकाश में photosynthesis के लिए adapt हो जाते हैं।
- बहुत-से पौधों में flowering के लिए निश्चित photoperiod की आवश्यकता होती है, इसलिए वे light पर depend रहते हैं।
- Animals, light की intensity और duration में variations को foraging (चारे की खोज), reproductive और migratory activities में clues (संकेत) की तरह use करते हैं।
  (light की variations, diurnal और seasonal होती है)।
- Land पर light और temperature में close link होते हैं क्योंकि दोनों का source, sun है।
- Oceans की गहराई (> 500 m) में environment निरंतर dark रहता है अर्थात् वहाँ sunlight नहीं पहुँचती है, तो वहाँ रहने वाले organism की energy का source क्या है?
  Ans Marine snow, whale falls, chemosynthesis, hydrothermal vents, etc.
- Solar radiation की spectral quality भी जीवन के लिए महत्त्वपूर्ण है।
- Spectrum का UV component कई organisms के लिए harmful होता है।
- Ocean में भिन्न-भिन्न गहराई में मिलने वाले marine plants के लिए visible spectrum के सभी colour components उपस्थित नहीं होते हैं।
- Red, green और brown algae में से कौन समुद्र के सबसे गहरे भाग में मिलेगी और क्यों?

  Ans. Red algae.
  - इसमें red pigment, phycoerythrin होता है।
  - ये algae, photosynthesis के लिए light की केवल short wavelength का प्रयोग करते हैं, इसलिए red algae गहराई में मिलेगें।

Soil

- विभिन्न स्थानों पर soil का nature और properties, vary करती है।
- यह निम्न बातों पर depend रहती है—climate, weathering process, wheather soil is transported or sedimentary और development.
- Soil के percolation और water holding capacity को determine करने के लिए characteristics निम्न है—Soil composition, grain size and aggregation.

- इन characteristics के साथ, pH, mineral composition और topography जैसे parameters किसी area की vegetation को काफी सीमा तक determine करते हैं।
- इसके बाद यह सब मिलकर तय करते हैं कि उस area में किस प्रकार के animals को support किया जा सकता है।
- Aquatic environment और sediment characteristics प्राय: benthic animals के type को determine करती है।

13.1.2 Responses to Abiotic Factors

- अनेक habitat की abiotic conditions समय के साथ बदल सकती है। इस तरह के habitats में रहने वाले organism इन stressful conditions को कैसे face करते हैं या कैसे उन conditions में अपने को manage करते हैं। इस species में constant internal environment पाया जाता है।
- यह internal environment सभी biochemical और physiological reactions को maximum efficiency से होने देता है और इस प्रकार species की overall fitness को बढ़ाता है।

  Example यह constancy, body के optimum temperature और body fluid की osmotic concentration के रूप में हो सकती है।
- Organism द्वारा internal environment की constancy को maintain करने के process को homeostasis कहते हैं।
- बाहरी environmental conditions के बदलने के अतिरिक्त organism अपनी homeostasis को बनाए रखता है।
  - इस important concept को स्पष्ट करने के लिए एक analogy को देखते है।

माना एक person 25° C पर अपना best perform कर सकता है और जब बाहर scorching hot (झुलसाने वाला) या freezing cold हो तब भी वो अपना temperature 25° C बनाए रखना चाहता है।

- यह घर में, car में और work place पर summer में air conditioner और winter में heater लगा के किया जा सकता है।
  - यहाँ person की homeostasis को physiological साधनों के अलावा artificial process द्वारा maintain किया जाता है।

दूसरे living organism इन situation में कैसे रह सकते हैं? आओ हम various possibilities को देखते हैं।

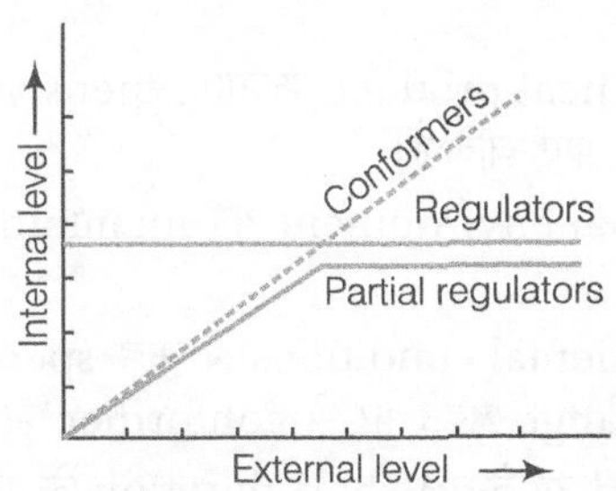

Figure 13.3 Diagrammatic representation of organismic response

(i) Regulate

- कुछ organisms, homeostastis को physiological (कभी-कभी behavioural) साधनों द्वारा maintain करते हैं, जिससे body temperature, osmotic concentration, आदि constant रहते हैं।
- इस प्रकार के regulation (thermoregulation और osmoregulation) को बनाए रखने में निम्न species सक्षम है।
  - All birds and mammals.
  - Very few lower vertebrate.
  - Some invertebrate.
- Evolutionary biologist का मानना है कि mammals सफल है क्योंकि वह body के temperature को constant रखते हैं, फिर चाहे वे Antarctica में रहें या Sahara desert में।

- Mostly mammals मनुष्य वाली mechanism के द्वारा body temperature को regulate करते हैं।
- हम body का temperature 37°C बनाए रखते हैं।
- Summer में बाहरी temperature हमारे body temperature से अधिक होता है, तब हम sweat के evaporation से body के temperature को maintain करते हैं।
- Winter में बाहरी temperature 37°C से काफी कम होता है। उस समय हम shivering (काँपना) करते हैं, जो एक प्रकार की excercise है और जिससे heat produce होती है तथा body का temperature बढ़ जाता है।
- Plants में internal temperature को maintain करने के लिए ऐसी कोई mechanism नहीं होती है।

(ii) Conform

- लगभग 99% animals और लगभग सभी plants constant internal environment को maintain नहीं रख सकते हैं।
- इनका body temperature वातावरण के temperature के अनुसार बदलता है।
- Aquatic animals में body fluid की osmotic concentration उसके surrounding में उपस्थित water की osmotic concentration के अनुसार बदलती रहती है।
- ये animals और plants, conformers कहलाते हैं।
- ये conformers विकसित होकर regulators क्यों नहीं बने, जबकि constant internal environment लाभदायक होता है।
  - अगर आप ध्यान दें तो पाएँगें कि सभी लोग चाहते हैं कि उनके पास भी air conditioner हो, लेकिन कितने लोग उसे खरीद सकते हैं?
  - ज्यादातर लोग summer में sweating के द्वारा body temperature को maintain कर suboptimal performance से काम चला लेते हैं।
- कई organisms के लिए thermoregulation करना energetically expensive है।
  - यह shrews और humming birds जैसे small animals के लिए सच है।
- Heat का फायदा या नुकसान surface area का function है।
- Small animals का surface area उनके volume की अपेक्षा ज्यादा होता है, इसलिए cold में इनके body की heat बहुत तेजी से कम होती है।

  ऐसी condition में metabolism द्वारा heat produce करना expensive होता है। इसके कारण बहुत छोटे animals, polar region में rarely ही पाए जाते हैं।
- Evolution के दौरान constant internal environment को maintain बनाए रखने की costs और benefits दोनों को consider किया जाता है।
- केवल limited range वाली environmental conditions में कुछ species ने regulation की क्षमता विकसित की है। Environmental condition की range बढ़ने पर ये conformer हो जाते हैं।
- अगर stressfull conditions, localised या केवल short duration के लिए हो, तो organisms के पास survival के लिए दो अन्य alternatives होते हैं—Migrate and suspend.

(iii) Migrate

- Organism, stressful habitat से temporarily अधिक hospitable (अनुकूल) area में चला जाए और stressful period बीतने के बाद वापस लौट आए, तो इसे migrate करना कहते हैं।
- Human analogy में, जैसे summer में व्यक्ति दिल्ली से Shimla चला जाए।
  - कई animals, particularly birds, winter में लंबी दूरी का migration करके अधिक hospitable areas में चले जाते हैं।
- प्रत्येक winter में Siberia और अन्य extremely cold Northern region से आने वाले migratory birds के लिए Keolado National Park (Bharatpur) Rajasthan, host की तरह काम करता है।

(iv) Suspend

- Bacteria, fungi और lower plants में विभिन्न प्रकार के thick wall वाले spores पाए जाते हैं। ये spores, इन्हें unfavourable conditions से बचाने में help करते हैं।
- Suitable environment मिलने पर spores, germinate हो जाते हैं।
- Higher plants में seeds और कुछ दूसरे vegetative reproductive structures, dispersal में सहायता करते हैं।
  - ये structures dispersal में help करने के अलावा stressful period से निकलने में भी सहायक होती है।
  - ये structures, moisture और temperature की favourable conditions में germinate होकर new plants बनाते हैं।
- Organisms अपनी metabolic activity को कम करके dormancy अवस्था में जाकर ऐसा करते हैं।
- Animals यदि migrate नहीं कर सकते, तो वह escape (पलायन) करके stress से बचता है।
  - Winter में bears का hibernation में जाना, time में escape का एक example है।
  - कुछ snails और fishes, summer में heat और dessication से बचने के लिए aestivation में चली जाती है।
- Unfavourable condition में laks और ponds के कई zooplanktons की species, diapause में आ जाती है।
- Diapause → a stage of suspended development.

13.1.3 Adaptations

- Environment की extreme condition को face करने के लिए कुछ organism physiological adjustment द्वारा response करते हैं, जबकि दूसरे behaviour द्वारा अर्थात् temporarily कम stress वाले habitat में migrate कर जाते हैं। ये responses वास्तव में इनकी adaptations भी है।
- Adaptation, organism का morphological, physiological और behavioural गुण है, जो उसे अपने habitat में survive और reproduce करने के योग्य बनाता है।
- कई adaptations लंबे समय के evolution के बाद बने और genetically fixed हो गए हैं।
- North American deserts में रहने वाले Kangaroo rat अपनी पानी की आवश्यकता को पूरा करने के लिए internal fat का oxidation करते हैं।
  - Fat के oxidation में पानी एक byproduct है।
  - Kangaroo rat में अपने urin को concentrate करने की क्षमता भी होती है। जिससे excretory products को निकालने में minimum water use हो।
- अनेक desert plants की leaf की surface पर thick cuticle होती है और उनके stomata, deep pits (sunken) में arrange रहते हैं, ताकि transpiration द्वारा water loss कम हो।
  —इनमें एक special type का photosynthetic pathway (CAM) होता है जिसकी वजह से ये अपने stomata बन्द रख सकते हैं।
- कुछ desert plant, जैसे– *Opuntia* में leaves spine में बदल जाती है और photosynthesis का कार्य flattened stem द्वारा होता है।
- **Allen's rule** Colder climate के mammals के ear और limb सामान्यतया छोटे होते हैं, ताकि heat loss कम हो। इसे Allen's rule कहते हैं।
- Polar sea में aquatic mammals जैसे seals की skin के नीचे fat (blubber) की thick layer होती है।
- Blubber एक insulator का काम करती है और इससे body द्वारा heat loss कम होता है।
- कुछ organisms में adaptations, physiological होता है, जिसकी वजह से ये stressful situation के प्रति quick response करते हैं।
- High altitude (> 3500 m, Rohtang Pass near Manali and Leh)
- **Altitude sickness** High altitude में जाने पर altitude sickness महसूस होती है।
  - Nausea, fatigue और heart palpitation, altitude sickness के symptoms है।
  - High altitude में atmospheric pressure कम होता है, इसलिए enough oxygen नहीं मिलती है।

- High altitude में रहने पर शरीर धीरे-धीरे acclimatise हो जाता है और altitude sickness महसूस नहीं होती है।

आपकी body ने इस problem को कैसे solve किया?

- Oxygen की availability कम होने पर शरीर इसको compensate करता है।
  - By increasing RBC production.
  - Decrease binding affinity of haemoglobin.
  - By increase breathing rate.
- ज्यादातर animals में metabolic reactions और सभी physiological functions, narrow temperature range में अच्छी होती है। (Human → 37°C)

Hot springs और गहरे समुद्र के hydrothermal vent (temperature > 100° C) में रहने वाले microbes (archaebacteria) कैसे फलते-फूलते हैं?

Antarctica water (temperature below zero) में रहने वाली fishes अपने fluid को freezing से कैसे बचाती है?

- Marine invertebrates और fishes की कई variety गहरे समुद्र में रहती है, जहाँ का pressure, normal atmospheric pressure से 100 time अधिक होता है।
  - Fishes ऐसे high pressure में कैसे रहती है और क्या उनमें कोई special enzymes होते हैं?
  - ऐसे extreme conditions में रहने वाले organisms, biochemical adaptation का एक fascinating array प्रदर्शित करते हैं।
- कुछ organisms, environmental change का सामना करने के लिए behavioural responses दिखाते हैं।
- Mammals में high temperature से बचने के लिए physiological ability होती है, जबकि desert की lizard में यह ability नहीं होती है।
  - Lizards, behaviour response के द्वारा अपने body temperature को constant बनाए रखती है।
  - Lizard का body temperature, comfort zone से नीचे आने पर वे sun से heat absorb करती है।
  - Ambient (परिवेश) temperature बढ़ने पर lizards छाया में चली जाती है।
  - कुछ species में above ground heat से बचने के लिए soil में burrow (बिल) बनाने की क्षमता होती है।

13.2 Populations

13.2.1 Population Attributes

- Nature में किसी भी species के single individual का मिल पाना rare होता है, individuals ज्यादातर group में रहते हैं।
- Well-defined geographical area में रहने वाले individuals के group (same species) को population कहते हैं।
  - Population के members, similar resources को share या compete करते हैं।
  - Members आपस में interbreed करते हैं।
- यद्यपि interbreeding में sexual reproduction शामिल है।
- Asexual reproduction से बनने वाले individuals के group को भी population मान लिया जाता है। (Ecological studies के लिए)
- Population के examples : – Wetland के सभी cormorants
  - Rats in an abandoned dwelling (त्याग दिए गए आवास)
  - Forest tract में teakwood के पेड़
  - Culture plate के bacteria.
  - Pond में lotus plants.

- Natural selection द्वारा desired traits को विकसित करने का कार्य population level पर होता है।
- Population ecology, ecology का एक important part है।
- Population ecology, ecology को population genetics और evolution से जोड़ती है।
- Population में कुछ ऐसे गुण होते हैं, जो individual organism में नहीं होते हैं।
- एक individual में birth तथा death हो सकता है, लेकिन population में birth rate और death rate होती हैं।
- Population में इन rates को per capita births और deaths कहते हैं।
  - इस rate को population के सदस्यों की संख्या में change (increase or decrease) के रूप में express किया जाता है।

Example :

1. अगर किसी pond में last year 20 plants थे और reproduction द्वारा 8 new plants और बन जाते हैं, जिससे current population 28 हो जाती है, calculate birth rate?

$$\text{Birth rate} = \frac{8}{20} = 0.4 = 0.4 \text{ offspring per lotus per year.}$$

2. Laboratory में fruit flies की population 40 है। माना, इसमें 4 individuals one week में मर जाते हैं। Calculate death rate?

$$\text{Death rate} = \frac{4}{40} = 0.1$$

$$= 0.1 \text{ individuals per fruit fly per week.}$$

- Population का दूसरा गुण sex ratio है।
- Individuals या तो male होते हैं या female लेकिन population में sex ratio होता है। (e.g., population में 60% female और 40% male है।)
- दिए गए समय में different age वाले individuals मिलकर population बनाते हैं।
- **Age pyramid** Population के लिए age distribution को plot करने के फलस्वरूप बनने वाले structure को age pyramid कहते हैं। (Fig 13.4)।
- Human population में age pyramid male और female के age distribution का combined diagram दर्शाता है।
- Pyramids की shape, population की growth status को reflect करता है।
  (a) Growing (b) Stable (c) Declining

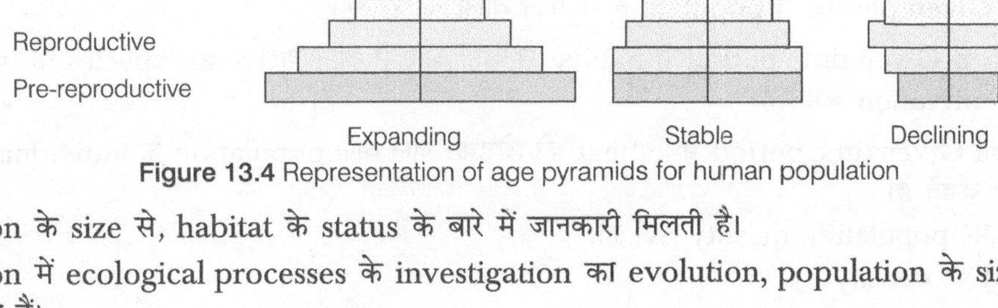

Figure 13.4 Representation of age pyramids for human population

- Population के size से, habitat के status के बारे में जानकारी मिलती है।
- Population में ecological processes के investigation का evolution, population के size में बदलाव के रूप में करते हैं।

Investigating ecological processes

→ दूसरे species से competition का परिणाम

→ Impact of a predator या effect of a pesticide application

- Nature में population का size < 10 (Bharatpur wetlands के किसी वर्ष में Siberian cranes की संख्या) भी हो सकती है।

- Population के size में ये number millions तक हो सकते हैं। (एक pond में *Chlamydomonas*)
- Population size को technically, population density (N) कहते हैं। यह आवश्यक नहीं कि ये केवल number में measure हो।
- यद्यपि total number, population density को measure करने के लिए appropriate है फिर भी कुछ case में यह meaning less या इसको determine करना कठिन होता है। यदि किसी area में 200 *Parthenium* plant है, तो एक अकेला large canopy वाला बड़ा banyan tree भी है।
  - यह कहना कि *Parthenium* के सापेक्ष में banyan की population density कम है, ये उस community में banyan के महत्त्वपूर्ण role को underestimate करने के बराबर है।
  - ऐसे case में population size को measure करने में, percent या biomass अधिक important है।
- अगर population ज्यादा है और counting करना असंभव या time consuming है, तो total number को measure करने में adopt करना आसान नहीं है।

  Lab में petri dish में bacteria का dense culture है, तो उसकी density को measure करने का best तरीका क्या है?
- कभी-कभी ecological investigations के लिए absolute population जानने की आवश्यकता नहीं होती, relative densitites से भी ये purpose पूरा हो जाता है।

  Example Caught/trap की गई fishes की संख्या lake में total population density को measure करने का अच्छा तरीका है।
- हम ज्यादातर population के size को बिना गिने या बिना देखें indirectly, estimate करते हैं।
- हमारे National parks और tiger reserves में tiger की counting प्राय: pug marks और fecal pellets पर आधारित होती है।

13.2. Population Growth

- किसी species के लिए population का size, static parameter नहीं है। यह समय-समय पर change होता रहता है। यह size निम्न factors पर depend करते हैं—Food availability, Predation pressure, Adverse weather.
- वास्तव में population density में होने वाले change हमें population की happening (density का बढ़ना या घटना) की कुछ जानकारी देते हैं।
- Natality और immigration, population density को बढ़ाते हैं।
- Mortality और emigration, population density को घटाते हैं।

  (i) **Natality** Given period में population में जन्म लेने वालों (organisms) की संख्या, जो initial density में जुड़ती है।

  (ii) **Mortality** Given period में population में मरने वालों की संख्या।

  (iii) **Immigration** Given time period में habitat में कहीं और से आने वाले some species के individual की संख्या को immigration कहते हैं।

  (iv) **Emigration** Given time period में habitat को छोड़कर जाने वाले population के individual की संख्या को emigration कहते हैं।

  अगर t समय पर population density (N) हो,
  तो समय $t + 1$ पर density–

$$N_t + 1 = N_t\ [(B + I) - (D + E)]$$

- General conditions में population density को प्रभावित करने वाले factors में birth और death सबसे important है।
- New habitat के colonise होने पर population की growth में birth rate से ज्यादा important, immigration है।

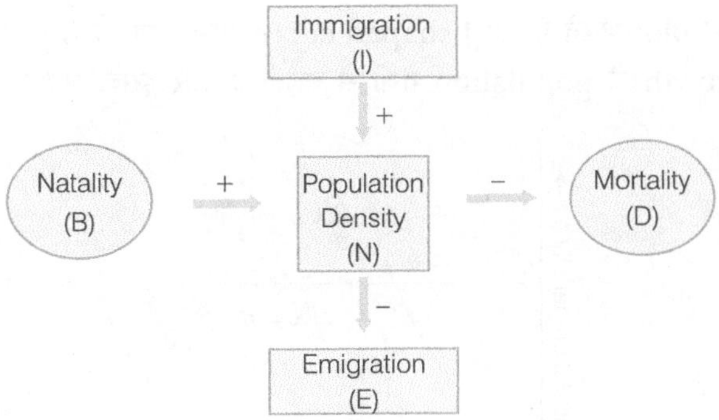

Growth Models

(i) Exponential Growth

- किसी population की बिना रुकावट growth के लिए source (food और space) जरूरी है।
- Unlimited resources होने पर, प्रत्येक species के पास अपनी संख्या को बढ़ाने के innate potential को realise करने की क्षमता होती है जैसा कि Darwin ने natural selection की theory में बताया था।
  - इस condition में population की growth, exponential या geometric fashion में होती है।

अगर Population size → N

Birth rate → b

Death rate → d

तो unit time period t में N का बढ़ना या घटना

$$= \frac{dN}{dt} = \frac{dN}{dt} = (b - d) \times N$$

Let $(b - d) = r$, then

$$\boxed{\frac{dN}{dt} = r\,N}$$

- यहाँ r–Natural increase का intrinsic rate है।
  - r, population growth पर किसी भी biotic या abiotic factor के प्रभाव को निर्धारित करने का महत्त्वपूर्ण parameter है।
- कुछ r values के magnitude है–
  - Narway rate के लिए $r = 0.015$
  - Flour beetle के लिए $r = 0.12$,
  - 1981 में India की human population के लिए $r = 0.0205$ था।
- r की value को calculate करने के लिए birth rates का पता होना जरूरी है।
- Exponential or geometric growth equation

$$\boxed{\rightarrow \frac{dN}{dt} = rN}$$

- Exponential growth equation का integral form → $N_t = N_0 e^{rt}$

$N_t = t$ time के बाद population density

$N_0 =$ time zero पर population density

$r =$ Natural increase की intrinsic rate

$e =$ Natural logarithms का bass (2.71828)

- N को time के relation में plot करते हैं, तो J-shaped curve प्राप्त होता है (fig. 13.5)।
- Exponential form में growth से population तेजी से बढ़ती है और इसके बारे में एक कहानी भी popular है।

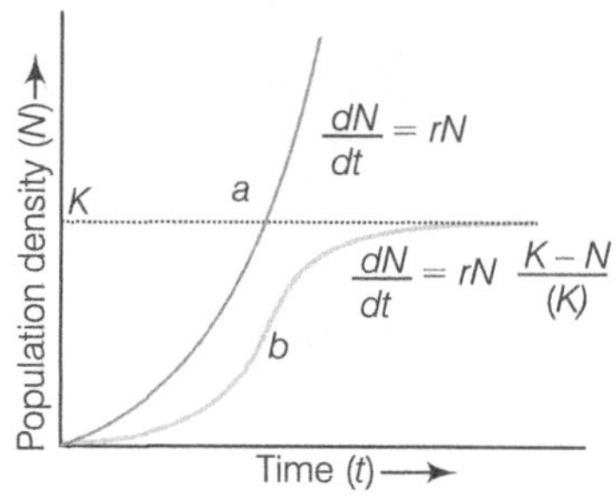

Figure 13.5 Population growth curve ***a*** when responses are not limiting the growth plot is exponential, ***b*** when responses are limiting the growth, plot is logistic ***K*** is carrying capacity

"King और minister, chess game खेलने बैठे। Confident king, minister द्वारा दी हुई किसी भी proposal को स्वीकार करने के लिए तैयार था। Minister ने कहा अगर वह जीत गया, तो वह wheat के कुछ दाने लेगा जिसकी quantity chess board के पहले खाने में 1 grain, दूसरे में 2 grain, तीसरे में 4, चौथे में 8 और इस तरह 64 खानों में भरने के बराबर होनी चाहिए। राजा ने prosposal को accept कर लिया और खेल शुरू किया, लेकिन minister जीत गया। King को feel हुआ कि minister की शर्त बहुत आसान थी। Chess board में grain को fill करना शुरू हुआ तो king ने realise किया कि उनके kingdom में produced होने वाला सारा wheat मिलकर भी 64 खाने नहीं भर पाएँगें।"

- *Paramecium* केवल एक individual से start कर के binary fission द्वारा प्रतिदिन number को double करता है।

  Imagine करो 64 *days* में इसका population size क्या हो जाएगा? (जब food और space unlimited हो)

(ii) Logistic Growth

- Nature में किसी भी population के पास unlimited resources नहीं होते है, जिससे exponential growth होती रहे।
- Limited resources में individuals के बीच competition होता है और अंत में fit individual, जीवित रहते हैं और reproduction करते हैं।
- Nature में habitat के पास maximum possible number को support करने के लिए enough resources होते हैं। इसके आगे growth possible नहीं होती है।

  –उस species के लिए इस limit को nature की carrying capacity (K) कहा जाता है।
- किसी habitat में limited resources में growth कर रही population शुरुआत में lag phase, उसके बाद acceleration phase और deceleration तथा अन्त में, जब population density, carrying capacity तक पहुँच जाती है, तब asymptote (अनंतस्पर्शी) phase आती है।
- Time t के relation में N का plot sigmoid curve प्राप्त होता है।
- इस तरह की population growth को verhulst-pearl logistic growth कहते हैं।

Described by following euqation

$$\rightarrow \boxed{\frac{dN}{dt} = rN\left(\frac{K-N}{K}\right)}$$

Where, N = time t पर population density
r = natural increase की intrinsic rate
K = carrying capacity

- Most animals की populations में growth के लिए resources, finite (सीमित) होते हैं, इसलिए logistic growth model को ज्यादा realistic माना जाता है।
  - *Government census से India के last 100 years के population data को collect कर उन्हें plot कीजिए और check करो कि इसमें कौन-सा growth pattern है?*

13.2.3 Life History Variation

- Populations जिस habitat में रहती है, उसमें अपनी reproductive fitness (high *r* value) को maximise बनाने के लिए variation होती है।
  - Reproductive fitness को Darwinian fitness भी कहते हैं।
- एक particular pressure के under में organism, most efficient reproductive strategy की ओर विकास करते हैं।
- कुछ organisms अपने life time में एकबार breed करते हैं (e.g., pacific salmon fish, bamboo), जबकि other अपने life time में कई बार breed करते हैं (e.g., most birds and mammals).
- कुछ organisms अधिक संख्या में small size के offspring produce करते हैं (e.g., oysters, pelagic fishes), जबकि other organisms कम संख्या में large size के offsprings produce करते हैं (e.g., birds, mammals)। इसलिए fitness को maximise करने में कौन desirable है?
- Ecologists ने suggest किया कि organisms के life history traits, उसके abiotic और biotic factors द्वारा लगाए गए प्रतिबंध (constraints) के relation में विकसित होते हैं।
  - Ecologist द्वारा conduct की जा रही research में important area विभिन्न species में life history trait का evolution है।

13.2.4 Population Interactions

- Nature में ऐसा कोई habitat नहीं है जहाँ केवल single species हो।
- किसी species की minimum requirement एक और species होती है, जिसे वह food के रूप में ले सके।
- अपना food बना लेने वाली plant species भी अकेले survive नहीं कर सकती हैं।
  - इन्हें भी soil microbes की जरूरत होती है।
  - Soil microbes, soil के organic matter का breakdown कर देते हैं और inorganic nutrients को absorption के लिए return कर देते हैं।
- बिना animal agent को plants, pollination को कैसे manage करेंगे?
- Nature में animals, plants और microbs न तो isolate रह सकते हैं और न ही रहते है। बल्कि biological community बनाने के लिए विभिन्न तरीको से interact करते हैं।
- Minimal communities में भी कई interactive linkages होते हैं, हालाँकि सभी linkage आसानी से दिखाई नहीं देते हैं।

  Interspecific interaction different species की population के बीच पाया जाता है।
  - ये interaction एक या दोनों species के लिए beneficial, detrimental (हानिकारक) या neutral हो सकते हैं।
  - Beneficial interaction के लिए '+' sign, detrimental के लिए '–' और 'O' sign, neutral के लिए होता है। (Table 13.1)
- Predation, parasitism और commensalism में एक common characteristic है।
  - Interacting species, closely रहती है।

Table 13.1 Population Interactions

Species A	Species B	Name of Interaction
+	+	Mutualism
–	–	Competition
+	–	Predation
+	–	Parasitism
+	0	Commensalism
–	0	Amensalism

(i) Predation

- Predation, plants से fix की गई energy को higher trophic level तक transfer करने का एक natural तरीका है।
- Tiger और deer में tiger, predator और deer, prey है।
  - Seed खाने वाली sparrow भी एक तरह से predator ही हैं।
- हालाँकि plants को खाने वाले animals को herbivores के रूप में अलग categories किया जाता है, लेकिन broad ecological context में predator से ज्यादा different नहीं है।
- Predator का दूसरा important role है कि वे prey की population को control में रखते हैं।
  - अगर predator न होते, तो prey species की population density बहुत ज्यादा हो जाती और ecosystem unstable हो जाता है।
- किसी geographical area में कुछ exotic species लाने पर वे invasive (आक्रामक) हो जाती और तेजी से spread (फैलाती) होती है।
  - ऐसा इसलिए होता है, क्योंकि invaded land पर exotic species के natural predator नहीं होते हैं।
  - Early 1920 में Australia में लाई गई cactus ने million hectares land में तेजी से spread होकर तबाही (havoc) मचा दी।
  - Finaly, cactus को खाने वाले predator (a moth) को लाने के बाद cactus को control किया गया है।
  - Predator को उसके natural habitat से collect किया जाता है।
- Agricultural pest control में अपनाए गए biological methods predator की population equation (समीकरण) की योग्यता पर आधारित होते हैं।
- Predator, competing prey species के बीच competition की intensity को कम करके किसी community में species diversity को maintain करने में भी सहायक होते हैं।
- American pecific coast की rockey intertidal communities में pisaster starfish एक importent predator है।
  - Field experiment में जब एक enclosed intertidal area से सभी starfish को हटा दिया गया, तो interspecific competition के कारण one year में ही invertebrate की 10 से अधिक species, extinct हो गई।
- अगर predator ज्यादा efficient है और अपने prey को over exploit करता है, तो हो सकता है prey, extinct हो जाए और इसके बाद food lack की वजह से predator भी extinct हो जाए। यही कारण है कि predators, prudent (विवेकी) है।
- Predation के प्रभाव को कम करने के लिए prey species विभिन्न defences विकसित करते हैं।
- Predator द्वारा आसानी से न पहचाने जाए इसलिए insects की कुछ species और frogs में camouflage पाई जाती है।
- कुछ prey, poisonous होते हैं, इसलिए predator इन्हें नहीं खाते है।

- Monarch butterfly की body में एक special chemical होता है इसलिए यह predator (bird) के लिए highly distasteful होती है।
  - यह दिलचस्प बात है कि butterfly इस chemical को अपनी caterpillar stage में poisonous weed खाकर प्राप्त करती है।
- Plant के लिए herbivores, predators होते हैं।
- Nearly 25% insects phytophagous होते हैं अर्थात् plant sap तथा other parts खाते हैं।
- Unlike animals तथा plants अपने predators से बचने के लिए भाग नहीं सकते हैं।
  - इसलिए plants ने herbivores से बचने के लिए morphological और chemical defences विकसित कर ली है।
  - Morphological defence में सबसे common, thorns (काँटे) होते हैं (*Acacia, Cactus*)।
  - कई पौधे chemicals, produce या store करते हैं, जिनको खाने से herbivores को नुकसान पहुँचता है।

  जैसे— ये chemicals, herbivores को नुकसान पहुँचाते हैं।
  - Sick (बीमार) कर सकते हैं।
  - Insects में Feeding या digestion, inhibit हो जाता है।
  - Reproduction को disrupt (भंग) करते हैं।
  - Insects मर भी सकते हैं।
- Abandoned field में पाई जाने वाली colotropis weed में जहरीला glycoside पाया जाता है। इस कारण आपने कभी भी किसी cattle या goats को इस weed को चरते (browsing) हुए नहीं देखा होगा।
  - यह glycoside, heart के लिए poisonous होता है।
- Plants से chemicals की wide variety को commercial scale पर निकाला जाता है। जैसे—(Nicotine, caffein, quinine, strychnine, *Opium*, etc.
  - वास्तव में ये chemicals, grazers और browsers से बचाव के लिए होते हैं।

(ii) Competition

- Darwin ने nature में struggle for existence और survival of fittest के बारे में बताया और विश्वास दिलाया कि organic evolution के लिए potent force, interspecific competition है।
- सामान्यता माना जाता है कि competition उस समय शुरु होता है, जब closely related species, same limited resources के लिए compete करती है, लेकिन यह पूरी तरह सच नहीं है।
  - पहली बात totally unrelated species भी same resource के लिए competition कर सकती है।

  Example South America की कुछ shallow lakes में visit करने वाली flamingoes और वहीं की resident fishes अपने common food, zooplankton के लिए compete करती हैं।
  - दूसरी बात यह है कि competition के लिए resources का limit में होना आवश्यक नहीं है।
  - Interference competition में एक species की feeding efficiency दूसरी species के interfering और inhibitory presence से घट सकती है भले ही resources (food and space) पर्याप्त हो। इसलिए, competition की best definition इस प्रकार है—इसमें एक species की fitness दूसरी species की presence में significantly घट जाती है।
  - Fitness को intrinsic rate of increase ('*r*') में measure करते हैं।
- Laboratory में experiment द्वारा आसानी से represent किया जा सकता है जैसा कि Guase और अन्य ecologists ने किया था कि resources limited होने पर competitively superior species अंत में दूसरी species eliminate कर देगी, लेकिन nature में इस प्रकार के competitive exclusion हमेशा निर्णायक (conclusive) नहीं होते हैं।
- कुछ cases में strong और persuasive circumstantial evidence मिलते हैं।
  - Galapagos Islands में goats को introduce करने के बाद Abingdon tortoise एक decade में ही extinct हो गए। इसका कारण goats की अधिक browsing efficiency थी।

- Nature में competition होने का दूसरा evidence competitive release है।
  - Competitively superior species की presence के कारण दूसरी species का distribution छोटे geographical area तक सीमित (restrict) हो जाता है।
  - Superior competing species को experimentally हटाने पर restricted species की distribution range, dramatically बढ़ जाती है।
- Connall's elegent field experiment ने दिखाया कि Scotland के rocky sea coasts पर intertidal area में competitive superior **barnacle, *Balanus*** पाए जाते हैं।
  - Superior *Balanus* ने, छोटे barnacle, ***Chathamalus*** को उस zone से निकाल दिया।
- Generally competition में carnivores की अपेक्षा herbivores और plants अधिक adversally affected होते हैं।
- Gause's competitive exclusion principle बताता है कि same resources के लिए competition करने वाली दो closely related species अनंतकाल (indefinite) तक साथ-साथ नहीं रह सकती है।
  - क्योंकि Competitive inferior species अंत में eliminate कर दी जाती हैं।

  (ऐसा तभी होगा जब resources, limited होंगे otherwise ऐसा नहीं होगा)।
- More rescent studies, competition के ऐसे gross generalisation को support नहीं करती हैं। ये studies, nature में interspecific competition के न होने को प्रदर्शित नहीं करते हैं परन्तु competition को face करने वाली species ऐसी mechanism विकसित कर सकती है, जो exclusion की जगह coexistance को promote करती है।

  (resources partitioning, एक ऐसी mechanism है)।
  - अगर दो species, same resource के लिए competition करती हैं, तो ये species feeding के लिए different time या different foraging patterns चुनकर competition को avoid कर सकती हैं।
- **MacArthur** ने दिखाया कि same tree पर रह रही Warblers की five closely related species, competition से बचने के लिए foraging activities में **behavioural differences show** की और साथ-साथ रह सकी।

(iii) Parasitism

- यह parasitic mode में रहने और खाने की मुफ्त व्यवस्था होती है।
  - Parasitism, plants से लेकर higher vertebrates तक कई taxonomic groups में evolve हुई है।
- कई parasite, host specific के रूप में विकसित हुए है अर्थात् host की single species पर parasitic life बिताते हैं। इस प्रकार host और parasite दोनों coevolve होते हैं।
- अगर host, parasite को reject या resist करने की special mechanism विकसित करता है, तो parasite भी उनको counteract और neutralise करने के लिए mechanism बनाते हैं। इस प्रकार parasite एक ही host species के साथ रहने में सफल होते हैं।
- अपनी life style के अनुसार parasite, special adaptations विकसित करते हैं; जैसे–
  - अनावश्यक sense organs का loss
  - Host से चिपकने के लिए adhesive organ या suckers की उपस्थिति।
  - Loss of digestive system
  - High reproductive capacity
- Parasite की life cycle प्राय: complex होती है, जिसमें एक या दो intermediate host या vectors होते हैं, जो primary host के parasitisation को आसान बनाते हैं।
- Human liver fluke अपनी life cycle को पूरा करने के लिए दो intermediate hosts (a snail and a fish) पर depend रहता है। Liver fluke एक trematode है।
- Malaria parasite को दूसरे hosts तक फैलाने के लिए vectors (mosquito) की आवश्यकता पड़ती हैं।

- ज्यादातर parasite अपने host को नुकसान पहुँचाते हैं। Host के survival, growth और reproduction को reduce कर सकते हैं।
  - Parasite, host की population density को reduce कर सकते हैं।
- Parasites, hosts को physically weak बनाकर उसे predation के लिए अधिक असुरक्षित (vulnerable) बना देते हैं।

क्या आप मानते हैं कि एक ideal parasite, host को नुकसान पहुँचाए बिना survive करने योग्य होना चाहिए। Natural selection ने total harmless parasites का evolution क्यों नहीं किया?

Ectoparasites

- Host organism के external surface पर feed करने वाले parasites को ectoparasites कहते हैं।

  Example मनुष्य पर lice (जूँ) और dogs पर ticks.
- कई marine fishes, ectoparasitic copepods द्वारा ग्रस्त (infested) होती हैं।
- *Cuscuta* एक parasitic plant है, जो commonly, hedge plants पर grow करते हैं।
- *Cuscuta* में evolution के दौरान chlorophyll और leaves समाप्त हो जाती हैं।
  - *Cuscuta* जिस host plant पर रहता है, उसी से अपना nutrition लेता है।
- Female mosquito को parasite नहीं माना जाता है, हालाँकि reproduction के लिए इसको हमारे blood की आवश्यकता पड़ती है। आप बता सकते हैं क्यों?

Endoparasites

- Host के शरीर के अंदर (जैसे—liver, kidney, lungs, RBC, etc.) रहने वाले parasites को endoparasites कहते हैं।
  - Extreme specialisation के कारण endoparasites की life cycle अधिक complex होती है।
  - Endoparasites में morphological और anatomical features अत्यधिक simplified होते हैं, जबकि ये reproductive potential को emphasise (बल) करते हैं।

  Brood parasitism यह birds में पाई जाती है तथा parasitism का एक fascinating (आकर्षक) example है।
  - इसमें parasitic bird अपने eggs को host के nest में देती हैं और host उन eggs को incubate करती है।
  - Evolution के दौरान parasitic bird के eggs, size और colour में host's के egg जैसे विकसित हो गए, ताकि host bird द्वारा foreign eggs को पहचानने और nest से बाहर निकालने की संभावना कम हो जाए।
  - Cuckoo (Koel) और Crow में brood parasitism को breeding season (spring to summer) में देख सकते हैं।

(iv) Commensalism

- इस interaction में एक species को benefit होता है और दूसरी species को न harm होता है न benefit.
  - Mango की branch पर epiphyte के रूप में grow करने वाला orchid और whale की back (पीठ) पर grow करने वाले barnacles को benefit होता है, जबकि mango और whale को उनसे कोई benefit नहीं होता है।
- Cattle egret और grazing cattle का close association, commensalism का classical example है। यह rural area में देखने को मिलता है।
  - Cattle जहाँ grazing (चरते) करते हैं उसके पास ही egrets, forage (भोजन प्राप्ति) के लिए रहती हैं। cattle जब चलते हैं, तो vegetation हिलती है। और उसमें छुपे insects बाहर निकल आते हैं।
  - Egrets इन बाहर निकले insets को खाते हैं, क्योंकि vegetation insects को पता करना और catch करना egret के लिए कठिन होता है।
- Sea anemone के stinging tentacles और उनके बीच रहने वाली clown fish भी commensalism show करते हैं।

- Fish को predators से protection मिलती है, जो stinging tentacles से दूर रहते हैं।
- Clown fish से anemone को कोई benefit नहीं मिलता है।

(v) Mutualism

- इस interaction में दोनों species को benefit होता है।
- Fungus और photosynthesising algae या cyanobacteria का mutual relationship, लाइकेन को represent करता है।
- Fungus और higher plants की root के बीच micorrhiza भी mutualism का example है।
  - Fungi, soil से essential nutrients के absorption में plants की सहायता करते हैं, जबकि बदले में plants, fungi को energy प्रदान करने वाले carbohydrates देते हैं।
- Mutualism के सबसे spectacular (शानदार) और evolution की दृष्टि से fascinating (आकर्षक) examples, plant-animal relationships में पाए जाते हैं।
- Plants अपने pollination और seed के dispersal के लिए animals की सहायता लेते हैं और बदले में fees paid करते हैं।
  - Reward और fees के रूप में पौधे pollinators को pollen और nector तथा seed dispersal करने वालों को juicy और nutritious fruits प्रदान करते हैं।

Mutually beneficial system की cheaters से रक्षा होनी चाहिए e.g., ऐसे animals, जो pollination में सहायता किए बिना ही nectar चुराते हैं।

- Plant-animal interaction में mutualists के लिए प्राय: coevolution शामिल है अर्थात् flower और इसकी pollinator species के evolution एक-दूसरे से tightly linked है।
- Fig tree की कई species में तथा wasp की pollination species के बीच tight one-to-one relationship होता है। (Fig. 13.6)
  - अर्थात् दी गई fig species केवल 'partner' wasp की species से ही pollinate हो सकती है, wasp की दूसरी species से नहीं।
  - Female wasp, fruit को oviposition (egg-laying) और larvae के nutrition में use करते हैं।
  - Larvae अपना nutrition, fruit के अंदर develop हो रहे seeds से प्राप्त करती हैं।
  - Egg देने के लिए suitable स्थान की तलाश करते हुए wasp, fig inflorescence को pollinate करती है। इसके बदले में fig अपने कुछ developing seed को wasp के larval को food के रूप में दे देते हैं।

(a)

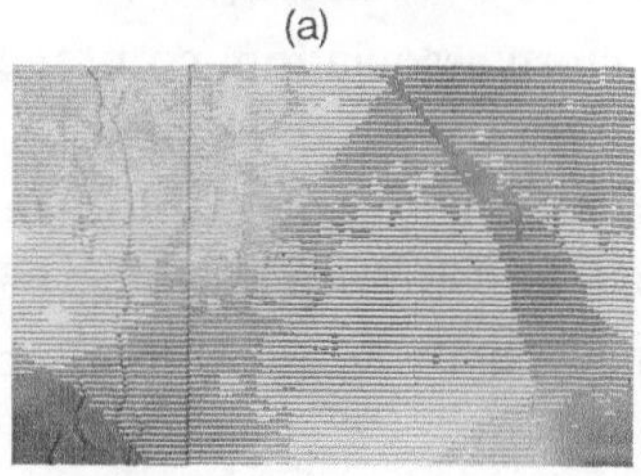

(b)

Figure 13.6 Mutual relationship between fig tree and wasp : (a) Fig flower is pollinated by wasp. (b) Wasp laying egg in a fig fruit

- **Orchids,** floral pattern की आश्चर्यचकित (bewildering) करने वाली diversity show करते हैं।
  - इनमें से कई flower right pollinator insect (bees और bumblebees) को attract करने के लिए विकसित हुए हैं, ताकि इनके द्वारा guaranteed pollination हो सकें। (Fig. 13.7)
  - सभी orchids इस reward को offer नहीं करते हैं।
  - *Ophrys* नामक mediterranean orchid, bee की एक species द्वारा pollination कराने के लिए sexual deciet (कपट) का सहारा लेता है।
  - Orchid flower के एक petal का size, colour और markings, female bee से मिलती-जुलती (uncanny resemblance) है।
  - Male bee इस petal को female समझकर attract होती है और flower के साथ pseudocopulate करता है।
  - Pseudocopulation के दौरान flower से pollen झड़कर bee की body पर गिरते हैं और जब यही bee दूसरे flower से pseudocopulate करती है, तो यहाँ body पर लगे pollen को transfer पर flower को pollinate कर देती है।

यहाँ आप देख सकते हैं कैसे coevolution होता है?

- Evolution के दौरान किसी भी कारण से अगर female bee के colour pattern में थोड़ा-सा भी बदलाव आता है, तो pollination की success कम हो जाती है। अत: orchid के flower अपनी petal को female bee के जैसा बनाए रखते हैं।

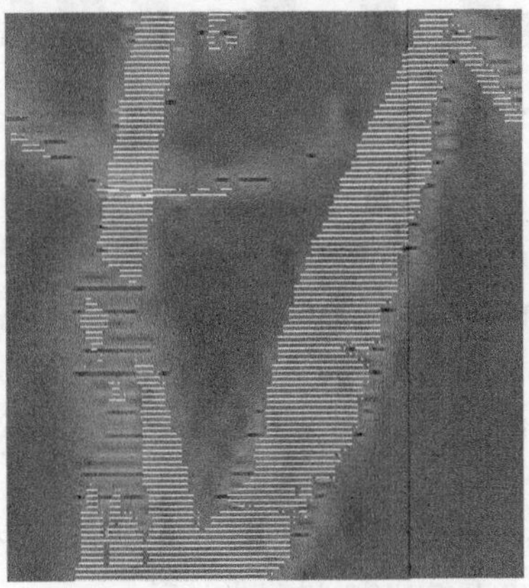

Figure 13.7 Showing bee–A pollinator on orchid flower

Chapter Fourteen

ECOSYSTEM

- Ecosystem को nature की structural एवं functional unit की तरह देखा जाता है।
- Ecosystem में living organism आपस में तथा आस-पास के physical environment के साथ interact करते हैं।
- Ecosystem का size, small pond से लेकर large forest या sea तक vary कर सकता है।
- कई ecologist पूरे biosphere को ही global ecosystem मानते हैं, जिसमें earth के सभी local ecosystems सम्मिलित होते हैं।
- यह system एक बार में study के लिए काफी बड़ा और complex है इसलिए सुविधा के लिए इसको दो basic categories, terrestrial और aquatic में divide किया गया है।
  - Terrestrial ecosystems, : e.g. Forest, grassland and desert.
  - Aquatic ecosystem, : e.g. Pond, lake, wetland, river and estuary.
- Man-made ecosystem : Crop fields and an aquarium.
- Input, transfer of energy और output को समझने के लिए हम सब पहले ecosystem के structure को देखेंगे।
  - Input (productivity), output (degradation and energy loss), transfer of energy (food chain/web, nutrient cycling).
- इसके साथ ही हम cycles, chains, webs के relationships और inter-relationship को भी देखेंगे, जोकि system के अंदर energy flows की वजह से बनता है।

14.1 Ecosystem : Structure and Function

- Environment में abiotic और biotic दोनों components होते हैं।
- आप जानते हैं कि किस तरह से individual, biotic और abiotic factors एक-दूसरे को और अपने surrounding को प्रभावित करते हैं।
- आइए हम इन components को भी integrated (संयुक्त) manner में देखें और यह जानें कि ecosystem के इन components में energy का flow कैसे होता है?

- Biotic और abiotic components के interaction से एक physical structure बनता है, जो प्रत्येक ecosystem का characteristic है।
- Plant एवं animal species का identification और enumeration (गणना) ecosystem के species composition को दर्शाता है।
- Different level पर different species के vertical distribution को stratification कहते हैं।

  Example : एक forest में trees (top vertical layer), shrubs (second layer), herbs और grasses (bottom layer) होते हैं।
- Ecosystem के components एक unit के रूप में तब functional दिखते हैं, जब आप निम्न aspects को consider करते हैं
  (i) Productivity
  (ii) Decomposition
  (iii) Energy flow
  (iv) Nutrient cycling
- एक aquatic ecosystem के ethos (प्रकृति) को समझने के लिए हम एक pond का example लेंगे।
- Pond पूरी तरह से एक self-sustainable unit है और निश्चित ही simple example भी है।
- Pond एक aquatic ecosystem में हो रहे complex interactions को भी explain करता है।
- Pond एक shallow water body है, जिसमें ऊपर दिए गए चारों basic components अच्छी तरह से प्रदर्शित होते हैं।
- Pond का पानी एक abiotic component है।
- Pond water में घुले हुए inorganic और organic substances पाए जाते हैं।
- Pond के bottom में rich soil deposit पाए जाते हैं।
- Solar input, temperature की cycle, day-length और other climatic conditions पूरे तालाब के rate of function को regulate करते हैं।
- Autotrophic component के अंतर्गत phytoplankton, कुछ algae और floating, submerged plants आते हैं।

  – तालाब के किनारों (edges) पर जो पौधे होते हैं, उन्हें marginal plants कहते हैं।
- Consumers को zooplanktons, free swimming तथा water dwellings organisms द्वारा represent किया जाता है।
- Decomposer में fungi, bacteria और flagellates आते हैं, जो अधिकतर तालाब के bottom में रहते हैं।
- ये system किसी भी ecosystem और biosphere के सभी functions को perform करते हैं अर्थात् autotrophs द्वारा inorganic को organic material में बदलना, heterotrophs द्वारा autotrophs का consumption, dead matter का decomposition और mineralisation कर autotrophs को reuse के लिए release करना, ये events बार-बार repeat होते रहते हैं।
- Energy का unidirectional movement, higher trophic level की ओर होता है तथा environment में इसका dissipation और loss, heat के रूप में होता है।

14.2 Productivity

- किसी भी ecosystem को functional और स्थाई बनाए रखने के लिए लगातार solar energy प्रदान करना basic requirement है।
- Primary production : Photosynthesis के दौरान plants के द्वारा एक fix time period में per unit area द्वारा produce किए गए biomass या organic matter की मात्रा को primary production कहते हैं। इसे weight (g^{-2}) या energy (kcal m^{-2}) में express किया जाता है।

- Biomass production की दर को productivity कहते हैं।
- Different ecosystem की productivity को compare करने के लिए इसे $g^{-2}yr^{-1}$ or (kcal m^{-2}) yr^{-1} में express करते हैं।
- Productivity को Gross Primary Productivity (GPP) और Net Primary Productivity (NPP) में divide किया जाता है।
- Gross primary productivity : Photosynthesis के दौरान organic matter के production की दर को GPP कहते हैं।
- GPP की उचित मात्रा plant द्वारा respiration में उपयोग की जाती है।
- Net Primary Productivity (NPP) = GPP–R

  R → Respiratory losses
- Heterotrophs (herbivores and decomposer) के consumption के लिए available biomass को NPP कहते हैं।
- Consumers द्वारा new organic matter के formation की rate को secondary productivity कहते हैं।
- Primary productivity एक particular area में पाई जाने वाली plant species पर depend करती है।
- यह environmental factor, nutrients की availability और plant की photosynthetic capacity पर भी depend करती है।

  – इसलिए primary productivity विभिन्न ecosystems में vary करती हैं।
- पूरे biosphere की annual NPP का भार organic matter का लगभग 170 billion tons (dry weight) है।
- Earth surface का लगभग 70 % भाग oceans द्वारा ढका है।
- Ocean की productivity केवल 55 billion tons है, शेष मात्रा land पर produce होती है।

14.3 Decomposition

- Earthworm को 'किसानों का मित्र' कहते हैं।
- Earthworm, complex organic matter को break करने के साथ-साथ soil को loose करने में भी help करते हैं।
- Decomposers द्वारा complex organic matter को inorganic substances; जैसे- CO_2, H_2O और nutrients में break करने के process को decomposition कहते हैं।
- **Detritus** Dead plants और dead animals के remains, detritus बनाते हैं। इसमें leaves, bark, flavers और faecal matter, आदि आते हैं।

  – Detritus, decomposition के लिए raw materials होते हैं।

  Decomposition के प्रमुख step; Fragmentation, leaching, catabolism, humification और mineralisation, आदि हैं।
- Detrivores (earthworm) द्वारा detritus को small particles में break करने को fragmentation कहते हैं।
- Water soluble inorganic nutrients का soil horizon में नीचे जाना **leeching** कहलाता है। ये nutrients, unavaliable salts के रूप में precipitated होते हैं।
- Bacterial और fungal enzymes द्वारा detritus को simple inorganic substances में break करने के process को catabolism कहते हैं।
- ऊपर दिए गए decomposition के सभी steps, detritus पर simultaneously चलते रहते हैं। (Fig. 14.1)

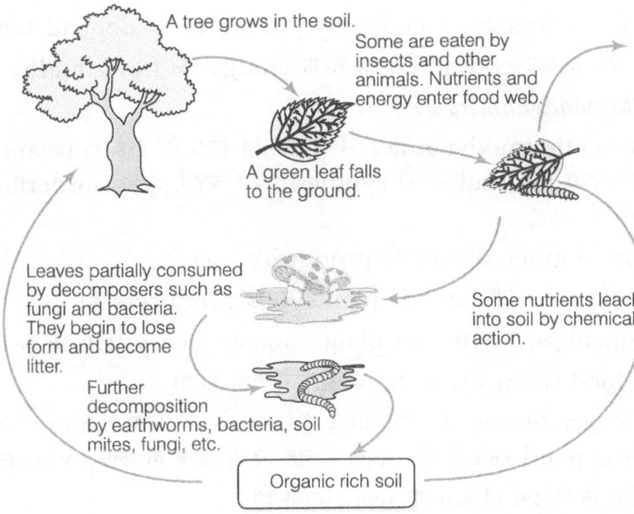

Figure 14.1 Diagrammatic representation of decomposition cycle in a terrestrial ecosystem

- Decomposition के समय humification और mineralisation की प्रक्रिया soil में होती हैं।
  - Humification के द्वारा humus का formation होता है।
- Humus एक dark colour का amorphous substance है, जो microbes के action के लिए highly resistant होता है।
- Humus का decomposition बहुत slow rate से होता है।
- Colloidal होने के कारण humus nutrients reservoir का काम करता है।
- कुछ microbes, humus को पुन: तोड़कर inorganic nutrients बनाते हैं। इसे mineralisation कहते हैं।
- Decomposition एक oxygen-requiring process है।
- Decomposition की दर detritus के chemical composition और climatic factors द्वारा control होती है।
- Particular climatic condition में अगर detritus में lignin और chitin पाया जाता है, तो decomposition की दर slow होती जाती है।
- Detritus में अगर nitrogen और water soluble substances (जैसे- sugar) ज्यादा होंगे तो decomposition की दर तेज हो जाएगी।
- Soil microbes की activities द्वारा decomposition को regulate करने के लिए temperature और soil moisture महत्त्वपूर्ण climatic factors हैं।
- Warm और moist environment में decomposition तेजी से होता है।
- Low temperature और anaerobiosis, decomposition को inhibit करते हैं। जिससे organic material जमा हो जाता है।

14.4 Energy Flow

- गहरे समुद्र के hydrothermal ecosystem को छोड़कर पृथ्वी पर सभी ecosystem के लिए एक मात्र energy source, sun है।
- Incident solar radiation का 50% से कम भाग Photosynthetically Active Radiation (PAR) का होता है।
- हम जानते हैं कि पौधे और photosynthetic bacteria, simple inorganic materials से भोजन को बनाने के लिए sun की radiation को fix करते हैं।
- पौधे PAR का केवल 2-10% भाग capture करते हैं, energy की यह छोटी-सी मात्रा संपूर्ण living world को sustain करती है। इसलिए यह जानना जरूरी है कि plants द्वारा capture की गई solar energy एक ecosystem के different organisms के द्वारा कैसे flow होती हैं।

- भोजन के लिए सभी organisms directly या indirectly producers पर depend रहते हैं।
- Sun से producers और उसके बाद consumer की तरफ energy का flow, unidirectional होता है।
  क्या इसमें first law of thermodynamics है?
- Ecosystem, second law of thermodynamics से मुक्त नहीं होता है। इन्हें constant energy supply की आवश्यकता होती है, जिससे जरूरी molecules को synthesis कर बढ़ती हुई disorderliness के प्रति universal tendency से संघर्ष कर सके।
- Ecosystem-terminology में green plants को producers कहते हैं।
- Terrestrial ecosystem में herbs और woody plants प्रमुख producers हैं।
- इसी प्रकार phytoplankton, algae और higher plants, aquatic ecosystem के primary producers होते हैं।
- आपने nature में उपस्थित food chain तथा webs के बारे में पढ़ा होगा।
- Food chain या web पौधों (producers) से प्रारंभ होकर ऐसे बने होते हैं, जिसमें animal अपने भोजन के लिए plant या दूसरे other animal पर depend रहते हैं और बदले में वह किसी अन्य के लिए food बनते हैं।
  – इस inter dependency के कारण chain या web बनती है।
- किसी organism द्वारा trap की गई energy हमेशा के लिए store नहीं रहती।
- Producer में trap energy या तो consumer को भेज दी जाती है या वह मर जाते हैं।
- Organism की death, detritus food chain/web की शुरुआत है।
- सभी animals अपने food के लिए (directly or indirectly) plants पर निर्भर रहते हैं। इसलिए animals को consumers तथा heterotrophs भी कहते हैं।
- Producer से भोजन लेने वाले animals को primary consumer कहते हैं।
- Plants को खाने वाले animals अगर दूसरे animals को खाते हैं, तो इन्हें secondary consumer कहते हैं। इस प्रकार मनुष्य tertiary consumer भी हो सकते हैं।
- Herbivores, primary consumers होते हैं।
- Terrestrial ecosystem में कुछ common herbivores, insects birds और mammals होते हैं।
- Aquatic ecosystem में molluscs आते हैं।
- Herbivores को खाने वाले consumers को carnivores कहते हैं, इन्हें primary carnivores (though secondary consumers) कहना ज्यादा उचित होगा।
- Primary carnivores पर depend रहने वाले animals को secondary carnivores कहते हैं।
- यहाँ एक simple grazing food chain को दिखाया गया है।

Grass ⟶	Goat ⟶	Man ⟶
(Producer)	(Primary consumer)	(Secondary consumer)

- Detritus Food Chain (DFC) की शुरुआत dead organic matter से होती है।
  – DFC, decomposers से बनती हैं।
- Decomposers, heterotrophic organism हैं, जिनमें मुख्यतया fungi और bacteria आते हैं।
- Decomposers, detritus food chain को तोड़कर अपनी energy और nutrients की जरुरतों को पूरा करते हैं। इन्हें saprotrophs (sapro : to decompose) भी कहते हैं।
- Decomposers, digestive enzyme का secretion करते हैं। ये enzymes, dead और waste material को simple, inorganic materials में तोड़ते हैं, जो बाद में decomposers द्वारा absorb कर लिए जाते हैं।
- Aquatic ecosystem में GFC, energy flow का महत्त्वपूर्ण साधन है।
- इसके विरुद्ध, terrestrial ecosystem में energy flow, GFC की तुलना में detritus food chain द्वारा अधिक होता है।
- DFC को कुछ levels पर GFC से connect किया जा सकता है।

- DFC के कुछ organism, GFC के animals के लिए prey बन जाते हैं और natural ecosystem के कुछ animals; जैसे-cockroach, crows, आदि omnivores होते हैं।
- Food chains का natural inter connection एक food web बनाता है।
  आप human beings को कैसे classify करेंगे?
- Feeding relationship के अनुसार organisms का natural वातावरण या एक community में अन्य organism के साथ एक स्थान होता है।
- Organism अपने nutrition या food source के आधार पर food chain में एक विशेष स्थान ग्रहण करते हैं, जिसे trophic level कहते हैं।
- Producers, herbivores और carnivores (secondary consumer) को क्रमश: first, second तथा third trophic level में रखते हैं।

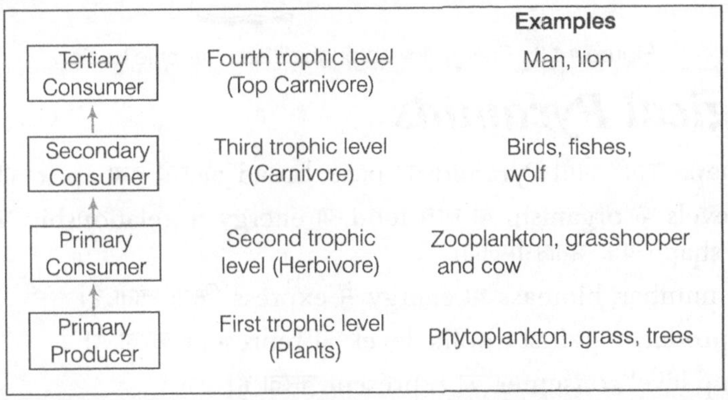

Figure 14.2 Diagrammatic representation of trophic levels in an ecosystem

- Herbivores को primary consumer कहते हैं।
- Successive trophic levels पर energy की मात्रा घटती जाती है।
- Organism मरने के बाद detritus या dead biomass में बदल जाता है, जो decomposers के लिए energy source के रूप में काम करते हैं।
- प्रत्येक trophic level पर organisms अपनी energy की आवश्यकता के लिए lower trophic level पर depend रहते हैं।
- एक निश्चित समय पर प्रत्येक trophic level में living material की कुछ मात्रा (certain mass) होती है, जिसे standing crop कहते हैं।
- Standing crop को living organism के mass (biomass) या unit area में number के द्वारा measure किया जाता है।
- एक species के biomass को fresh या dry weight के रूप में express (व्यक्त) किया जाता है।
- Biomass का मापन dry weight में अधिक accurate होता है, क्यों?
- GFC में trophic levels की संख्या restricted रहती हैं जैसे कि energy transfer 10% law का पालन करती है।
- प्रत्येक lower trophic level से upper trophic level की ओर energy का transfer 10% होता है।
- GFC में कई levels संभव हैं—producer, herbivore, primary carnivore, secondary carnivore. (Fig 14.3)
  क्या आप सोच सकते हैं कि DFC में ऐसी कोई limitation है?

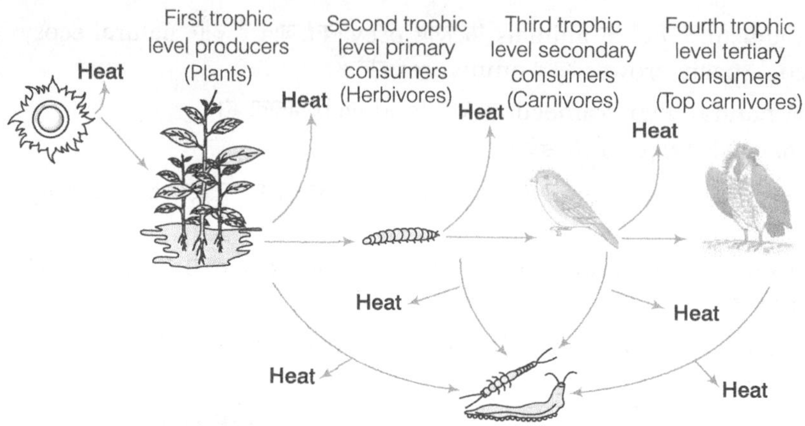

Figure 14.3 : Energy flow through different trophic levels

14.5 Ecological Pyramids

- आप pyramid की shape जानते होंगे। Pyramid का base, broad होता है तथा apex की ओर narrow होता है।
- Different trophic levels के organism के बीच food या energy के relationship को express करने पर आपको pyramid की shape एक समान मिलेगी।
- इस relationship को number, biomass या energy में express किया जाता है।
- Pyramid का base, producer या first trophic level को represent करता है।
- Apex, tertiary या top level consumer को represent करता है।
- अधिक study किए जाने वाले तीन ecological pyramids हैं—(a) Pyramid of number (b) Pyramid of biomass (c) Pyramid of energy. (See Fig. 14.4 a, b, c and d)

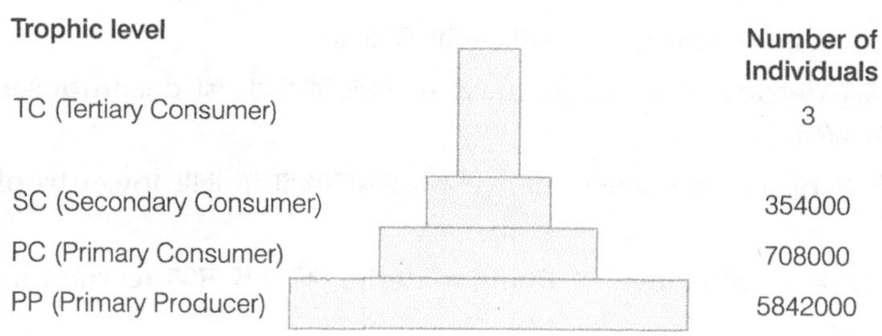

Figure 14.4 (a) Pyramid of numbers in a grassland ecosystem. Only three top-carnivores are supported in an ecosystem based on production of nearly 6 millions plants.

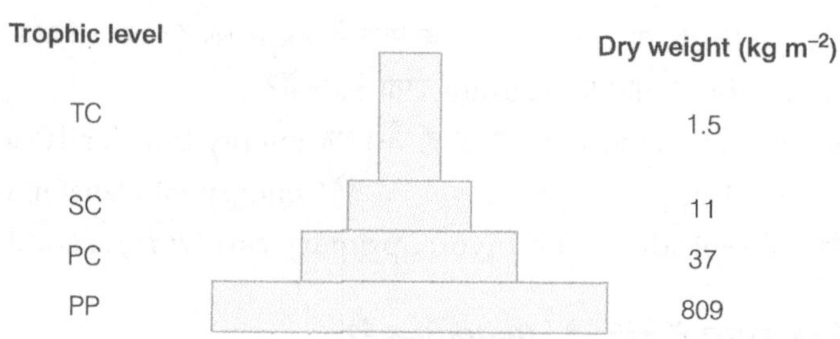

Figure 14.4 (b) Pyramid of biomass shows a sharp decrease in biomass at higher trophic levels.

Figure 14.4 (c) Inverted pyramid of biomass-small standing crop of phytoplankton supports large standing crop of zooplankton

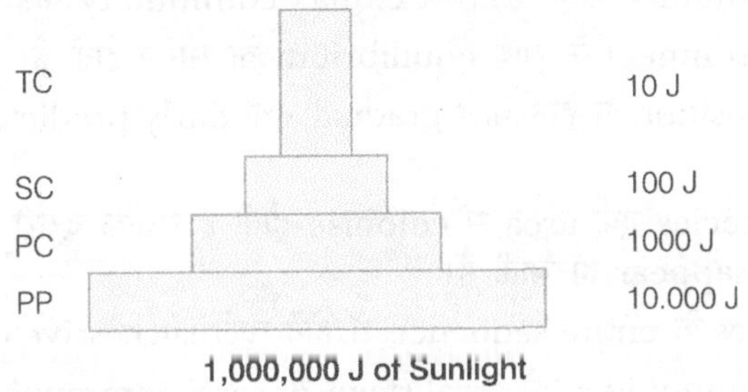

Figure 14.4 (d) An ideal pyramid of energy. Observe that primary producers convert only 1% of the energy in the sunlight available to them into NPP.

- Energy content, biomass या numbers को किसी भी calculation में trophic level के सभी organism को शामिल करना आवश्यक है।
- अगर trophic level के कुछ individuals की calculation करते हैं, तो किया गया कोई भी generalisation, true नहीं होगा।
- Organism एक ही समय में simultaneously एक से अधिक trophic level में रह सकते हैं।
- Trophic level किसी species को नहीं बल्कि एक functional level को represent करता है।
- एक species, एक ही समय पर same ecosystem में एक से ज्यादा trophic levels में रह सकती हैं।

  Example Sparrow जब seeds, fruits और pea खाती हैं, तो primary consumer तथा जब यह insects और worms को खाती हैं, तो sparrow को secondary consumer कहते हैं।

क्या आप बता सकते हैं कि एक food chain में मनुष्य कितने trophic levels पर कार्य कर सकता है?

- अधिकतर ecoystems में number, energy और biomass के सभी pyramid, upright होते हैं।

  Example Producers के number और biomass, herbivores से अधिक होते हैं।
  - Herbivores के number और biomass, carnivores से अधिक होते हैं।
  - Lower trophic level की energy, higher trophic level से अधिक होती है।
- **Exception** किसी big tree पर food प्राप्त करने वाले insect की संख्या count करे, तो आपको कैसा pyramid प्राप्त होगा? उसमें उन छोटे insects पर depend छोटी birds इसके साथ ही small birds पर depend बड़ी birds को estimate करें। वह shape बनाए, जो इससे प्राप्त होती है।
- Sea में biomass का pyramid भी generally inverted होता है, क्योंकि fishes का biomass, phytoplankton से बहुत अधिक होता है। क्या यह paradox नहीं हैं? (Paradox $\rightarrow$ contradictory but true) आप इसे कैसे explain करेंगे?
- Energy pyramid का प्रत्येक bar (स्तंभ) energy के amount को indicate करता है।
- यह energy amount दिए गए समय या anually per unit area में प्रत्येक trophic level पर पाया जाता है।

Limitation of Ecological Pyramids

- यह उन species को consider नहीं करती जो दो या दो से अधिक trophic level से सम्बन्धित होती हैं।
- इससे एक simple food chain बनती है, जोकि nature में कभी exist नहीं होती है। इसमें food web को consider नहीं करते हैं।
- Saprophytes का ecological pyramid में कोई स्थान नहीं है, जबकि ये ecosystem में एक vital role निभाते हैं।

14.6 Ecological Succession

- सभी communities की एक महत्त्वपूर्ण विशेषता है कि environmental conditions के बदलने के साथ communities का composition और structure लगातार बदलता रहता है।
- यह change, sequence तथा order में होता है तथा physical environment के बदलाव के parallel होता है।
- अंत में ये changes एक community बनाते हैं, जिसे climax community कहते हैं।
- Climax community, environment के साथ equilibrium के समीप होती है।
- दिए गए area species composition में होने वाले gradual तथा fairly predictable बदलाव को ecological succession कहते हैं।
- Succession के दौरान कुछ species एक area में colonise होती है जबकि दूसरी species की population घटती जाती है और यहाँ तक कि ये disappear हो जाती हैं।
- दिए गए area में communities के entire sequence में होने वाले successive change को sere(s) कहते हैं।
- Individual transitional communities को seral stage या seral communities कहा जाता है।
- Successive seral stages में organisms की species diversity बदलती रहती हैं।
  - Species और organisms की संख्या बढ़ती है।
  - Total biomass बढ़ता है।
- इस संसार में इन दिनों उपस्थित communities, succession के कारण आई है।
- ये succession पृथ्वी पर life की शुरूआत से हो रहे हैं।
- वास्तव में उस समय succession और evolution, parallel processes रहे होंगे।
- Succession उस area में शुरू होता हैं, जहाँ living organism नहीं होते हैं।
  जैसे- (i) ऐसे area जहाँ कभी life उपस्थित नहीं थी—bare rock
  (ii) वह area जहाँ सभी living organism किसी कारण नष्ट हो गए
- Point (i) में होने वाले succession को primary succession तथा point (ii) में होने वाले succession को secondary succession कहते हैं।

Primary Succession

- ये newly cooled lava, bare rock, newly created pond या reservoir में होते हैं।
- Primary succession new biotic community का establish होना generally slow होता है।
- Diverse organism की biotic community को establish होने के लिए वहाँ soil का होना आवश्यक है।
- Bare rock पर fertile soil के बनने के लिए सैकड़ों से हजार वर्ष natural processes होते रहते हैं, जो mostly climate पर depend रहते हैं।

Secondary Succession

- ये उन area में शुरू होता हैं, जहाँ natural biotic community किसी कारण से destroy हो जाते हैं, जैसे-Abandoned farm lands, जले या कटे forest, flooded lands.
- इसमें कुछ soil या sediment उपस्थित होते हैं। इसी कारण से यह primary succession की तुलना में fast होता है।
- Succession का description, usually vegetation में change पर focus रहता है।
- ये vegetational changes कई प्रकार के animals के food और shelter को प्रभावित करते हैं।
- इस प्रकार जैसे-जैसे succession बढ़ता है, animal और decomposers के number और type भी बदलते रहते हैं।
- Primary या secondary succession के दौरान होने वाले disturbance particular seral stage को earlier stage में convert कर सकते हैं।
- ये disturbance, natural या human induced (fire, deforestation, etc.) होते हैं।
- ये disturbances नई conditions भी बनाते हैं, जो कुछ species को encourage तथा अन्य species को discourage या eliminate कर देते हैं।

14.6.1 Succession of Plants

- Habitat के nature के आधार पर
  - पानी या बहुत wet area में होने वाले plant के succession को **hydrarch** कहते हैं।
  - बहुत dry area में होने वाले plant के succession को **xerarch** कहते हैं।
- Hydrarch succession की series, hydric से mesic conditions की ओर progress करती है।
- Xerarch succession की series, xeric से mesic condition की ओर progress करती है।
- इस प्रकार hydrarch और xerarch दोनों succession, medium water condition (mesic) की ओर जाते हैं।
- Bare area में invade करने वाली species को pioneer species कहते हैं।
- Rocks पर primary succession करने वाले usually lichens होते हैं।
- Lichens, rocks को dissolve करने के लिए acid, secrete करते हैं, जो weathering और soil formation में help करते हैं। इसके बाद बहुत छोटे पौधे (जैसे– bryophytes) का जन्म होता है।
- Bryophytes, soil की कम मात्रा को पकड़ने में सक्षम होते हैं। समय के साथ ये bigger plants की ओर बढ़ जाते हैं और कई stages के बाद अंत में stable climax community बन जाती है।
- Climax community तब तक stable रहती हैं, जब तक environment में बदलाव नहीं होता है। समय के साथ xerophytic habitat, mesophyte में बदल जाता है।
- Water में primary succession में small phytoplanktons, poineer होते हैं, जो समय के साथ निम्न प्रकार replace होते हैं

  Small phytoplankton → Free floating angiosperms → Rooted hydrophyte → Sedge → Grasses → Finaly tree.
- Climax फिर से एक forest बन जाता है।
- समय के साथ waterbody, land में बदल जाती है।
- Secondary succession में invade करने वाली species इन factors पर depend करती है
  - Condition of soil, water availability, environment, seed या propagules की presence.
- चूँकि soil यहाँ पहले से रहती हैं, इसलिए succession की rate बहुत fast होती हैं। इसलिए यहाँ climax भी जल्दी पहुँच जाता है।
- Primary succession बहुत slow process होता है।
- Primary succession को climax तक पहुँचने में हजारों वर्ष लगते हैं।
- सभी succession (in wate or on land) एक ही तरह की climax community को जन्म देते हैं—the mesic.

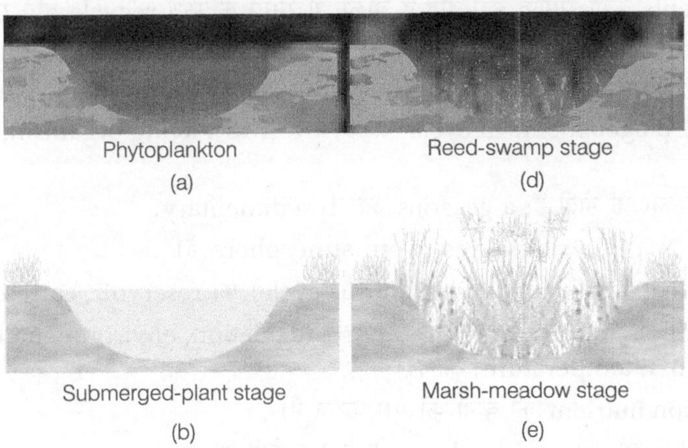

Phytoplankton (a)

Reed-swamp stage (d)

Submerged-plant stage (b)

Marsh-meadow stage (e)

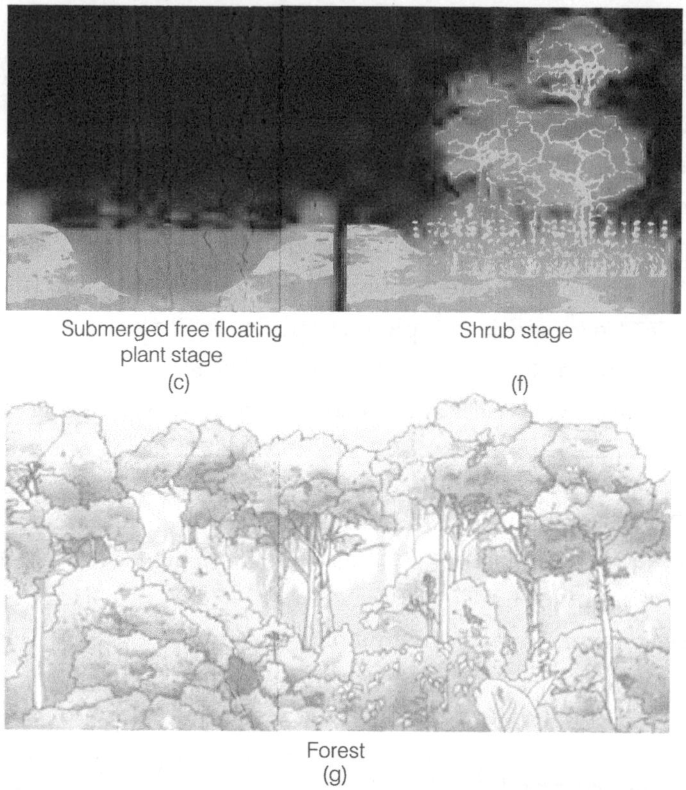

Figure 14.5 Diagrammatic representation of primary succession

14.7 Nutrient Cycling

- Organism को growth, reproduction तथा विभिन्न body functions को regulate करने के लिए लगातार nutrients की आवश्यकता होती है।
- किसी दिए गए समय में soil में उपस्थित C, N, P, Ca, आदि जैसे nutrients के amount को **standing state** कहते हैं।
- Standing state विभिन्न प्रकार के ecosystems में vary करते हैं।
- Standing state, season पर भी आधारित होते हैं।
- Ecosystem में nutrients कभी समाप्त नहीं होते हैं बल्कि ये समय के साथ recycle होते रहते हैं एवं infinite time तक चलते रहते हैं।
- Ecosystem के विभिन्न components द्वारा nutrient का movement, nutrient cycling कहलाता है।
- Nutrient cycling को biogeochemical cycle भी कहते हैं (**Bio :** living organism, **Geo** : rocks, air, water).
- Nutrient cycles दो प्रकार के होती हैं; a-gaseous और b-sedimentary.
- Gaseous cycle (e.g. N_2, C-cycle) का reservoir, atmosphere है।
- Sedimentary cycle (e.g.-sulphur and phosphorus cycle) का reservoir, earth crust है।
- Atmosphere में nutrients के release होने के rate का regulation, environmental factors द्वारा होता है; जैसे-Soil, moisture, pH, temperature, आदि।
- Reservoir का function nutrient की कमी को पूरा करना है।
- ये कमी influx और eflux के rate में imbalance के कारण होती है।

14.7.1 Ecosystem-Carbon Cycle

- Carbon, organism के dry weight का 49% भाग बनाता है और यह पानी के बाद आता है।
- Global carbon की total quantity में से 71% carbon समुद्र में घुली हुई अवस्था में पाया जाता है।
- यह समुद्री carbon, atmosphere में CO_2 की मात्रा को regulate करता है।
  - क्या आप जानते हैं कि total global carbon का लगभग 1% भाग atmosphere में पाया जाता है?

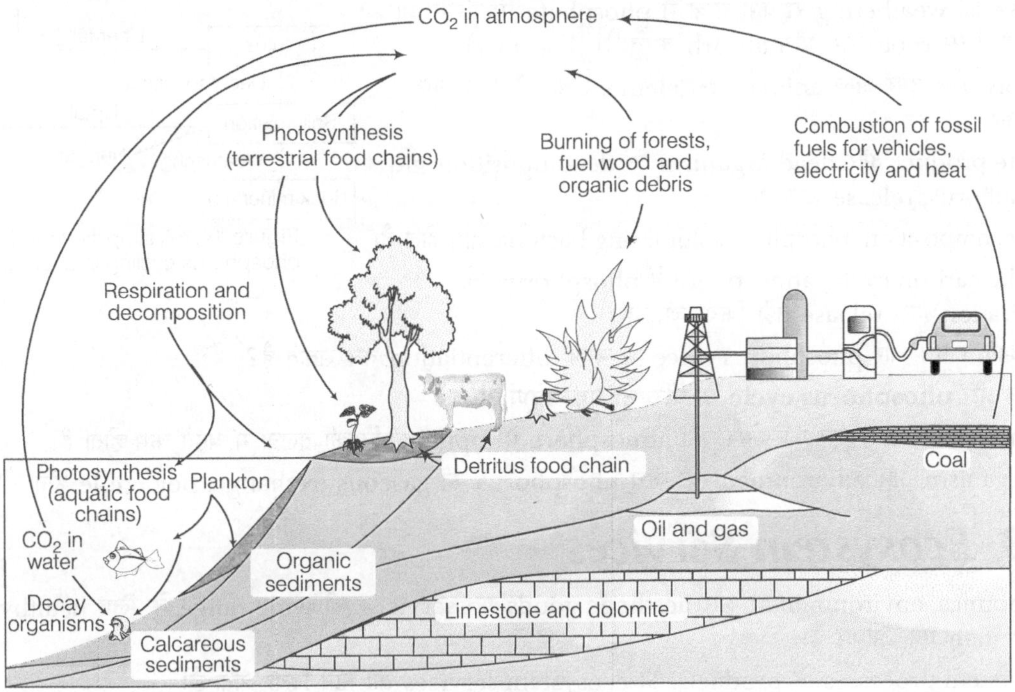

Figure 14.6 Simplified model of carbon cycle in the biosphere

- Fossil fuel भी carbon के reservoir को represent करते हैं।
- Carbon की cycling, atmosphere, ocean और living तथा dead organisms के माध्यम से होती है।
- एक estimate के अनुसार, biosphere में photosynthesis के द्वारा annualy 4×10^{13} kg carbon का fixation होता है।
- Carbon की एक महत्त्वपूर्ण मात्रा CO_2 के रूप में producers और consumers के respiration द्वारा atmosphere में वापस आ जाती है।
- Decomposers, land या oceans के dead और waste organic material की processing करते हैं।
- इस प्रकार CO_2 की काफी मात्रा decomposers द्वारा छोड़ी जाती है।
- Fixed carbon की कुछ मात्रा sediments में नष्ट हो जाती हैं और circulation द्वारा remove की जाती है।
- Atmosphere में CO_2, release होने के additional sources हैं—
  - Burning wood
  - Forest fire, fossil fuel के जलने से
  - Combustion of oganic matter
  - Volcanic activity
- मनुष्य की activities भी carbon cycle को प्रभावित करती है।
  - Rapid deforestation, energy और transport के लिए fossil fuel की burning वातावरण में CO_2 के release होने के rate को significantly बढ़ाते हैं।

14.7.2 Ecosystem-Phosphorus Cycle

- Phosphorus biological membrane, nucleic acids और ETS का महत्त्वपूर्ण constituent है।
- कई animals को अपनी shells, bone और teeth, आदि को बनाने के लिए phosphorus की आवश्यकता होती है।
- Phosphorus का natural reservoir, rock है।
- Rocks में फॉस्फोरस phosphates के रूप में होता है।
- Rocks की weathering से कम मात्रा में phosphate मिट्टी में आ जाता है, जिसे roots द्वारा पौधे absorb करते हैं। (Fig. 14.7)
- Herbivores और अन्य animals इस element को पौधों से प्राप्त करते हैं।
- Waste product और dead organism के decomposition द्वारा phosphorus, release होता है।
- यह decomposition, phosphate-solubilising bacteria द्वारा होता है।
- Unlike carbon cycle, atmosphere में phosphorus को respiration द्वारा release नहीं किया जाता है।

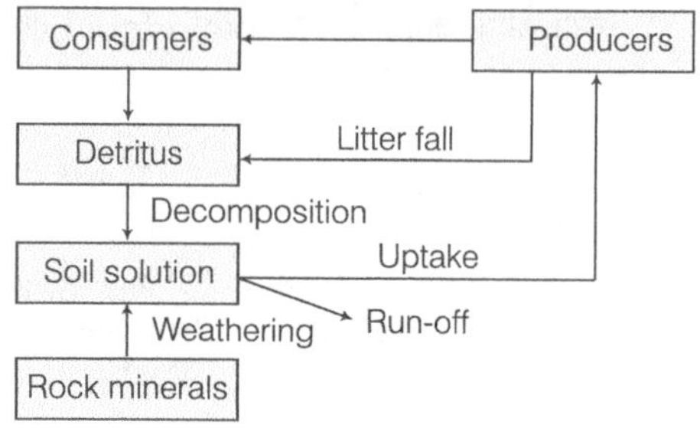

Figure 14.7 A simplified model of phosphorus cycling in a terrestrial

- क्या आप कार्बन और phosphorus cylce के मध्य differentiation कर सकते हैं?

  कार्बन और phosphorus cycle के बीच दो महत्त्वपूर्ण अंतर :
  - Rainfall के माध्यम से फॉस्फोरस का atmosphere में input, कार्बन की तुलना में बहुत कम होता है।
  - Organism और environment के बीच phosphorus का gaseous exchange, negligible होता है।

14.8 Ecosystem Services

- Economics, environmental और aesthetic goods एवं services की wide range के लिए healthy ecosystem एक आधार है।
- Ecosystem processes के products को ecosystem services का नाम दिया जाता है।

  Example : Healthy forest ecosystem की services
  - Air और water को purify करना
  - Draught और floods को कम करना
  - Nutrient की cycling करना
  - Fertile soil को generate करना
  - Wildlife के लिए habitat प्रदान करना
  - Crop का pollination
  - Carbon के लिए storage site प्रदान करना
  - Aesthetic (सौन्दर्य) cultural और spiritual value प्रदान करना, आदि।

  Biodiversity की इन services की value को determine करना कठिन है, परंतु biodiversity को एक hefty price tag प्रदान करना चाहिए।
- Robert Constanza और उनके colleagues ने हाल ही में nature की life supporting services को price tag देने की कोशिश की है।
- Researchers ने fundamental ecosystems services के लिए एक वर्ष का average price tag US $ 33 trillion रखा है। जिसे मुफ्त में मिलने के कारण अधिक use किया जाता है।
  - यह global GNP का लगभग दो गुना है।
  - Global GNP, US $ 18 trillion है।
  - GNP-Gross National Product.
- Various ecosystem services की total cost में
  - Soil formation के लिए 50% है
  - Recreation nutrient cycling, आदि में प्रत्येक 10% से कम का contribution रखती है।
  - Wildlife के लिए climate regulation और habitat में प्रत्येक की cost लगभग 6% है।

Chapter Fifteen

BIODIVERSITY AND CONSERVATION

- यदि किसी दूसरी galaxy से alien आकर हमारे planet earth पर visit करे, तो पहली चीज जो उसे रोमांचित और अचंभित करेगी वो जीवन की व्यापक diversity होगी, जिससे उसका सामना होगा।
- Rich biodiversity मानव को भी रोमांचित और अचंभित करती है।
- Common man के लिए ये विश्वास करना मुश्किल होगा कि—
  20,000 species orchid की, 20,000 species से अधिक ants की, 28000 species fishes की, 300000 species beetles की हैं।
- कुछ questions पूँछ के ecologists और evolutionary biologists biodiversity के महत्व को समझने की कोशिश कर रहे हैं जैसे—
  इतनी सारी species क्यों है?
  क्या इतनी ज्यादा diversity earth के इतिहास में हमेशा थी?
  कैसे diversification हुआ?
  कैसे और क्यों diversity, biosphere के लिए आवश्यक है?
  यदि diversity काफी कम होगी, तब क्या biosphere कुछ अलग तरीके से काम करेगा?
  कैसे diversity of life से human को क्या लाभ हो रहा है?

15.1 Biodiversity

हमारे biosphere में इतनी विशाल diversity (या heterogeneity) न केवल species level पर बल्कि biological organisation के हर level पर, cell के अन्दर macromolecules से biomes तक पायी जाती है।

'Biodiversity' term का उपयोग sociobiologist Edward Wilson द्वारा biological organisation के प्रत्येक level पर present diversity को popularise करने के लिए किया गया।

इनमें से कुछ important है—

(i) Genetic Diversity

- एक single species अपने distributional range में, genetic level पर बहुमत high diversity दिखा सकती है।
- Himalayan ranges पर grow करने वाले medicinal plant ***Rauwolfia vomitoria*** की genetic diversity, उसके द्वारा produce active chemical (reserpine) की potency और concentration से सम्बन्धित हो सकती है।
- India में 50000 से अधिक **rice** की genetically different strain और **1000 mango** की varieties पायी जाती है।

(ii) Species Diversity

- यह diversity species level पर है।
- उदाहरण—**Western Ghats** में amphibians species की diversity Eastern Ghats से अधिक होती है।

(iii) Ecological Diversity

- Ecosystem level पर जैसे भारत के desert, rain forests, mangroves, coral reefs, wetlands, estuaries तथा alpine meadows की ecosystem diversity Scandinavion country जैसे Norway से अधिक है।
- इतनी rich biodiversity को accumulate करने में evolution ने million of years लिए है, परन्तु जिस प्रकार से species का loss हो रहा है तो दो सौ सालों से भी कम समय में ही हम अपनी सारी सम्पदा खो देंगे।
- आजकल संसार को अधिकतर लोगों के लिए इस planet पर हमारी life तथा इसके रख-रखाव के लिए biodiversity तथा इसका conservation एक बेहद important international environmental मुद्दा बना हुआ है।

15.1.1 How Many Species are There on Earth and How Many in India?

- सभी species जिनकी discovery और naming हुई उनके published record है, जिनसे हमें पता चलता है कि इतनी species अभी तक recorded है, पर इस प्रश्न का answer देना मुश्किल होगा कि कितनी species earth पर है।
- IUCN (2004) के अनुसार, plant और animal की total species **1.5 million** से थोड़ा अधिक है। परन्तु इस बात का कोई clear idea नहीं है कि कितनी species discover और described होना बाकी है।
- Estimates काफी vary करते हैं और उनमें से कई के केवल educated guesses है।
- अनेक taxonomic groups के लिए, species की खोज tropical countries की तुलना में temperate में अधिक complete है।
- इस बात को consider करते हुए कि—कई सारी species का tropics में discover होना बाकी है, Biologists ने insects की temperate-tropical species richness का statistical comparison किया और estimate कर निकाला कि earth पर total number of species कितनी है।
- कुछ extreme estimates 20 से 50 million है।
- पर Robert May ने अधिक conservative और scientific esimate देते हुए global species diversity को 7 million बताया।

अभी तक खोजी गई species के आधार पर आओ देखें earth की biodiversity के कुछ interesting पहलू

- Total species में 70% से अधिक animals हैं, जबकि plants (algae, fungi, bryophytes, gymnosperms और angiosperms) की species 22% से ज्यादा नहीं हैं।
- Animals में, insects की species सबसे अधिक है, जोकि total animal species का 70% है, अर्थात् प्रत्येक 10 animal में से 7 insects हैं।
- World में fungi की species fishes, amphibians, reptiles और mammals की combined number of species से अधिक है। (Fig. 5-1)

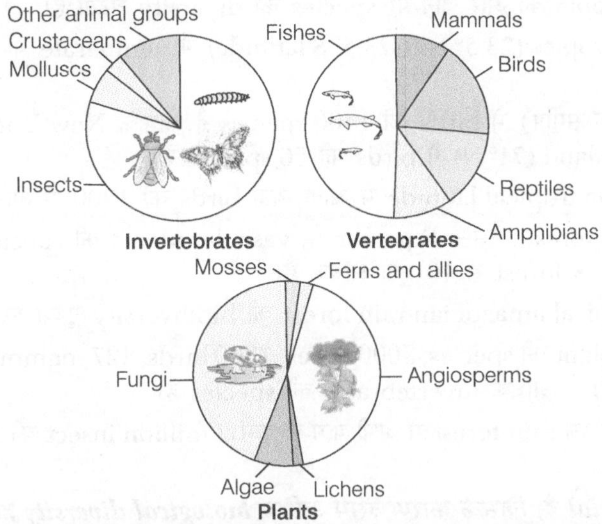

Figure 15.1 Representing global biodilversity: proportionate number of species of major taxa of plants, invertebrates and vertebrates

- Biologists इस बारे में निश्चित नहीं है कि prokaryotes की कितनी species वहाँ पर हो सकती है।
- समस्या यह है कि microbial species के identification के लिए conventional method suitable नहीं है तथा कई species को laboratory condition में simply culture नहीं कर सकते हैं।
- अगर हम biochemical या molecular criteria लगाए तो इनकी diversity millions में होगी।
- जबकि world के land area में India का land area 2.4% है, पर यहाँ पर global species diversity का 8.1% है।
- इसलिए हमारा देश विश्व की 12 mega diversity में से एक है।
- India में लगभग 45000 plants की species और इसका दोगुना animal की species recorded है।
- Robert May के अनुसार अभी तक 22% species ही recorded है।
- अगर इस आँकड़े को India पर लगाए तो 1,00,000 plant और 3,00,000 से अधिक animal की species खोजी जानी बाकी है। क्या हम अपनी biological सम्पदा पूरी खोज पाएँगें? मुश्किल होगा क्योंकि—
  - बहुत सारे taxonomists की आवश्यकता होगी।
  - इस कार्य को समाप्त करने में काफी time लगेगा।
- यह situation और भी hopeless दिखती है, जब हम यह realise करते हैं कि खोजे जाने से पहले ही बहुत से species के extinct होने का खतरा है।
- इससे पहले कि हम सभी species (books) का अध्ययन कर सकें, प्रकृति की biological सम्पदा (libarary) समाप्त हो रही है।

15.1.2 Patterns of Biodiversity

(i) Latitudinal Gradients

- पूरे विश्व में plants और animals की diversity uniform नहीं है बल्कि इसका distribution असामान्य है।
- बहुत से animals व plants में diversity का interesting pattern देखने को मिलता है, जिसमें मुख्य रूप से latitudinal gradient में diversity देखने को मिलती है।
- Generally equator से pole की ओर जाने पर species की diversity घटती है।
- कुछ अपवाद को छोड़कर, tropics (23.5° N to 23.5° S latitude) में, temperate या polar area से अधिक species पायी जाती हैं।
- Colombia (Equador के समीप) में birds की 1400 species हैं, जबकि New York (41° N) में birds की 105 species और Greenland (71° N) में birds की 56 species हैं।
- भारत जिसका अधिकतर area tropical latitude में आता, यहाँ birds की 1200 से अधिक species हैं।
- Tropical region के एक forest, जैसे– Equador में, vascular plants की species USA के midwest में स्थित temperate region के forest से 10 गुना अधिक है।
- South America के tropical amazonian rain forest की biodiversity पृथ्वी पर सबसे अधिक है।
  - यहाँ 40,000 से अधिक plant की species, 3000 fishes, 1300 birds, 427 mammals, 427 amphibians, 378 reptiles और 1,25,000 से अधिक invertebrates की species हैं।
  - वैज्ञानिकों का मानना है कि इस rain forest में अभी कम से कम 2 million insect की species की खोज तथा पहचान बाकी है।

Tropics में ऐसा क्या special है, जिसके कारण उसमें अधिक biological diversity होती है?

- Tropics में अधिक biodiversity को explain करने के लिए ecologists और evolutionary biologists ने कई hypothesis दी है। कुछ प्रमुख निम्न हैं—
  (a) Speciation सामान्यतया time का function है। Temperate regions में past से बार-बार glaciation होता रहा है, जबकि tropic regions लाखों वर्षों से undisturbed रहा है। इसलिए tropics में species diversification के लिए अधिक समय मिला।
  (b) Temperate के विरुद्ध tropical environment कम seasonal होता है अर्थात् अधिक constant तथा predictable होता है।
  - यह constant environment, niche specialisation को promote करता है, जिसकी कारण species की diversity बढ़ती है।
  (c) Tropics में solar energy अधिक available होती है, जिससे productivity बढ़ जाती है, फलस्वरूप diversity भी बढ़ जाती है।

(ii) Species-Area Relationships

- German naturalist और geographer Alexander von Humboldt ने South America के जंगलों के extensive exploration करते समय observe किया कि एक limit तक किसी area की species richness, explored area के बढ़ाने के साथ बढ़ती हैं।

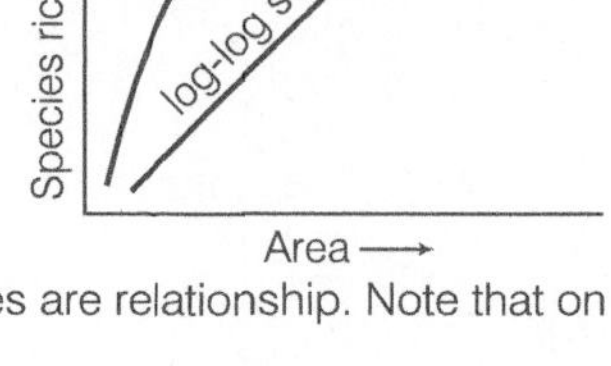

Figure 15.2 Showing species are relationship. Note that on log scale the relationship becomes linear

- Species richness और taxa (जैसे-angiosperm plants, birds, bats, freshwater fishes) की wide variety के area के बीच का relation **rectangular hyperbola** होता है।
- Logarithmic scale पर यह relationship एक straight line को दर्शाता है, जोकि निम्नलिखित equation से describe करते हैं—

$$\log S = \log C + Z \log A$$

जहाँ पर,

S = Species richness
A = Area
Z = Slope of the line (regression coefficient)
C = Y intercept

- Ecologists ने खोजा कि Z की value 0.1-0.2 की range में होती है, बल्कि taxonomic group या region कोई भी हो (जैसे कि Britain के plants या California की birds या New York के molluscs हो, slope of regression amazingly एक ऐसी होती है)।
- बहुत बड़े area जैसे पूरे continents में, species area relationship की line का slope अधिक steeper (तिरछा) होता है। (Z की value 0.6-1.2 होगी)
- उदाहरण अलग-अलग continents के tropical forest की frugivorous birds तथा mammals का slope 1.15 होता है।

इस context में steeper slope का क्या अर्थ है?

- Steeper slope का अर्थ है कि अब area बढ़ाने के साथ species richness और तेजी से बढ़ेगी।

15.1.3 The Importance of Species Diversity to the Ecosystem

क्या किसी community में species की संख्या ecosystem की functioning को वास्तव में प्रभावित करती है?

- Ecologists इस question का सही answer नहीं दे पाए हैं।
- कई decades तक, ecologist मानते रहे कि जिस community में अधिक species होती हैं। वह ecosystem कम species वाली community से अधिक stable होता है।

एक biological community के लिए exact stability क्या है?

Biological community के लिए stability का अर्थ है

- एक stable community में साल दर साल productivity में अधिक variation नहीं होता है।
- ये occasional disturbances (natural या man made) के प्रति resistant या resilient होती है।
- ये alien species के आक्रमण के प्रति भी resistant होती है।

- **David Tilman** ने इन गुणों का species richness से relation बताने के लिए प्रयोगशाला के बाहर भूखण्डों पर लम्बे समय तक experiment किया।
- उन्होनें दिखाया-ऐसे plot जहाँ अधिक species होती हैं, वहाँ साल दर साल total biomass में कम variation देखने को मिलता है।
- उन्होनें यह भी दिखाया कि बढ़ी हुई **biodiversity, productivity** को बढ़ाने में मदद करती है।
- हम नहीं जानते कैसे species richness ecosystem को स्वस्थ रखने के लिए आवश्यक है।
- पर rich biodiversity, ecosystem के लिए ही नहीं बल्कि human के survival के लिए भी आवश्यक है।

क्योंकि species बहुत तेजी से खत्म हो रही है, तो कुछ सवाल बनते हैं—

- ***क्या कुछ species का extinction matter करेगा?***
- ***क्या Western Ghats का ecosystem कम functional हो जाएगा अगर उसकी tree frog की एक species खत्म हो जाए?***
- ***कैसे हमारी life की quality प्रभावित होगी अगर ant की 20,000 में से मात्र 15,000 species ही बची रह जाए?***

- इन सवालों का कोई सीधा जवाब नहीं है पर हम एक उचित सोच के लिए एक analogy (rivet popper hypothesis) का उपयोग कर सकते हैं।
- Stanford ecologist Paul Ehrlich ने 'rivet popper hypothesis' दिया।
- इनके अनुसार, एक airplane (ecosystem) के सभी parts हजारों rivets (species) से जुड़े होते हैं।
- अगर हम एक passenger rivet निकाल-निकालकर घर ले जाए (अर्थात् species का extinct होना) तो शुरूआत में flight safety को प्रभावित नहीं करेगा (अर्थात् ecosystem के कार्य को)।
- पर जैसे-जैसे और rivet निकालेंगे, plane कुछ समय में भयानक रूप से weak हो जाएगा।
- कौन-सा rivet remove करेंगे ये भी critical बात है।
- Seat और window के rivet के loss की तुलना में wings के rivets के loss (keystone species का loss) से flight safety का अधिक डर होगा।

15.1.4 Loss of Biodiversity

- इस बात पर भले ही संदेह है कि speciation के द्वारा नयी species earth की treasury में सम्मिलित होती है।
- पर इस बात में कोई संदेह नहीं है कि यह लगातार घट रही है।
- हमारे planet की biological wealth तेजी से घट रही है, जिसका मुख्य कारण human की activities है।
- Tropical Pacific Islands पर human के जाकर रहने से, वहाँ birds की 2000 से अधिक native birds extinct हो गई हैं।
- IUCN Red List (2004) के अनुसार—पिछले 500 सालों में 786 species (338 vertebrates, 359 invertebrates और 87 plants) extinct हो गई हैं।
- कुछ recent extinction के उदाहरण; जैसे-**dodo (Mauritius), quagga (Africa), thylacine (Australia), Steller's Sea Cow (Russia)** तथा तीन **subspecies (Bali, Javan, Caspian) tiger** की extinct हो चुकी हैं।
- Last के 20 वर्ष अकेले ही 27 species के extinction के अवशेष हैं।
- Record के careful analysis करने से पता चलता है कि taxan का extinction random नहीं है, कुछ group जैसे amphibian पर extinct होने का डर ज्यादा है।
- इस भयानक कथा के सन्दर्भ में एक तथ्य यह भी है कि अभी भी 15,500 से भी ज्यादा species पर लुप्त होने का डर है।
- अभी 12% bird की species, 23% mammal, 31% gymnosperm तथा 32% amphibian की species extinct होने के कगार पर है।
- यदि earth पर fossil record के द्वारा life की history देखें, तो मानव की उत्पत्ति से पहले भी बहुत large scale में species extinct हुई है।
- Life की उत्पत्ति और diversification (> 3 billion years) से अब तक पाँच बार mass extinction हो चुका है।

इस समय sixth extinction प्रगति पर है। यह पहले वालों से किस प्रकार से भिन्न है?

– अन्तर केवल rate में है

- Current extinction rate पहले कि तुलना में 100-1000 गुना अधिक तेज है।

– इस fast rate के लिए हमारी activities जिम्मेदार हैं।

- Ecologists चेतावनी दे रहे हैं कि अगर ऐसे ही extinction चलता रहा, तो अगले 100 सालों में आधी species समाप्त हो जाएगी।

सामान्यतया किसी क्षेत्र की biodiversity के हानि के कारण—

(a) Plant production में कमी आती है।

(b) Environment के disturbance (जैसे—सूख) से resistance में कमी आती है।

(c) Ecosystem processes में variability बढ़ जाती है; जैसे-plant productivity, water use और pest तथा disease की cycle.

Cause of Biodiversity Losses

- विश्व में बहुत तेजी से species के extinct होने का बड़ा कारण मानव की activities है।
 इसके चार मुख्य कारण है, जिन्हें 'Evil Quartet' कहते हैं—

(i) Habitat Loss and Fragmentation

- यह plant तथा animal के extinction का मुख्य कारण है।
- Habitat loss इसका most dramatic example है।
- एक समय tropical rain forest earth के land area का 14% भाग cover करता था, जो अब घट के 6% तक रह गया है।
- यह इतनी तेजी से खत्म हो रहे कि इस chapter को finish करते-करते 1000 hectare और अधिक rain forest समाप्त हो चुके होगें।
- Amazon rain forest (ये इतने बड़े हैं कि इन्हें lung of the planet कहा जाता है) में सम्भवतया करोड़ों species निवास करती हैं।
- इस forest को soybean cultivation के लिए तथा जानवरों के चारागाहों के लिए काटकर साफ कर दिया गया है।
- Total loss के अलावा pollution के कारण भी कई habitat का degradation हुआ, जिसके कारण से कई species के जीवन को भय बना हुआ है।
- Human activities से जब habitat छोटे-छोटे fragments में टूटते हैं, तब बड़ी territories चाहने वाले mammals और birds तथा migration करने वाले बुरी तरह प्रभावित होते हैं, जिसके फलस्वरूप इनकी population में कमी आ जाती है।

(ii) Over-exploitation

- Human हमेशा से खाने और रहने के लिए nature पर depend रहा है। परन्तु जब 'need' लालच में बदल जाती है, तब हम natural resources का over exploitation करने लगते हैं।
- पिछले 500 वर्षों में human के over-exploitation के कारण species exptinct हो चुकी है (Steller's sea cow, passanger pigeon).
- आज काफी अधिक मात्रा में harvesting के कारण से marine fishes की संख्या कम होती जा रही है, जिसके कारण commercially important species पर extinct होने पर संकट है।

(iii) Alien Species Invasions

- जब alien species को किसी उद्देश्य या बिना उद्देश्य के कही introduce करते हैं, तो उनमें से कुछ आक्रमणकारी हो जाती है।
 – जोकि indigenous species में कमी या समाप्त हो जाने का कारण बन जाती है।
- East Africa की Lake Victoria में Nile perch को introduce करने से cichlid fish की 200 species extinct हो गई हैं।
- **Carrot grass (*Parthenium*), Lantana** और **water hyacinth (*Eicchornia*)** जैसे– weed, environment को pollute करते हैं तथा native species के लिए भी बनते हैं।
- हाल ही में illegally African catfish ***Clarias gariepinus*** को aquaculture के purpose से हमारी नदियों में introduce किया गया, परन्तु अब यह catfish, indigenous catfish के लिए संकट बन चुकी है।

(iv) Co-Extinctions

- जब कोई species extinct होती है, तब plant और animal की वह species जो उससे obligate रूप से जुड़ी होती है, वो भी extinct हो जाती है।
- जब कोई host fish species extinct हो जाती है, तब उससे जुड़े parasite का भी यही भविष्य हो जाता है।
- दूसरा example जैसे–co-evolved, **plant-pollinator mutualism** है, जिसमें किसी एक के extinct होने पर दूसरे का भी extinction हो जाता है।

15.2 Biodiversity Conservation

15.2.1 Why Should We Conserve Biodiversity ?

- इसके कई reason हैं, कुछ सार्थक और कुछ कम सार्थक, परन्तु सभी equally important हैं।
  इसे हम 3 category में बाँट सकते हैं—

Narrowly Utilitarian

- Human बहुत सारे economic benefit सीधा nature से लेता है, जैसे– food (cereals, pulses और fruits), लकड़ी, fibre, construction material, industrial product (tannins, lubricants, dyes, resins, perfumes) और medicinal importance के product.
- पूरे विश्व में बिकने वाली 25% से अधिक drugs, plants से derived होती है।
- 25000 plants की species स्थानीय लोगों द्वारा use होने वाली traditional दवाओं के काम आती है।
- कोई नहीं जानता, tropical rain forest में कितने और medicinal plant खोजे जाना बाकी है?
- बढ़ते हुए resources को bioprospective (आर्थिक लाभ के लिए molecular, genetic और species की diversity खोजना) में लगाने से rich biodiversity वाले nation को बहुत benefits हो सकता है।

Broad Utilitarian

- ये biodiversity, nature द्वारा प्रदान ecosystem की services में major role निभाता है।
- बहुत तेजी से घटते amazon forest, photosynthesis से earth atmosphere की total oxygen का 20% बनाते हैं।

  सोचो hospital वाले एक oxygen cylinder पर कितना पैसा लेता है।
- दूसरी service है—pollination (जिसके बिना plant fruit या seed नहीं बना सकते) जो ecosystem-bees, bumblebees, birds और bats के द्वारा provide करता है।

  सोचो बिना nature की help लिए pollination कराना कितना महँगा होता है?

  वनों में घूमते समय, पूरे खिले spring flower को देखना और सुबह bulbul के गीत का आनन्द लेने पर क्या कोई price tag लगा सकते हैं?

Ethical Argument

- हमारे साथ लाखों plants, animal और microbes की species भी इस planet को share करती है।
- दार्शनिक व आध्यात्मिक रूप से हमें यह समझने की आवश्यकता है कि प्रत्येक species की अपनी intrinsic value होती है, चाहे वो economic value के हो या न हो।
- ये हमारी moral duty है कि हम उनकी health की care करे तथा इस biological wealth को future generation के लिए अच्छी अवस्था में रखें।

15.2.2 How to We Conserve Biodiversity ?

- जब हम पूरे ecosystem को सुरक्षित एवं संरक्षित करते हैं, तो हम उसकी biodiversity को प्रत्येक level पर protect करते हैं।
- जैसे हम tiger को save करने के लिए पूरा forest save करते हैं। ये *in situ* (on site) conservation है।
- लेकिन जब कोई plant या animal endangered हो या उसे संकट हो और उसको बचाने के लिए urgent उपाय चाहिए, तब *ex situ* conservation काम में आता है।

In situ Conservation

- Development और conservation के विरोधाभासी होने से कई देशों को पूरी biological wealth को बचाना unrealistic और आर्थिक रूप से असफल लग रहा है।
- निःसन्देह conservation resources की क्षमता से बहुत अधिक संख्या में हमें extinct होने वाली species बचानी है।

- विश्व स्तर पर इस समस्या को conservationist ने उठाया।
- कुछ **'biodiversity hotspot'** (जहाँ species richness हो और जहाँ endemism का स्तर अधिक हो अर्थात् वो species केवल उसी जगह पायी जाती है) वहाँ maximum protection की आवश्यकता है।
- पहले biodiversity hotspot की संख्या 25 थी, जिसमें 9 और जुड़कर अब वो 34 हो गई है।
- Hotspot वो region है, जहाँ habitat loss बहुत तेजी से हो रहा है।
- भारत के तीन hotspots हैं, जहाँ exceptionally biodiversity बहुत अधिक है।
  - Western Ghats and Sri Lanka
  - Indo-Burma
  - Himalaya
- Hotspots earth के total land area का 2% से भी कम भाग cover करते हैं, जबकि यहाँ species की richness बहुत अधिक है।
- इन hotspot को कड़ी protection देकर हम mass extinction को लगभग 30% तक रोक सकते हैं।
- Biosphere reserves, national parks और sanctuaries के रूप में legally, biodiversity rich region को भारत में बचाया जा रहा है।
- भारत में **14 biosphere reserves, 90 national parks** और **448 wildlife sanctuaries** हैं।
- भारत का धार्मिक और cultural tradition का इतिहास भी nature के बचाव पर focus करता है।
- कई culture में, forest, trees और wildlife को पूरी protection दी जाती है।
- ऐसे sacred groves मेघालय की Khasi तथा Jaintia की hills, Rajasthan की Aravalli hills, Karnataka और Maharashtra के Western ghat और Madhya Pradesh के Sarguja, Chanda तथा Bastar में पाए जाते हैं।
- कई सारे rare तथा threatened plants के लिए Meghalaya में sacred groves अन्तिम शरण स्थल की तरह हैं।

Ex situ Conservation

- इसमें, threatened animal या plant को protection और special care देने के लिए उसे उसके natural habitat से बाहर निकालकर special setting में रखा जाता है।
- जैसे-**Zoological parks, Botanical gardens** और **wildlife safari parks.**
- कई animals जंगलों से तो extinct हो गए हैं, परन्तु Zoological park में लगातार maintained हैं।
- आजकल *ex situ* conservation organisms को संरक्षण में रखने के साथ-साथ और भी advance हो गया है।
- आज cryopreservation technique से, threatened species के gametes को long period तक viable और fertile condition में रखा जा सकता है।
- Eggs को *in vitro* fertilise कर सकते हैं और tissue culture method द्वारा plants को propagate कर सकते हैं।
- Commercially importants plants के अलग-अलग genetic strains के seeds लम्बे समय तक seed banks में रखे जा सकते हैं।
- Biodiversity की कोई political boundries नहीं होती है। इसका conservation सभी देशों की सामूहिक responsibility है।
- Biodiversity को बचाकर उसका सही उपभोग करने के लिए सभी देशों की **1992** में **Rio de Janerio** में Biological diversity (The Earth Summit) पर ऐतिहासिक बैठक हुई।
- इस कड़ी में 2002 में **Johannsenburg, South Africa** में 190 देशों ने World Summit on Sustainable Development में शपथ ली कि 2010 तक current biodiversity के loss को global, regional और local स्तर पर काफी काम करेंगे।

Chapter Sixteen

ENVIRONMENTAL ISSUES

- पिछले सैकड़ों वर्षों में human की population size में बहुत अधिक growth हुई है।
- इसका कारण food, water, home, electricity, roads, वाहनों और अनेकों अन्य वस्तुओं की demand में भी वृद्धि हुई है। इन demand से हमारे natural resources पर भी काफी दबाव पड़ रहा है और air, water और soil का pollution बढ़ता जा रहा है।
- हमारी आज की आवश्यकता है कि हम development process को रोके बिना अपने कीमती natural resources को degradation और depletion होने से बचाए और इन्हें pollution से मुक्त रखें।

Pollution

- Air, land, water या soil के physical, chemical या biological characteristics में होने वाले undesirable changes को pollution कहते हैं।
  - इन undesirable changes को लाने वाले agents को pollutant कहते हैं।
- Environmental pollution को control करने के लिए Indian government ने 1986 में Environment (protection) Act को pass किया है। जिससे environment का protection और quality में improvement किया जाता है।

16.1 Air Pollution and Its Control

- हम respiration के लिए air पर depend रहते हैं।
- Air pollutants सभी living organisms को हानि पहुँचाते हैं।
- ये crops की growth एवं पैदावार (yield) कम होने देते हैं और इनके कारण plants की premature death हो जाती है।

- Air pollutants मानव व पशुओं के respiratory system पर harmful effect डालते हैं।
- ये harmful effects, depand करते हैं।
  - Pollutants की concentration पर।
  - Organism और exposure की duration पर।
- Thermal power plants की चिमनियों (smokestacks), smeleters तथा अन्य industries के द्वारा harmless gases जैसे– oxygen व nitrogen, आदि के साथ particulate और gaseous air pollutants भी निकलते हैं।
- Harmless (oxygen, nitrogen) gases को atmosphere में release करने से पहले इन pollutants को filter करके बाहर निकाल देना चाहिए।
- इन particulate matter को अलग करने के अनेक methods उपस्थित है, जिनमें सबसे ज्यादा use होने वाले method का नाम **electrostatic precipitator** है। (Fig. 16.1)

Electrostatic Precipitator

- इनकी thermal power plants के exhaust में उपस्थिति लगभग 99% particulate matters को remove कर देती है।
- इसमें electrode wires होते हैं, जिससे होकर हजारों volts pass होता है, जो corona produce करता है और इससे electrons release होते हैं।
- ये electrons, dust particles से जुड़कर उन्हें net negative charge प्रदान करते हैं।
- Collecting plates नीचे की ओर (grounded) होती है और charged dust particle को अपनी ओर attract करती है। इन plates के बीच air की velocity काफी कम होनी चाहिए, जिससे dust आसानी से नीचे गिर सके।

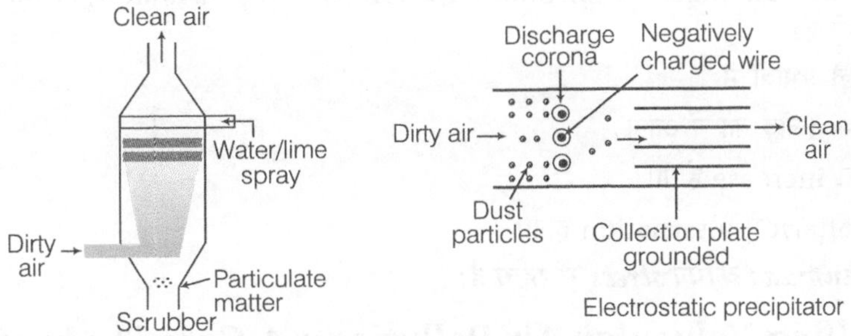

Figure 16.1 Electrostatic precipitator

- Scrubber, sulphur dioxide जैसी gases को remove कर सकते हैं।
- Scrubber में exhaust air को water या lime के spray से होकर गुजारा जाता है।
- हाल ही में हमने उन बहुत छोटे particles के dangers का अनुभव किया है, जो इन precipitators के द्वारा अलग नहीं किए जा सकते हैं।
- Central Pollution Control Board (CPCB) के अनुसार, 2.5 micrometers या कम diameter (PM 2.5) के particulate matter मानव की health के लिए सबसे अधिक हानिकारक है।
- ये fine particles साँस लेने के समय हमारे lungs के अन्दर चले जाते हैं और इनसे breathing और respiratory symptoms, irritation, lungs की inflammation और damage तथा premature death हो सकती है।
- Metro cities में atmospheric pollution का मुख्य कारण automobiles है।
- जिस प्रकार से सड़कों में number of vehicles बढ़ते जा रहे हैं। यह problem अब छोटे cities में भी पहुँच रही है।
- Automobiles के proper maintenance के साथ lead free petrol या diesel का use करने से निकलने वाले pollutant की मात्रा कम हो सकती है।
- Catalytic converters में expensive metals; जैसे– platinum-palladium और rhodium लगे होते हैं, जो catalysts का काम करते हैं।

– ये automobiles में लगाए जाते हैं, जो poisonous gases के emission को कम कर देते हैं।
– जैसे ही exhaust air, catalytic converter से होकर गुजरती है, तो–
- Unburnt hydrocarbon change into → CO_2 and water.
- Carbon monoxide change into → CO_2
- Nitric oxide change into → Nitrogen gas.

– Catalytic converter वाले motor vehicles में unleaded petrol को use करना चाहिए, क्योंकि lead, catalyst को inactivate कर देता है।

- India में 1981 में Air (Prevention and control of pollution) Act लागू किया गया, लेकिन 1987 में इसे संशोधित (amend) करके noise को air pollutent के रूप में include किया गया।

Noise

- Undesired high level की sound को **noise** कहते हैं।
  – हम pleasure और entertainment के लिए loud sound सुनने के आदी हो गए है, लेकिन यह नहीं सोचते कि इसके कारण मनुष्य में psychological और physiological disorders पैदा होते हैं।
  – जितना बड़ा शहर उतना ही बड़ा function और उतना ही अधिक noise है।
  – Jet plane या rocket के take off से समय निकलने वाली 150 dB या उससे अधिक level की sound को थोड़े समय सुनने से हमारे कान के पर्दे damage हो सकते हैं। इस प्रकार व्यक्ति की सुनने की ability हमेशा के लिए impair हो सकती है।
  – शहरों की relatively low noise के chronic exposure के कारण भी हमारे सुनने की ability हमेशा के लिए damage हो सकती है।
  – Noise से होने वाले प्रभावों में
    - Sleeplessness (नींद का न आना)
    - Heartbeat का increase होना।
    - Breathing pattern में alternation होना।

इन सभी कारणों से humans काफी stress में रहता है।

16.1.1 Controlling Vehicular Air Pollution : A Case Study of Delhi

- वाहनों की संख्या काफी अधिक होने के कारण Delhi में air pollution का level देश में सबसे अधिक है।
- Delhi में cars की संख्या Gujrat और West Bengal की तुलना में अधिक है।
- 1990 में world की 41 most polluted cities में Delhi की 4th rank थी।
- Delhi में air pollution की problem इतनी भयानक हो गयी कि India के supreme court में जनहित याचिका (Public Interest Litigation-PIL) दायर की गई।
- Supreme court ने इसकी कड़ी निंदा की और Indian government से एक निश्चित time period में उचित उपाय करने का order दिया, साथ ही यह भी order दिया कि सभी public transport जैसे buses में diesel के स्थान पर CNG (Compressed Natural Gas) का use किया जाए।
- 2002 के अंत तक Delhi की सभी buses को CNG में convert कर दिया गया।

आप पूछ सकते हैं कि CNG Diesel से बेहतर क्यों है?

- इसका answer यह है कि CNG की burning efficiency सबसे अच्छी होती है और बहुत कम मात्रा में unburnt बचता है (जबकि diesel और petrol के मामले में ऐसा नहीं है)।
- CNG, petrol या diesel से सस्ती है, इसे चुराया भी नहीं जा सकता है और इसमें petrol या diesel की तरह adultration (मिलावट) भी नहीं की जा सकती है।
- CNG में परिवर्तित (switching over) करने में मुख्य समस्या distribution points/pumps तक ले जाने के लिए pipeline बिछाने की कठिनाई को लेकर और इसकी uninterrupted supply करने की है।
- Delhi में vehicular pollution को कम करने के लिए अनेक कदम उठाए गए हैं, जैसे–

- Old vehicles को हटाना।
- Unleaded petrol का use करना।
- Low sulphur वाले petrol और diesel का use करना।
- Vehicles में catalytic converters का use करना।
- Vehicle के लिए stringent (कठोर) pollution level norms को लागू करना।

- **Indian government ने नयी auto fuel policy के द्वारा यहाँ के शहरों में वाहनों के pollution को कम करने के लिए road map तैयार किया है।**
  - Fuels के लिए अधिक कठोर norms बनाए गए हैं, ताकि petrol और diesel में धीरे-धीरे sulphur और aromatic content की मात्रा कम की जाए।
    Example Euro-II norms के अनुसार, diesel और petrol में sulphur को control कर क्रमश: 350 और 150 part per million (ppm) किया गया है।
  - Fuel में aromatic hydrocarbon 42% तक limit किया गया है।
  - इस road map के अनुसार, petrol और diesel में sulphur content को reduce कर 50 ppm पर लाकर लक्ष्य को 35% के level तक लाना चाहिए।
  - Fuel के अनुरूप (correspond) vehicle के engines को upgrade करना चाहिए।
- Mass emission standards (Bharat Stage II, जोकि Euro–II norms में equivalent है) India के किसी शहर में लागू नहीं होते हैं। (Table 16.1)
  एक estimate के अनुसार 1997-2005 के बीच, Delhi में CO_2 और SO_2 के level में काफी कमी आयी है।

Table 16.1 : Table showing the mass emission standards in India

Type of Vehicles	Norms	Cities of Implementation
4 Wheelers	Bharat Stage III	Throughout the country since October 2010
4 Wheelers	Bharat Stage IV	13 Mega cities (Delhi and NCR, Mumbai, Kolkata, Chennai, Bangalore, Surat, Kanpur, Agra, Lucknow and Sholapur) since April, 2010
3 Wheelers	Bharat Stage III	Throughout the country since October 2010
2 Wheelers	Bharat Stage III	Throughout the country since October 2010

16.2 Water Pollution and Its Control

- पूरे विश्व में मानव waterbodies में सभी प्रकार के waste को dispose करके इसका दुरुपयोग कर रहा है।
- यदि हम मान भी ले कि water में सभी वस्तुओं को बहा ले जाने की क्षमता होती है, फिर हमें यह नहीं भूलना चाहिए कि waterbodies हमारे साथ-साथ अन्य सभी organisms के लिए जीवन का आधार है।
  क्या आप उन चीजों की list बना सकते हैं, जिन्हें हम river या drains (नालियों) में बहा देते हैं?
- मानव की इन activities से world के अलग-अलग भागों में ponds, lakes, stream, rivers, estuaries और ocean के जल polluted हो रहे हैं।
- Waterbodies की स्वच्छता (cleanliness) की importance को समझते हुए भारत सरकार ने 1974 में **Water** (prevention and control of pollution) **Act** pass किया, ताकि हमारे water resources को pollute होने से बचाया जा सके।

16.2.1 Domestic Sewage and Industrial Effluents

- Cities और towns में जब हम अपने घरों में जल का use करते हैं, तो सभी वस्तुओं को नालियों में बहा देते हैं।
  क्या आपको कभी आश्चर्य हुआ कि हमारे घरों से निकला यह sewage कहाँ जाता है?
  Villages में क्या होता है?
  क्या sewage को पास की river तक ले जाने और उसमें mix करने से पहले उसको treat किया जाता है?
- केवल 0.1% impurities के कारण ही domestic sewage, हमारे use करने के लायक नहीं रहता। (Fig. 16.2)
- Solids को relatively आसानी से remove किया जा सकता है, लेकिन dissolved salts; जैसे– nitrates, phosphates और other nutrients तथा toxic metal ions एवं organic compounds को remove करना कठिन होता है।
- Domestic sewage में मुख्यतया biodegradable organic matters पाए जाते हैं, जिनका decomposition आसानी से हो जाता है।
- हमें उन bacteria और microorganisms को thanks बोलना चाहिए, जो इन organic substances को substrate की तरह use करके अपनी population में वृद्धि कर सकते हैं और इस प्रकार ये sewage के कुछ components का use कर लेते हैं।
- Sewage water में Biochemical Oxygen Demand (BOD) को measure कर उसमें biodegradable organic matter के amount को पता किया जा सकता है।
  क्या आप explain कर सकते हैं कि यह किस प्रकार किया जा सकता है?

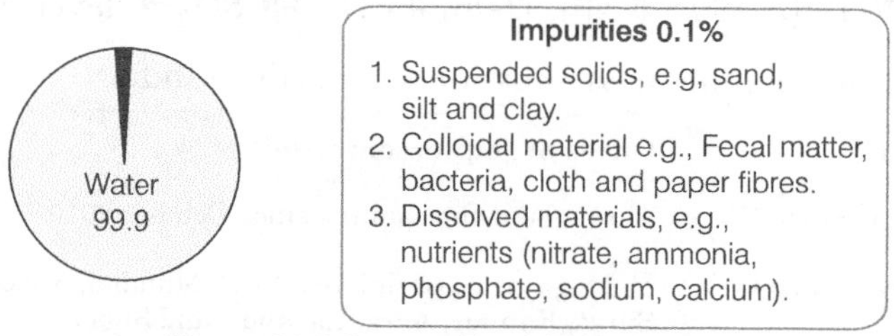

Figure 16.2 Composition of waste water

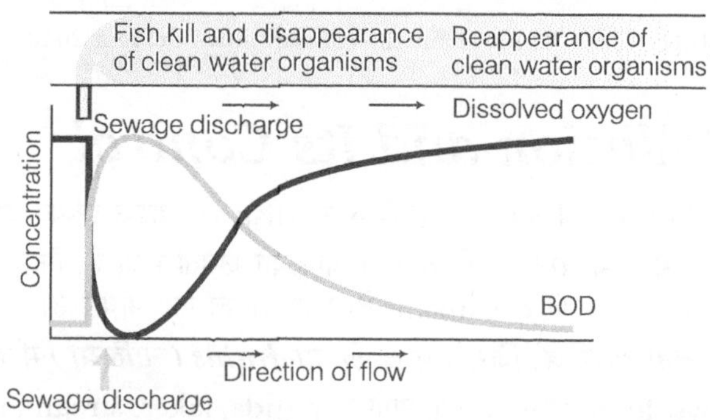

Figure 16.3 Effect of sewage discharge on some important characteristics of a river

- Fig. 16.3 में कुछ changes दिखाए गए हैं, जिन्हें river में sewage के discharge के बाद देखा जा सकता है।
- Waterbodies में organic matters का biodegradation करने वाले microorganism बहुत सारी oxygen को consume कर लेते हैं, जिससे वहाँ dissolved oxygen की मात्रा में तेजी से गिरावट आ जाती है।
  इसके कारण fish और aquatic creatures की mortality (मृत्युदर) बढ़ जाती है।
- जल में काफी कम मात्रा में nutrients की उपस्थिति के कारण planktonic (free floating) algae की growth अधिक हो जाती है, जिसे algal bloom (Fig. 16.4) कहते हैं, इसके कारण water bodies का रंग विशेष (distinct) प्रकार का हो जाता है।

Figure 16.4 Pictorial view of an algal bloom

- Algal bloom के कारण जल की quality घट जाती है और fish की mortality बढ़ जाती है।
- कुछ bloom-forming algae मानव और जानवरों के लिए extremely toxic होते हैं।
- आपने mauve colour (नीले रंग) के beautiful flower को देखा होगा, जो waterbodies में floating plants पर रहते हैं। यह plants अच्छे आकार (appealingly-shaped) के होते हैं।
- ये plants अपने खूबसूरत फूलों के कारण India में लाए (introduce) गए थे, लेकिन अपनी excessive growth के कारण हमारे water ways को block कर तबाही (havoc) मचा रहे हैं। ये हमारी remove करने की ability से अधिक तेज grow करते हैं।
- ये water hyacinth *(Eichhornia crassipes)* plants है, जो world में सबसे अधिक समस्या करने वाले aquatic weed है, जिसे **'Terrer of Bengal'** के नाम से भी जाना जाता है।
- ये eutrophic waterbodies में अधिक grow करते हैं और इसकी ecosystem dynamics को imbalance कर देते हैं।
- हमारे homes और hospitals से निकलने वाले sewage में बहुत सारे undesirable pathogenic microorganisms हो सकते हैं, इन्हें proper treatment के बिना जल में बहाने से dysentery, typhoid, jaundice, cholera जैसी गम्भीर बीमारियाँ हो सकती हैं।
- Unlike domestic sewage, industries; जैसे– petroleum, paper, metal, chemical manufacturing, आदि के wastes water में प्राय: toxic substances विशेष heavy metals और कई प्रकार के organic compounds होते हैं।

(Heavy metals : ऐसे element जिनकी density $> 5\ g/cm^3$ *जैसे– mercury, cadmium, copper lead, etc)*

- Industries के wastewater में प्राय: पाए जाने वाले कुछ toxic substances, aquatic food chain में पहुँचकर biological magnification (Biomagnification) कर सकते हैं।
- Successive trophic level में toxic substance की concentration level में वृद्धि होना **biomagnification** कहलाता है।
  - इसमें organisms द्वारा accumulate किए गए toxic पदार्थ metabolise या excrete नहीं हो सकते और इस प्रकार अगले higher trophic level पर पहुँच जाते हैं।
  - यह phenomena, mercury और DDT में देखी जा सकती है।

Fig. 16.5 aquatic food chain में DDT के biomagnification को show किया गया है।

- Biomagnification के द्वारा DDT की concentration जल में 0.003 ppb (ppb = parts per billion) से start होकर हर successive tropic level में बढ़ती है, जो अंत में fish eating birds में 25 ppm (part per million) तक पहुँच जाती है।
- Birds में DDT की concentration के बढ़ जाने के कारण calcium metabolism disturb हो जाती है, जिसके कारण eggshell thin हो जाते हैं और ये premature stage में break होने का मुख्य कारण है, जिसके कारण से bird की population में कमी आ जाती है।

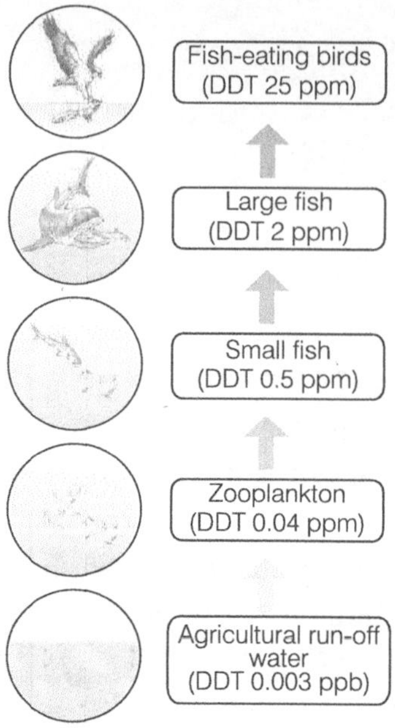

Figure 16.5 Biomagnification of DDT in an aquatic food chain

Eutrophication

- जल में nutrients के enrichment के कारण lakes की natural aging को eutrophication कहा जाता है।
- नई झीलों का पानी ठण्डा और साफ होता है, जिससे इसमें कम organism ही पनप पाते हैं।
- समय के साथ-साथ इसमें बहकर आए nitrogen and phosphorus जैसे nutrients मिल जाते हैं, जोकि aquatic organisms की growth को encourage करते हैं।
- जैसे-जैसे झील की fertility बढ़ती है, plants और animals फलने-फूलने (burgeon) लगते हैं और organic remains lake की bottom में बैठने लगते हैं।
- कई centuries में इसमें जैसे-जैसे silt और organic debris का ढेर लगता जाता है, वैसे-वैसे lake shallow और गर्म होती जाती है।
- Lake में cold environment में रहने वाले organisms के स्थान पर warm water organisms रहने लगते हैं।
- Marsh plants उथली (shallow) जगह पर अपनी roots जमा लेते हैं और lake के basin को भरने लगते हैं। कुछ समय के बाद lake, floating plants (bog) से भर जाता है और filnally धरती में convert हो जाता है।
- Climate, lake के size और other factor के dependency के अनुसार lake की natural aging हजारों वर्षों में होती है। फिर भी मानवों की कई activities जैसे घरों और industries से निकलने वाले pollutant के effluents के कारण aging process में काफी तेजी आ जाती है, इस phenomenon को cultural या accelerated eutrophication कहा जाता है।
- पिछली century में पृथ्वी के कई हिस्सों के lakes का sewage, agricultural तथा industrial wastes के द्वारा तेजी से eutrophication हुआ है।
  - Eutrophication के main contaminants है—Nitrates और phosphates है, जोकि plants के nutrients की तरह काम करते हैं।
  - ये algae की growth को overstimulate कर देते हैं, जिसके कारण
    - झील में मैल (scum), दुर्गन्ध (odor) हो जाती है।
    - Aquatic life के लिए आवश्यक dissolved oxygen समाप्त या चोरी हो जाती है।
    - साथ ही lake में बहकर आने वाले अन्य pollutants, fish की पूरी population को poisonous कर सकते हैं, जिनके decomposition के remains से जल में घुली oxygen की मात्रा और कम हो जाती है।

    इस प्रकार lake वास्तव में घुटकर मर सकती है।

Thermal Wastewater

- Thermal power plants; जैसे– electricity generating units से निकलने वाले heated (thermal) wastewater एक अलग तरह की pollutant category बनाता है।
- Thermal wastewater से high temperature के प्रति sensitive organisms की संख्या कम हो जाती है।
- Extreamly cold area में वहाँ के indigenous, flora और fauna को damage करने के बाद वहाँ plants और fish की growth को बढ़ा भी सकता है।

16.2.2 A Case Study of Integrated Wastewater Treatment

- Sewage wastewater का treatment artificial और natural दोनों processes को मिलाकर integrated manner में किया जा सकता है। इस initiative का example Arcata town है, जो California के Northern coast पर स्थित है।
- Humboldt state university के biologists के सहयोग से शहर के लोगों ने natural system के अन्दर integrated wastewater treatment process तैयार किया।
  - Cleaning दो stage में होती हैं

  (i) Conventional Sedimentation
  - इसमें filtering और chloring treatment दिया जाता है।
  - इस stage के बाद भी बहुत dangerous pollutant जैसे heavy metals काफी मात्रा में घुले रह जाते हैं। इसे दूर करने के लिए एक नयी approach का प्रयोग किया गया।

  (ii) Biologists ने लगभग 60 hectares के marsh land में आपस में जुड़े हुए 6 marshes की एक series develop की।
  - इस area में appropriate plants, algae, fungi और bacteria छिड़के गए, जो pollutants को neutralise, absorb और assimilate करते हैं।
  - इसलिए marshes से होकर गुजरने वाला जल naturally purified हो जाता है।
- Marshes एक sanctuary की तरह कार्य करता है, जहाँ fishes, animals और birds के रूप में high level biodiversity होती है, जो अब वहाँ रहते हैं।
  - इस wonderful project की सुरक्षा और देखभाल एक citizen group द्वारा की जाती है, जिसे **Friends of the Arcata Marsh** (Foam) कहा जाता है।
- अभी तक हम यह मानते रहे हैं कि wastes के removal के लिए water की requirement होती है अर्थात् sewage creation.

  Human waste जैसे excreta को dispose करने के लिए यदि जल न हो तो क्या होगा? क्या आप imagin कर सकते हैं कि यदि toilet को flush न करना पड़े तो कितना जल save होगा? वास्तव में यह एक reality है।
- Human excreta की handling के लिए ecological sanitation एक sustainable system है, जिसमें dry composting toilets का प्रयोग किया जाता है।
  - यह human waste के disposal का practical hygienic, efficient और कम cost वाला तरीका है।
  - Composting method के द्वारा human excreta को recycle करके natural fertiliser के रूप में change किया जा सकता है, जिससे chemical fertilisers की आवश्यकता कम हो जाती है।

  Kerala और Sri Lanka के कई भागों में 'Ecosan' toilets का use हो रहा है।

16.3 Solid Wastes

- वे सभी वस्तुएँ जो कबाड़ (trash) समझ कर फेंक दी जाती हैं, उन्हें solid wastes कहा जाता है।
- Municipal solid wastes में homes, offices, stores, schools, hospitals, आदि से फेंके गए waste आते हैं, जो municipality द्वारा collect कर dispose किए जाते हैं।
- Municiple solid wastes में सामान्यतया paper, food wastes, plastics, glass, metals, rubber, leather, textile, आदि होते हैं।

- Waste को जलाने से इसके volume में कमी आती है, यद्यपि ये पूरी तरह से जलते नहीं हैं तथा खुले में फेंकने से यह rats और flies के लिए breeding ground का काम करते हैं।
- Open burning dumps के स्थान पर sanitary landfills को adopt किया गया था।
- Sanitary landfills में wastes को compaction के बाद trench (खाई) या depression में डाला जाता है और प्रतिदिन उसे dirt से cover करते हैं।

यदि आप किसी town या city में रहते हैं, तो क्या आपको पता है कि सबसे nearest landfill site कहाँ है?

- Metros में बहुत अधिक garbage होने लगा है, जिससे ये sites भी भर जाती है इसी कारण अब landfills भी अच्छा solution नहीं है। इन landfills से chemicals के रिसाव (seepage) का संकट होता है, जिससे underground water resources भी polluted हो जाते हैं। इन सभी का केवल एक ही solution है कि हम सभी को environment के प्रति अधिक sensitive होना चाहिए।
- हमारे द्वारा generate सभी wastes को 3 categories में रखा गया है
  (i) biodegradable (ii) recyclable (iii) non-biodegradable
- जिसे recycle या reuse किया जा सकता हो, उसे separate करना चाहिए।
- हमारे Kabadiwallahs और rag-pickers, recycling में जाने वाले materials को separate करने का बड़ा काम करते हैं।
- Biodegradable materials को ground में गहरे गड्ढे में रखा जा सकता है और natural रूप से breakdown होने के लिए छोड़ दिया जाता है। इसके बाद non-biodegradable को dispose off करना शेष रह जाता है।
- हमारा main goal यह होना चाहिए कि garbage कम से कम generate हो, लेकिन इसके स्थान पर हम लोग non-biodegradabel products का use अधिक करते जा रहे हैं।

किसी अच्छी quality की खाद्य सामग्री के readymade पैकेट जैसे biscuit packet की packaging में क्या आप कई protective layers को देखते हैं?

– आप देखेंगे कि उसमें से atleast एक layer plastic की होती है।

- हम अपने daily use products; जैसे– milk और water को भी polybags में pack करने लगे हैं।
- Cities में fruits और vegetables भी beautiful polysterens और plastic में pack करके दी जाती हैं।

हमें इसकी काफी कीमत चुकानी पड़ती है और हम करते क्या हैं?

– हम environment को pollute करने में सहयोग कर रहे हैं।

- देश में सभी state government इस बात की कोशिश कर रही है कि plastic का bag का उपयोग कम करके ecofriendly packaging का use किया जाए।
- हमारी कोशिश होनी चाहिए कि जब भी हम shopping पर जाए, तो अपने साथ कपड़े या natural fibre से बने carry bags लेकर जाए और polythene से बने bags को लेने से मना कर दें।
- Hospitals से भयानक wastes निकलते हैं, जिसमें disinfectants, harmful chemicals और pathogenic microorganisms भी पाए जाते हैं। ऐसे wastes का careful तरीके से treatment और dispose करना चाहिए।
- Hospital wastes को dispose करने के लिए incinerators का use आवश्यक है।
- ऐसे computers और electronic goods जिन्हें repair नहीं किया जा सकता, उन्हें **electronic wastes (*e*-wastes)** कहते हैं।
- E-wastes को भूमि में गड्ढा खोदकर (landfill) कर दबाते हैं या incinerator में डालकर जला दिया जाता है।
- Developed country से generate होने वाले *e*-wastes का आधे से अधिक भाग developing country जैसे–India, China तथा Pakistan में export कर दिया जाता है, जबकि copper, iron, silicon, nickel और gold जैसे metals को recycling द्वारा recover किया जाता है।
- Developing countries में *e*-wastes की recycling, manually की जाती है, जिसके कारण workers, *e*-wastes में उपस्थित toxic substances के सम्पर्क में आ जाते हैं।
- Developed countries में *e*-wastes की recycling के लिए special facilities बनाई गयी है।
- *e*-wastes के treatment का एकमात्र उपाय recycling है। यदि इसे environment-friendly तरीके से किया जाए।

16.3.1 Case Study of Remedy for Plastic Waste

- Bengaluru में plastic की बोरी बनाने वाले 57 वर्ष के Ahmed Khan ने plastic waste की लगातार बढ़ती हुई समस्या का एक ideal solution ढूँढ लिया है।
- पिछले 20 सालों से plastic की बोरिया बना रहे खान ने लगभग 8 साल पहले महसूस किया कि plastic wastes एक real problem है।
- उनकी company ने recycled modified plastic से polyblend नाम का एक बारीक powder तैयार किया। इस mixture को bitumen के साथ मिलाकर road बनाने में प्रयोग किया है।
- Ahmed Khan ने R.V. College of Engineering और Bengaluru city corporation के सहयोग से polyblend और bitumen के blend को roads बनाने में प्रयोग किया, तो पाया कि bitumen's में water repellant की properties बढ़ गई और इसके कारण road की life तीन गुना बढ़ गई।
- Polyblend बनाने में plastic film waste को raw material के रूप में use किया जाता है।
- Plastic wastes के लिए कचरा बीनने वालों (rag picker) को जहाँ Rs. 0.40 per kg मिलता था, अब खान से उन्हें Rs. 6 per kg मिलने लगा है।
- Bengaluru में Khan की technique का use करते हुए 2002 तक लगभग 40 km से अधिक road बनाई जा चुकी हैं।
- इस rate से जल्द ही Khan को Bengaluru में polyblend बनाने के लिए plastic wastes की होने लगेगी।

16.4 Agro-Chemicals and Their Effects

- Green revolution के चलते crop production बढ़ाने के लिए inorganic fertilisers और pesticides का उपयोग कई गुना बढ़ गया है और अब pesticides, herbicides, fungicides, आदि को बहुत अधिक use किया जाने लगा है।
- ये सभी non-target organisms के लिए toxic होते हैं, जो soil ecosystem के महत्त्वपूर्ण components है।

  *क्या ये **terrestrial ecosystem** में biomagnified हो सकते हैं?*

  हम जानते हैं कि chemical fertilisers की मात्रा को बढ़ाते जाने से aquatic ecosystem vis-a-vis eutrophication पर क्या प्रभाव होगा।
- इसलिए agriculture की current problems अधिक गम्भीर है।

16.4.1 Case Study of Organic Farming

- Integrated organic farming एक cyclic, zero waste procedure है, जिसमें एक process में बनने वाला waste product दूसरे process में nutrients के रूप में use हो जाता है।
- इसके कारण resource का उपयोग अधिक होने के साथ-साथ production efficiency भी बढ़ जाती है।

  Ramesh Chandra Dagar नामक Sonipat Haryana का एक farmer यहीं कर रहा है।
- इसने beekeeping, dairy management, water harvesting, composting और agriculture को chain process में include किया, जो एक-दूसरे को support करते हैं और इस प्रकार यह एक extremely economical और sustainable venture बन जाता है।
- Crop के लिए chemical fertilisers की आवश्यकता नहीं होती है, जबकि cattle excreta (dung) का उपयोग **manure** (खाद) की तरह किया जाता है।
- Crop wastes को compost बनाने में प्रयोग किया जाता है, जो natural fertiliser के रूप में use होते हैं या farm के लिए आवश्यक energy को पूरा करने के लिए natural gas बनाने में भी use हो सकते हैं।
- इस information को फैलाने और integrated farming को बढ़ावा देने के लिए Dagar ने Haryana Kishan Welfare Club बनाया, जिसमें इस समय 5000 farmers हैं।

16.5 Radioactive Wastes

- शुरूआत में nuclear energy को electricity generation में non-polluting विधि मानी जाती थी।
- बाद में इस बात को realise किया गया कि nuclear energy के use में दो बहुत गम्भीर problems inherent है।
  - पहली problem, accidental leakage है, जैसा कि Three Mile Island और Chernobyl की घटनाओं में हुआ था।
  - दूसरी समस्या radioactive wastes के safe disposal की है।
- Nuclear wastes निकलने वाले radiation, organisms के लिए बहुत harmful होते हैं, क्योंकि इसके कारण काफी high rate में mutation होते हैं।
- Nuclear radiation की high dose काफी lethal या जानलेवा होती है, लेकिन कम मात्रा भी कई disorders उत्पन्न करती है। इससे सबसे अधिक cancer होने की possibility होती है।
- इसलिए nuclear wastes सबसे potent pollutant है और इसके लेन-देन में सावधानी रखने की आवश्यकता होती है।
- यह सिफारिश की गई है कि nuclear wastes को पर्याप्त pre-treatment करने की बाद shielded containers में भरकर चट्टानों के नीचे लगभग 500 metre की गहराई में दबाकर store करना चाहिए।
  - *जबकि disposal के इस method का भी जनता में कड़ा विरोध है।*

16.6 Greenhouse Effect and Global Warming

- Greenhouse effect शब्द greenhouse में होने वाले phenomenon से derive किया गया है।

  क्या आपने कभी greenhouse देखा है?
- यह एक small glass house की तरह दिखता है, जिसका use विशेषकर winter में plants को grow करने के लिए किया जाता है।
- Greenhouse में लगे glass panel प्रकाश को अन्दर आने देते हैं, लेकिन heat को बाहर जाने से रोक देते हैं। इसलिए greenhouse गर्म बना रहता है, ठीक उसी तरह से; जैसे– धूप में खड़ी parking car गर्म हो जाती है।
- Greenhouse effect एक natural phenomenon है, जोकि earth surface और atmosphere को गर्म रखने का काम करता है।
- आपको जानकर आश्चर्य होगा कि greenhouse effect के बिना पृथ्वी का average temperature 15°C न होकर बहुत ही ठंडा –18°C तक हो जाएगा।
- Greenhouse effect को समझने के लिए यह जानना आवश्यक है कि सबसे बाहरी atmosphere में पहुँचने वाली sun energy का क्या होता है? (Fig. 16.6)
- Earth की ओर से आने वाली sun radiation का 1/4 part बादलों और gases से reflect हो जाता है और कुछ part absorb हो जाता है, लेकिन लगभग आधी incoming solar radiation पृथ्वी की surface पर पड़ती है और उसे गर्म करती है। इसका कुछ part वापस reflect हो जाता है।

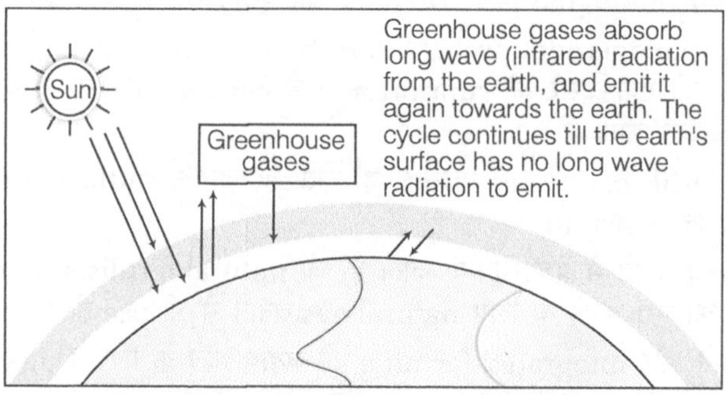

Figure 16.6 Sunlight energy at the outermost atmosphere

- Earth surface, infrared radiation के form में heat re-emit करती है, लेकिन इसका बहुत छोटा part ही space में जाता है, क्योंकि इसका काफी part, atmosphere में उपस्थित CO_2, methane जैसी गैसों द्वारा absorb कर लिया जाता है।

- इन gases के molecules, heat energy को radiate करते हैं और इसका major part earth surface पर वापस आकर पुन: इसे गर्म करता है।
  - यह cycle कई बार repeat होती है।
- दी हुई gases में CO_2 और methane को सामान्यतया greenhouse gases के रूप में जाना जाता है, क्योंकि ये greenhouse effect के लिए responsible होती है। (Fig. 16.7)

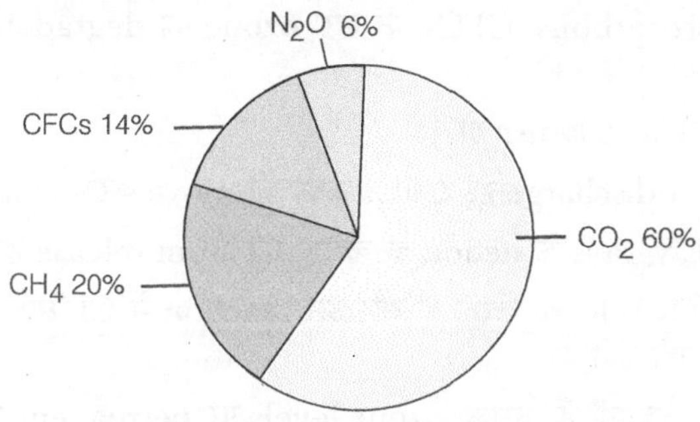

Figure 16.7 Relative contribution of various greenhouse gases to total global warming

- Greenhouse gases के level के increase होने से earth की surface का temperature बढ़ जाता है, जिसके कारण global warming होती है।
- पिछली century में earth का temperature 0.6° C तक बढ़ गया है, इसमें अधिकतर वृद्धि last 3 decades (दशकों) में ही हुई है।
- Scientists का मानना है कि इस temperature rise के कारण environment में हानिकारक changes होते हैं, जिसके परिणामस्वरूप odd climatic changes (e.g. El Nino effect) होते हैं।
  - इसके कारण polar ice तथा Himalaya की चोटियों पर snow cap का पिघलना बढ़ जाता है।
- कई वर्षों के बाद इससे sea का level बढ़ेगा, जो कई coastal areas को डुबो देगा।
- Global warming से होने वाले बदलाव को total spectrum अभी भी active research का विषय है।

हम global warming की रोकथाम कैसे कर सकते हैं?

इसका solution है–

- Fossil fuel के use को कम करना।
- Energy usage की efficiency में सुधार करना।
- Deforestation को रोकना
- नए trees को लगाना।
- Human population growth को slow करना।

- Atmosphere में greenhouse gases के emission को कम करने के लिए कई International initiatives भी लिए गए हैं।

16.7 Ozone Depletion in the Stratosphere

- Lower atmosphere (troposphere) में bad ozone बनती है, जो plants और animals को हानि पहुँचाती है।
- 'Good' ozone, atmosphere के ऊपरी भाग अर्थात् stratosphere में पायी जाती है। यह sun से निकलने वाली UV-rays को absorb करने वाले shield (कवच) का काम करती है।
- UV-rays, living organisms के लिए highly injurious होती है।
- Living organism के DNA और protein, UV-rays को absorb करते हैं और इसकी high energy इन molecules के chemical bonds को break कर देती है।

- Atmosphere के ground से लेकर top तक के air column में ozone की thickness को Dobson Unit (DU) में measure करते हैं।
- Molecular oxygen पर UV-rays के action द्वारा ozone gas लगातार बनती रहती है और stratosphere में इसका molecular oxygen में degradation भी होता रहता है।
- Stratosphere में ozone के production और degradation के मध्य balance होना चाहिए।
- हाल में (of late) Chlorofluorocarbons (CFCs) के द्वारा ozone का degradation बढ़ जाने से इसका balance बिगड़ गया है।
- CFCs, refrigerants के रूप में widely use हो रही है।
- Atmosphere के lower part में discharge हुई CFCs ऊपर को move करके stratosphere में पहुँचती है।
- Stratosphere में CFCs पर UV-rays के action के कारण Cl atom release होते हैं।
- Cl, ozone को degrade कर O_2 release करती है और इस reaction में Cl सिर्फ enzyme की तरह कार्य करती है, इसलिए Cl atom, consume नही होते हैं।
- Stratosphere में जो भी CFCs जुड़ती है, उसका ozone levels पर permanent और continuous प्रभाव पड़ता है।
- Stratosphere में ozone का depletion widely होता रहता है, लेकिन यह depletion particularly, Antarctic region में अधिक होता है।
- Antarctic region के large area में ozone layer पतली (thin) हो गई है, जिसे commonly ozone hole कहते हैं। (Fig. 16.8)
- UV-B से छोटी wavelength वाली UV radiation पृथ्वी के atmosphere द्वारा लगभग पूरी तरह absorb हो जाती है, लेकिन शर्त यह है कि ozone layer ज्यों की त्यों (intact) रहे।
- UV-B, DNA को damage करती है और mutation हो सकता है। इसके कारण skin aging, skin cell की damaging और various type के skin cancers हो सकते हैं।
- Human eye की cornea, UV-B radiation का absorption करती है तथा UV-B के high dose के कारण cornea में inflammation हो जाती है, जिसे snow-blindness, cataract, आदि कहा जाता है।
  - ऐसे exposure से cornea, permanently damage हो सकती है।
- Ozone depletion के हानिकारक प्रभाव (deleterious affects) को देखते हुए 1987 में montreal (Canada) में एक international treaty पर sign हुए, जिसे **montreal protocol** कहा जाता है।
  - Ozone depleting substances के emission को control करने के लिए यह treaty (सन्धि) 1989 से प्रभावी हुई।
  - Protocols में developed और developing countries के लिए अलग-अलग definite road maps जोड़े गए, जिससे कि CFCs और अन्य ozone depleting chemicals का emission कम किया जाए।

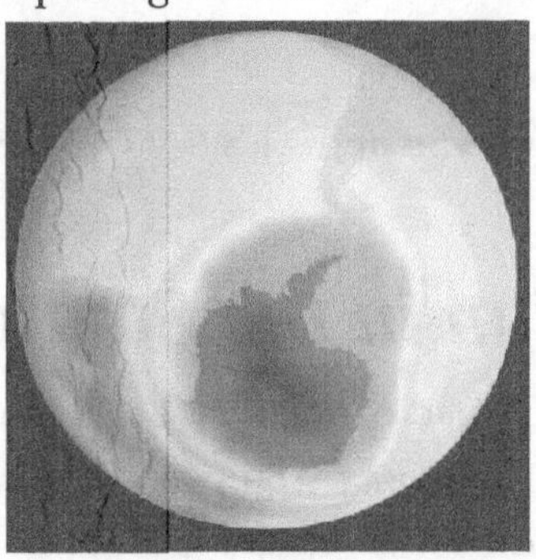

Figure 16.8 Ozone hole is the area above Antarctica, shown in purple colour, where the ozone layer is the thinnest. Ozone thickness is given in Dobson unit (see carefully the scale shown in colour violet to red). The ozone hole over Antarctica develops each year between late August and early October Courtesy : NASA

16.8 Degradation by Improper Resource Utilisation and Maintenance

- Natural resources का degradation केवल pollutants के कारण ही नहीं बल्कि resources के improper utilisation के कारण भी होता है।

16.8.1 Soil Erosin and Desertification

- Top soil के fertile होने में सैकड़ों वर्ष (centuries) लग जाते हैं, लेकिन human activity के कारण इसे easily remove किया जा सकता है, जिसके कारण land पर arid patches बन जाते हैं।
- Human activities; जैसे–over cultivation, unrestricted grazing, deforestation and poor irrigation practices.
- एक समय के बाद large barren patches के फैलने और मिलने से desert बनते हैं।
- Desertification आजकल एक मुख्य समस्या है, जिसका particular कारण urbanisation (शहरीकरण) का बढ़ना है।

16.8.2 Waterlogging and Soil Salinity

- Proper water drainage के बिना irrigation(सिंचाई) करने के कारण soil में waterlogging हो जाती है।
- Crop को affect करने के साथ-साथ इससे soil की surface पर salts आ जाते हैं।
- यह salt, land की surface पर एक thin crust के रूप में जमा हो जाते हैं या plants की root पर collect होने लगते हैं।
- Salts की बढ़ी हुई मात्रा crop की growth के लिए हानिकारक होती है और agriculture के लिए extremely damaging भी।
- Waterlogging और soil salinity कुछ ऐसी problems है, जो green revolution के कारण आयी है।

16.9 Deforestation

- Forested area का non-forested area में बदलना deforestation कहलाता है।
- एक अनुमान के अनुसार tropics के लगभग 40% और temperate के 1% forest नष्ट हो चुके हैं।
- आजकल भारत में deforestation की वर्तमान स्थिति गम्भीर है।
- 20th century की शुरुआत में, forests भारत की 30% land घेरता है, जो अब घटकर 19.4% रह गया है।
- भारत की National Forest Policy (1988) ने plains के लिए 33% forest area और hills के लिए 67% forest area की सिफारिश की है।

Deforestation कैसे होता है?

- इसमें कई सारी human activities का योगदान है।
- Deforestation का मुख्य कारण बढ़ती population को feed करने के लिए forest को खेती करने लायक भूमि में बदलना है।
- Trees को इमारती लकड़ी (timber), firewood, cattle renching (पशु-फर्म) और अन्य कई उद्देश्यों के लिए काटा जाता है।
- भारत के North-Eastern राज्यों में slash और burn agriculture (जिसे सामान्यतया Jhum cultivation कहते हैं) ने deforestation में बढ़ावा दिया है। इसमें farmers जंगलों के पेड़ों को काटकर plants के अवशेषों को जला देते हैं।
- राख को fertiliser के रूप में और जमीन का प्रयोग farming या cattle grazing के लिए प्रयोग करते हैं।
- Cultivation के बाद area को कई वर्षों तक recovery के लिए छोड़ दिया जाता है।
- Farmer दूसरे area में जाकर फिर इस process को repeat करते हैं।
- पहले जब Jhum cultivation चरम पर था, तब land को cultivation के प्रभाव से उभरने में काफी समय देना पड़ता था।
- Population बढ़ने और बार-बार cultivation के कारण recovery phase सम्भव नहीं होता और जिसके फलस्वरूप deforestation होता है।

Deforestation के क्या-क्या परिणाम है?

- Carbon dioxide की concentration वातावरण में बढ़ जाती है, क्योंकि tree अपने biomass में काफी अधिक carbon रखते हैं, जो deforestation के कारण नष्ट हो रहे हैं।
- Deforestation के कारण habitat नष्ट होने से biodiversity में कमी आती है।
- Hydrologic cycle disturb होती है।
- Soil erosion होता है।
- Extreme cases में desertification होता है।

- ***Reforestation*** वह process है, जिसमें उस forest को फिर से लगाया जाता है, जो पहले कभी उपस्थित था और बाद में उसे destroy कर दिया गया हो। Deforested area में reforestation naturally भी हो सकता है, फिर भी trees लगाने से इस कार्य में तेजी ला सकते हैं।
- ऐसा करते समय उस area में पहले से उपस्थित biodiversity का भी proper ध्यान रखा जाता है।

16.9.1 Case Study of People's Participation in Conservation of Forests

- भारत में लोगों के participation का लम्बा इतिहास है।

1731 में Rajasthan के राजा ने एक नए palace के निर्माण के लिए अपने एक minister से लकड़ी की सामग्री करने के लिए कहा। राजा के मन्त्री और workers लकड़ी काटने के लिए एक गाँव के पास जंगल में गए, जहाँ Bishnoi परिवार के लोग रहते थे। Bishnoi community, nature के साथ शांतिपूर्ण रूप से रहने के लिए जानी जाती है। Bishnoi ने पेड़ काटने का खुला विरोध किया। एक Bishnoi महिला Amrita Devi ने अद्भुत साहस दिखाते हुए पेड़ से चिपक गयी। उसने राजा के लोगों से कहा कि trees काटने से पहले मुझे काटने का साहस करो। उसके लिए पेड़ की रक्षा उसकी life से बढ़कर थी। दुख की बात है कि King के लोगों ने उसकी बातों पर ध्यान न देते हुए पेड़ के साथ-साथ Amrita Devi को काट दिया। उसके बाद उसकी तीन बेटियों तथा Bishnoi community के सैकड़ों लोगों ने tress की रक्षा में अपने प्राण गवाँ दिए।

- History में कहीं भी इस स्तर के commitment का कोई उदाहरण नहीं है, जहाँ environment को बचाने के लिए मानव ने अपना बलिदान किया हो।
- हाल ही में, Indian government ने Amrita Devi Bishnoi Wildlife Protection Award देना शुरू किया है।
- ये award rural area के ऐसे लोगों या communities को दिया जाता है, जिन्होंने wildlife को protect करने में extraordinary साहस और समर्पण दिखाया हो।
- आपने Himalaya के Garhwal के **chipko movement** के बारे में सुना होगा।
- 1974 में, ठेकेदारों द्वारा काटे जा रहे trees की रक्षा के लिए इससे चिपक कर local women ने काफी बहादुरी दिखाई। पूरे world ने chipko movement की सराहना की है।
- Local communities के participation के importance को समझते हुए government ने 1980 में **Joint Forest Management** (JFM) का concept लागू किया। इसमें local communities के साथ मिलकर forest का management और protection किया गया।
- Forest के प्रति उनकी सेवाओं के बदले में इन communities को forest के उत्पाद (जैसे– fruits, gums, rubber, medicine, आदि) का लाभ प्राप्त होता है। इस तरह forest को sustainable manner में conserve किया जा सकता है।